近代臺灣造船業的
技術轉移與學習

臺灣史與海洋史 09

洪紹洋◆著

財團法人曹永和文教基金會◆策劃
遠流出版公司◆出版

【臺灣史與海洋史】系列叢書緣起

財團法人曹永和文教基金會

　　財團法人曹永和文教基金會成立於 1999 年 7 月，其宗旨主要在與相關學術機關或文教單位合作，提倡並促進臺灣史與海洋史相關之學術研究，並且將研究成果推廣、普及。因此，有關臺灣史或海洋史之學術著作、國際著作的譯述及史料編纂等相關書籍的出版，皆是本基金會的重要業務。

　　曹永和文教基金會成立以來，本於前述宗旨，多次補助出版與臺灣史或海洋史相關的學術著作、史料的編纂或外文學術著作的翻譯。接受補助出版或由基金會出版的書籍，有不少作品已廣為學術界引用。諸如，2000 年起多次補助「東臺灣研究會文化藝術基金會」出版《東臺灣叢刊》，2000 年補助播種者文化有限公司出版《臺灣重層近代化論文集》，2004 年再度補助出版《臺灣重層近代化論文集》之續集《跨界的臺灣史研究——與東亞史的交錯》；2001 年補助樂學書局出版《曹永和先生八十壽慶論文集》，2002 年起補助出版荷蘭萊登大學與中國廈門大學合作編輯之海外華人檔案資料《公案簿》第一輯、第二輯與第四輯；2003 年補助南天書局出版荷蘭萊登大學包樂史教授（Leonard Blussé）主編之《Around and about Formosa》橫の，2004 年補助南天書局出版韓家寶先生（Pol Heyns）與鄭維中先生之《荷蘭時代臺灣相關史料——告令集、婚姻與洗禮登錄簿》。本會也贊

助相關的學會活動、邀請外國著名學者作系列演講，提供研究者交流的場域。諸如，1999 年 11 月與中央研究院合辦「東亞海洋史與臺灣島史座談會」，2000 年 3 月於臺灣大學舉辦日本東京大學東洋文化研究所濱下武志教授演講「談論從海洋與陸地看亞洲」，2000 年 10 月與中央研究院與行政院文建會合辦「近代早期東亞史與臺灣島史國際學術研討會」。此外，為了培養臺灣史及海洋史研究的人才，本會與中央研究院臺灣史研究所合辦「臺灣總督府公文類纂研讀班」之推廣活動。

為了使相關學術論述能更為普及，以便能有更多讀者分享臺灣史和海洋史的研究成果，本基金會決定借重遠流出版公司專業的編輯、發行能力，雙方共同合作，出版【臺灣史與海洋史】系列書籍。每年度暫訂出版符合基金會宗旨之著作二至三冊。本系列書籍以新竹師範學院社會科教育系助理教授許佩賢女士之《殖民地臺灣的近代學校》，與中央研究院歷史語言研究所研究員陳國棟教授之《臺灣的山海經驗》、《東亞海域一千年》為首；之後除了國內的學術研究成果之外，也計畫翻譯出版外文學術著作或相關史料，例如由 Emory 大學歷史系教授歐陽泰所著的《福爾摩沙如何變成臺灣府？》，就是本基金會所支持翻譯出版的外文學術著作。2007 年又出版中央研究院臺灣史研究所副研究員林玉茹所著《殖民地的邊區：東臺灣的政治經濟發展》。

冀盼【臺灣史與海洋史】系列書籍之出版，得以促使臺灣史與海洋史的研究更加蓬勃發展，並能借重遠流出版公司將此類研究成果推廣普及，豐富大眾的歷史認識。

【推介】
舊殖民地工業化與技術移轉

　　對於戰後一段時期日本的臺灣經濟研究，以戴國煇《中国甘蔗糖業の展開》（アジア經濟研究所，1967 年）、涂照彥《日本帝国主義下の展開》（東京大學出版會，1975 年）、劉進慶《戰後台湾経済分析：1945 から 1965 まで》（東京大學出版會，1975 年）等論著最爲重要。值得注意的是，當時日本的臺灣經濟研究，是以居住在日本的臺灣留學生爲中心，也帶動日本方面臺灣經濟研究之熱潮。

　　近 20 年多來，伴隨臺灣的經濟發展與民主化，以及學術研究的自由化，臺灣經濟研究的中心也由日本逐漸移轉至臺灣。此外，臺灣成爲 NIEs（Newly Industrialized Economies）的同時，歐美研究者也陸續以臺灣作爲考察對象。另一方面，隨著臺灣史研究的興起，臺灣經濟史研究逐漸受到重視，討論的時間點也從戰前、戰後的分界討論，轉向長期的跨界研究。

　　戰後初期臺灣的產業發展，是以戰前日本統治期的工業建設爲基礎，並進一步融合中國大陸的生產與管理經驗。1950 年以後，臺灣獨立進行工業發展的過程中，分別獲得美國和日本的資金與技術的援助。臺灣在獲取外來技術的過程中，受到日本較大的影響。就此點而論，臺灣與韓國的發展經驗可說具有諸多的相似點。

　　洪紹洋博士在本人的推薦下，取得日本學術振興會外國人特別研究員資格，自 2009 年 10 月起在日本東京大學社會科學研究所進行研究。洪博士在旅日期間，將在臺灣政治大學經濟學系博士課程修業期

間完成的博士論文進行改寫，申請出版。本人認爲洪博士所出版的專書，具有學術性和國際性兩方面之意義。

就學術方面來說，本書充分說明過去不被瞭解的各項事實。關於戰後臺灣工業化初期的產業發展和技術移轉等議題，近來雖受到臺灣與日本研究社群的矚目，卻缺乏以特定產業進行的實證研究。

本書以臺灣造船公司作爲考察，先對戰前基隆船渠株式會社、臺灣船渠株式會社的發展進行討論外，也論述戰時臺灣總督府爲發展造船業所開展的各項基礎政策。其後，再對戰後初期臺灣造船公司如何繼承戰前日系企業爲基礎進行詳細的檢討。1950年代以後，再對臺灣造船公司所進行的技術移轉，及官方所扮演之政策進行論述。

要言之，本書主要以臺灣造船公司的發展來討論殖民地工業化、戰後由中國大陸移入的人才、資源委員會如何將日產改編爲公營事業、美援與外資導入、來自日本的技術移轉、技術人員的養成與政府的產業政策等。作者由戰後冷戰的國際政經構造與NIEs的經濟發展模式爲出發點，對於市場、企業、外資，和政府的角色進行不同面向的討論，就由實證性的分析作爲出發，並提出自己的見解。

就國際意義而言，終戰65年後的日臺關係，由於近年來臺灣受到政治對立和日中關係的影響，兩地間的歷史認識尚未獲得一致的共識。本書以冷澈的觀點進行的實證研究，可說爲臺灣經濟史、日臺灣關係史、日本經濟史的研究中塡補空白。本書的成果也將爲日臺兩地的研究者所共同享有，爲雙方的歷史認識更向前邁進一步。

東京大學社會科學研究所

田島俊雄

2010年11月

【推介】
戰後臺灣經濟史研究的初啼新聲

很榮幸有機會能為洪紹洋君的大作，作些評述與推薦。

洪君自就讀國立政治大學經濟學系碩士班起，即從經濟學各家對工業化及第三世界經濟論的論述，持續進行縝密的學說的學習與檢討反省，並逐漸發展出自己的問題意識，以戰後日本對台灣的技術移轉為具體的研究對象，說明戰後臺灣發展成新興工業國的過程中，如何與原殖民國日本重新建立政經關係。同時主張戰後臺日經濟關係的重開，即使有相當程度是踏襲戰前已建立起來的經濟架構，但是戰後美蘇東西冷戰對立所建構更大的政經框架與台灣自 1950 年代起已為獨立國民經濟體的實質，儘管存在著對日本經濟的構造性依賴之問題，但是依舊達成相當程度的工業化。

在碩論〈戰後開發中國家工業化條件的考察：以 1950-1970 年臺日技術移轉為例〉的撰寫過程，洪君所採研究方法有別當今台灣經濟學界慣用的計量模型，而是經由外交部典藏相關檔案之類一手史料及相關資料的收集、爬梳、相互印證，以求對戰後臺日技術移轉的過程，有最貼近的觀察與描述，並期與歷史學界的研究成果進行對話。

洪君於 2003 年考上政大經濟系博士班之後，除了加深對日臺技術引進的探討外，更進一步注意到同時期日本的對外援助政策與貸款接收國家（1960 年代的台灣）的資金動向與產業發展之關聯。此項新的研究方向可說是洪君在碩論階段探討 1950 年代臺灣經建計畫和當時臺灣對外貿易、產業結構的延續。此外更是對學術界普遍強調美

援的功能，卻忽略來自日本援助的研究觀點，所作的補充與批判。

另一方面，博士課程階段的洪君，亦特別重視技術引進過程中的學習機制，如何在臺灣建立的課題。此問題意識主要出其對近代日本自 1868（明治元）年開始的工業化過程中，日本建立以帝國大學為頂點的教育體系，即外來技術的學習機制所具重要性之重視。為此，洪君選擇「臺灣造船公司」作為上述課題的最佳例證，而此亦成為洪君博士學位。論文《戰後新興工業化國家的技術學習和養成：以臺灣造船公司為個案分析（1948-1977）》的主要內容，亦為本書內容的骨幹部分。

洪君在本書從追溯臺灣造船公司的前身，即日治時代的基隆船渠株式會社及其後的演變開始，其論述貫穿了臺灣工業化的幾個重要階段，諸如 1930 年代配合日本侵華戰爭而出現的臺灣軍需工業化、戰後初期國民政府對「日產」的處理與臺灣造船公司的成立、1950 年代以降臺灣的工業化。另外，在描述該公司引進外來資本與技術的過程，特別將重點放在技術人員結構的變化方面，發現既有日治時代的「延續」，亦有來自戰前中國經驗的「接合」，以及從台灣大學造船系及海洋學院設立所帶來的「創新」，而非任何單一面向的因素所能決定。

洪君之研究雖以經濟學為主之社會科學理論為出發點，但是實際的研究方法則與歷史學界對檔案史料的重視、運用並無二致，可說橫跨社會科學與人文科學兩大範疇。其在檔案史料的認知與處理的基本知識、相關知識的獲得方面，使得本書的論據充實，在嚴謹的理論框架上增添真切而實在的血肉，對戰後台灣工業化的歷史圖像，可說有相當貼近且正確的描繪，有助於世人理解台灣作為戰後新興工業國工業化重要典範的價值。

作為一位新進的研究者，此書堪稱洪君在戰後臺灣經濟史的研究

上的初啼新聲，期待日後能有更多、更好的成果出現，在整個臺灣戰後史的學術研究開展過程留下重要足跡。

交通大學人文社會學系

黃紹恆

2010 年 11 月 20 日

自序

　　高中時期曾將歷史系列爲大學聯考的第一志願，但卻進入社會科學領域的經濟系就讀。在此契機下，瞭解到經濟史範疇向來受到主流經濟學所忽視。2000 年秋天，本人進入政治大學經濟學系修讀碩士課程後，跟隨指導教授黃紹恆博士學習馬克思經濟學的分析方法，並學習如何運用第一手史料，開始悠遊於經濟史研究的世界。

　　進入博士班後，除了繼續修習理論經濟學等相關科目外，自二年級起，至歷史系修習許雪姬教授開設之臺灣史相關課程。經由大量的論著及檔案的閱讀，對臺灣史與史料方法有更深刻的掌握及瞭解。博士班的最後兩年，在瞿宛文教授的推薦下，有機會於中央研究院人文社會科學研究中心「東亞經貿發展研究計畫」項目下進行兩年期的博士生獎助，可以心無旁騖地撰述博士論文。藉由與瞿老師的討論，學習到如何以修正主義的觀點，論述後進國家的產業發展歷程。同時，爲紀念張漢裕教授而成立的財團法人至友文教基金會，連續兩年提供本人獎學金，作爲本人資料調查所需之經費，在此致上最高謝意。

　　在選擇博士論文的課題時，經由研讀過去許多的論著，深深體認到戰後臺灣的經濟發展，分別受到戰前日本的殖民統治與中華民國政府在中國大陸的治理經驗之影響。然而，過去對於戰前臺灣所進行的經濟史相關論著，多因 1943、1944 年資料的散佚，使得戰前的研究

多討論至 1942 年，實有其美中不足之處。另一方面，對於戰後臺灣經濟史的研究，多以 1949 年底中華民國政府遷臺後作爲起點。易言之，對於戰後初期臺灣經濟究竟是如何脫離日本的殖民統治？如何與中國經濟相接軌？又，在與中國制度接軌的過程中，哪些殖民地經驗獲得傳承？凡此在過去的研究成果中均未多著墨。因此，本人乃以產業作爲案例，進行細緻的研究，期許自己能夠突破戰前、戰後的階段性，藉由跨界的研究，回應此一問題。

在決定以造船業作爲博士論文的課題後，透過成功大學船舶及系統機電工程學系陳政宏副教授的引薦，認識多位造船界前輩先進。其中，已故的聯合船舶設計發展中心陳生平老師，在論文寫作期間不僅給予諸多的專業建議，也提供相關回憶錄及個人所藏資料。自中國驗船協會總驗船師退休的李後鑛先生，在口述訪談的過程中，詳細說明其就讀海事專科學校造船工程科的求學過程，以及 1960 年代任職於臺灣造船公司時期，至日本石川島播磨重工業株式會社受訓之經驗。海洋大學船舶系退休的王偉輝教授，則娓娓道出其求學過程和從事造船教育的心路歷程。在上述造船界先進的指導下，使得本人對造船產業的發展歷程及特性有了更多的瞭解，亦有助於問題意識的養成。

在博士論文撰述期間，本人曾在臺灣、日本的工作坊及學術研討會進行報告。在臺灣方面，承蒙中央研究院近代史研究所劉素芬和楊翠華兩位老師，對於論文的寫作方向給予諸多建議。在日本方面，曾先後前往立命館大學經濟學研究科金丸裕一教授和東京大學社會科學研究所田島俊雄教授所舉辦的會議中進行報告，獲得與會學者專家的諸多指教。學位論文口試時，尤其感謝許雪姬、瞿宛文、王國樑、薛化元，以及黃紹恆教授給予的諸多指正意見，使得論文內容更臻充實而完備。之後，陸續將部分內容投稿至國內、外的期刊論文，或被收錄在論文集中。

本書得以集結出版，是因 2009 年秋天，臺灣、日本多位師長的提醒下，決意將博士論文進行部分地增補及修改，以專書形式申請出版，並感謝曹永和文教基金會的協助，由遠流出版公司出版。

最後，感謝一直在背後支持我的家人，以及鼓勵我繼續攻讀博士的證嚴法師。在論文出版前夕時，也要感謝姵妏在兩千多公里遠的臺灣，支持我朝自己的理想邁進。

洪紹洋

2011 年 1 月 15 日
於東京大學

目錄

第一章
緒論

第一節　臺灣工業化的延續和移植

　　第二次世界大戰結束後，許多過去原爲殖民地的地區，在政治上紛紛獲得獨立，成爲資本主義發展體系下的後進國家。在殖民地時代，這些後進國家的經濟結構特徵是配合殖民國的整體性發展，由後者提供技術人才以及配合從殖民地財政所獲得的資金，進行規劃與調整。然而，戰後獨立的這些後進國，往往由於缺乏資金和研發能力，無法不仰賴先進國家的資金和技術，其結果使其多數的「民族」產業由外資及跨國公司所掌控。因而後進國家即使在政治上獲得獨立，但在經濟上卻依然必須仰賴先進國家。事實上，因政府獨立解構了戰前的殖民地從屬關係，卻由於前述困境，重構了戰後世界資本主義體系新的從屬關係。不過，由另一方面而言，殖民地時代的統治和建設，對這些後進國家的工業化基礎和制度的建立，仍然留下許多有形和無形的影響。亦即，殖民地時期遺留下來的基礎建設，成爲後進國家工業化的起點，亦爲其經濟發展基盤。❶

---

❶ Kohli, A., *State-Directed Development-Political power and Industrialization in the*

　　戰後臺灣於 1970 年代成為新興工業化國家的一員，其初始的條件在既有繼承日本殖民地的工業基礎，亦有來自中國大陸及臺灣本地的技術人員與美援等國外的援助。換言之，戰後臺灣工業化發展已然成為第二次世界大戰後後進國家工業化的典範。然而，過去對於臺灣工業化所進行的研究，考察的面向多以 1945 年作為研究的分界點，劃分戰前及戰後兩個斷裂的區塊進行研究。

　　關於戰前工業化的研究，多數的著作著墨於糖業的發展、電力的開發、港口和航運的建設、戰時軍需工業等議題。另外，在經貿方面的研究則針對殖民地臺灣和日本內地所進行的國內貿易。總結既有對日治時期臺灣經濟的研究，普遍同意日治時代的臺灣經濟建設，對於推動日後的工業化發展具有正面的貢獻。❷

　　而在戰後臺灣工業化的研究方面，多以國民黨統治臺灣政權作為起點。過去針對研究戰後初期所進行的研究成果，多集中在美國對華的經濟援助和產業發展。此外亦有一部分學者是採取量化方式，對臺灣經濟成長作長期性觀察。至於戰後研究考察時點的劃分，又可再分為 1950 年之前和之後兩個時期。在 1945 年後至 1949 年底以前，臺灣隸屬於中國大陸的政權統治；1949 年 12 月以降，因中華民國政府撤退來臺，使得臺灣成為獨立的經濟個體，而有正式的工業化開展。❸

　　然而，就經濟發展的軌跡而言，1945 年對臺灣來說不僅轉由國民政府接手，因而市場圈的變化、組織的調整、人事的變動乃至生產技

Global Perophery（New York: Cambridge University Press, 2004），pp1-16.

❷ 此部分可參照林玉茹、李毓中，《戰後臺灣的歷史學研究 1945-2000：臺灣史》（臺北：行政院國家科學委員會，2004）。

❸ 此部分可參照林玉茹、李毓中，《戰後臺灣的歷史學研究 1945-2000：臺灣史》。黃紹恆，《臺灣經濟史中的臺灣總督府：施政權限、經濟學與史料》（臺北：遠流出版事業股份有限公司，2010），頁 32-34。

術的變化，都發生了巨大的變化與調整。雖說部分產業在戰後初期以留用日本籍技術人員之方式，作爲過渡時期的銜接。然而，1947年二二八事件爆發後，日籍人員在數個月內被陸續遣送回國，❹使得這些產業不論是生產面、人事面、技術面，或多或少都面臨了不同程度的斷裂性。惟關於戰後初期的各種研究文獻，多數集中在政策面的討論，較少對產業體制轉換過程的變化及銜接進行實證研究。

臺灣於戰後脫離了日本帝國主義經濟圈，在短暫的數年內與中國大陸經濟接軌，就產業的技術觀點而言，臺灣是脫離了日本式的生產系統，卻必須以前者建立的基礎而與中國大陸的生產技術銜接，其中涉及到1895年以後臺灣與中國工業發展的差異，導致戰後兩個經濟體系無可避免地在接合過程中產生衝突。

眾所皆知，1895年臺灣劃歸日本統治後，臺灣在日本的殖民統治下，歷經了土地調查、幣制改革的制度建立，一方面土地產權的劃分明確，另一面臺灣與日本內地的貨幣制度能夠統一，其後日本商人才逐漸願意來臺灣進行投資。除此之外，殖民政府也經由國家的力量，驅逐原本控制臺灣砂糖、茶葉、鴉片、樟腦和航運的外國人資本，再進一步配合臺灣銀行的融資政策，進行各項產業的發展，進行「現代化」的資本主義建設。❺

1937年7月中日戰爭爆發後，同年9月日本臨時議會通過據「臨時資金調整法」、「輸出入品等臨時措置法」、「軍需工業動員法」等三項法令，以作爲戰爭動員體系下的法源基礎，並以此進一步對資金

---

❹ 湯熙勇，〈臺灣光復初期的公教人員任用方法：留用臺籍、羅致外省籍及徵用日人（1945.10-1947.5）〉《人文及社會科學期刊》4：1，頁391-425。吳文星，〈戰後初年在臺日本人留用政策初探〉《臺灣師大歷史學報》第33期，頁269-285。

❺ 矢內原忠雄著，林明德譯，《日本帝國主義下的臺灣》（臺北：財團法人吳三連臺灣史料基金會，2004），頁29-60。

的運用、軍需產業的發展以及物資的動員進行控制。另外，爲了戰時的經濟統制，同年 10 月日本政府成立企畫院統轄物資的動員計畫，舉凡物資的進出口、資金的動員、人力資源的調派都由其決定。[6]此時臺灣爲了配合中日戰爭爆發，開始在稅收和制度上進行調整，先後於同年公布「事變特別稅令」（8 月 11 日）、「軍需工業動員法」（9 月 18 日）、「臨時資金調整法」（10 月 15 日），作爲因應戰爭物資和資金上的配合。[7]

直到 1938 年 3 月日本政府公布「國家總動員法」，臺灣才正式成爲日本的戰時體制動員對象。[8]當時依據國家總動員法，凡屬商品生產、運輸、通信、金融、教育訓練、試驗研究、警備等皆納入動員體系。此外，從國民到法人組織乃至生產單位的工廠及交通工具，一律列入動員範圍。[9]

另一方面，中國自 1895 年簽訂馬關條約後，1912 年成立中華民國，但其後又面臨軍閥割據等分裂局面。1932 年 9 月，由於中國東北爆發 918 事變，爲了對抗日本的侵略，國民政府於同年 11 月成立國防設計委員會，下設軍事、國際關係、教育文化、財政經濟、原料及製造、交通運輸、土地及糧食、專門人才調查八個部門。[10]當時國防設計委員會的任務，是針對全中國的資源進行調查並擬定發展計

---

[6] 中村隆英，《昭和經濟史》（東京：株式會社岩波書店，2005），頁 109-112。

[7] 臺灣省文獻委員會編，《臺灣省通志稿——卷首下大事記第二冊》（臺北：臺灣省文獻委員會，1951），頁 3-5。

[8] 林繼文，《日本據臺末期（1930-1945）戰爭動員體係之研究》（臺北：稻鄉出版社，1996），頁 18。

[9] 中村隆英，《昭和經濟史》，頁 113-114。

[10] 錢昌照，〈國民黨政府資源委員會始末〉，收於全國政協文史資料研究委員會工商經濟組編，《回憶國民黨政府資源委員會》（北京：中國文史出版社：1988），頁 2-4。

畫，以發展國內經濟及對國防計畫工作提出建議。⓫

　　1935 年國防設計委員會改隸屬軍事委員會，更名為資源委員會，並結束原本的軍事、國際關係、教育文化三個部門，其執掌專注於資源的調查、開發與動員。另外，並於 1936 年開始興辦工礦、電力、石油等建設。⓬ 至 1937 年中日戰爭爆發後，資源委員會依然持續籌畫工業事業的興辦。總的來說，資源委員會下屬各廠的組織型態，可說已具備現代企業之雛形。值得注意的是，雖然資源委員會屬於政府組織的一環，但在人事聘用、管理和敘薪制度，卻具有較為彈性的運作模式，有別於其他政府機關。⓭

　　第二次世界大戰結束後，國民政府設立臺灣省行政長官公署，負責處理對臺灣的接收工作。在諸多項目中，所謂「日產」的接收，即針對日本在臺灣的政府機關、企業、私人財產等進行清查和接收。當時列入國府接收的企業，接收後的處理則依其重要性的高低為資源委員會獨自經營的國營企業、資源委員會和臺灣省行政長官公署共同經營的國省合營企業，和由臺灣省行政長官公署獨自經營的省營企業。⓮ 這些企業可說是戰後臺灣公營企業的濫觴，也可說是戰後臺灣資本主義歷史性發展過程中，國家權力干預產業的典型。其中，資源委員會於 1946 年開始接收臺灣當時較具規模的日系企業，將其改組為國

⓫ 薛毅，《國民政府資源委員會研究》（北京：社會科學文獻出版社，2005），頁 72-74。

⓬ 錢昌照，〈國民黨政府資源委員會始末〉，全國政協文史資料研究委員會工商經濟組編，《回憶國民黨政府資源委員會》，頁 3-4。

⓭ 薛毅，《國民政府資源委員會研究》，頁 424-435、443-445。

⓮ 經濟部稿，送達機關：包可永，〈據呈送臺灣省劃撥公營日資企業單位開列名冊請核備一案即准予備查由〉（1946 年 11 月 19 日），（35）京接字第 16857 號，〈臺灣區接收日資企業單位名單清冊〉，資源委員會檔案，檔號：18-36f 2-（1），藏於中央研究院近代史研究所檔案館。

營和國省合營的企業，也就是臺灣電力公司、中國石油公司、臺灣機械造船公司、臺灣鹼業公司、臺灣肥料公司、臺灣水泥公司、臺灣紙業公司、臺灣糖業公司、臺灣鋁業公司籌備處、臺灣銅礦籌備處等「十大公司」。⑮

1945 年對臺灣而言，可說是治理權轉換的一個階段，除了接收日治時代的行政組織和產業外，部分經濟組織調整則是參照國民政府在中國大陸的統治經驗，針對臺灣現況進行調整及套用。不可諱言的是，國民政府對臺灣的眾多「日產」等經濟組織進行接收時，由於臺灣與中國兩地數十年來因經濟及產業發展的差距，不免在技術和生產上出現不同程度的困難，而有待磨合。不過，總的來說，自 1945 年起臺灣再度進入中國經濟圈，在行政和經濟的制度上，逐漸受到中國式系統的影響。

基於上述的理解，就戰後臺灣經濟的研究，若僅針對殖民時代的延續進行探討，或僅能窺見其中片段。再者，戰後擔任接收「日產」的人員，除了少數為日治時代即服務於殖民地政府和會社的臺灣人，或是日治時代赴中國發展的臺灣人外，多數中高層幹部多由中國大陸所派遣來的人員擔任。因此在方法上，勢必要對當時擔任接收的人員過去的中國經驗進行考察，才能對戰後臺灣政治經濟體制乃至組織的沿革發展，有較深刻的瞭解。

另一方面，過去在回顧戰後臺灣經濟發展時，許多著作謳歌美援對臺灣經濟奇蹟所做的貢獻，卻忽略日治時代殖民地政府對臺灣的建

---

⑮〈資源委員會代電 附表：資源委員會在臺附屬機關一覽表（1946 年 6 月 15 日統計）〉（1946 年 7 月 19 日），國民黨政府經濟部資源委員會檔案，檔號：廿八（2）3928，收於陳鳴鐘、陳興唐主編，《臺灣光復和光復後五年省情（下）》（南京：南京出版社，1989），頁 103。

設。❶然而，戰後臺灣經濟發展的起點凡舉農業、工業、金融乃至公營事業，多數是經由對殖民地時代企業的整併和改組而成，或多或少承襲了日本殖民統治的制度。劉進慶曾指出戰後國民黨政權對臺灣的接收，是將戰前日本的獨占資本轉化為戰後國民黨的國家資本，但劉雖自農業、工業、公營事業、私人企業等諸多面向予以探討，作出了輪廓上的描述，但限於當時寫作所處的時空背景下，並未就各個體系進行深入的探討。❶

　　總的來說，戰後初期至中華民國政府撤退來臺灣之前，臺灣所扮演的角色多為中國市場內需的供給者，因此執政的國民黨政權對臺灣經濟的態度，多採消極的管制方式，較少關切臺灣產業的政策性和長遠性的發展。❶

　　1949 年底，中華民國政府完全從中國大陸撤退來臺灣，使得臺灣斷絕了與中國大陸的政治和經濟關係，成為獨立的經濟個體。站在臺灣經濟史脈絡，由於臺灣經濟個體的實質，臺灣資本主義的發展或可說自 1950 年後才算是起始點。而一國資本主義成立最後的階段，即所謂的工業革命，指的是以機械的發明及使用為基礎，而將資本制生產樣式予以全社會普及性的過程。工業革命並不以個別的產業或特定地區的發展，而必須理解為國民經濟全體完成資本主義性質所編成的里程碑。❶

---

❶ 關於此方面可參照文馨瑩，《經濟奇蹟的背後——臺灣美援經驗的政經分析（1951-1965）》（臺北：自立晚報文化出版部，1990）。趙既昌，《美援的運用》（臺北：聯經出版社，1985）。

❶ 劉進慶，《臺灣戰後經濟分析》（臺北：人間出版社，1995）。

❶ 此部分可參照吳聰敏，〈1945-1949 年國民政府對臺灣的經濟政策〉，《經濟論文叢刊》25：4（1997 年 12 月），頁 521-554。

❶ 黃紹恆，《臺灣經濟史中的臺灣總督府：施政權限、經濟學與史料》（臺北：遠流出版事業股份有限公司，2010），頁 32-34。石井寬治，《日本經濟史》（東京：

綜觀日治時期雖由殖民地政府在臺灣進行若干的工業化，但卻是屬於片段性的發生。真正要連續性工業化，則要至 1950 年後以紡織工業為始，屬於為勞力密集的輕工業發展，開始逐漸鬆動過去都市和農村等二元結構，爾後再隨著其他工業的陸續發展，促使農村人口逐漸往都市地區移動。❷

大致上，工業革命促進資本主義化的發展可分為兩種類型，一種如英國和美國等先進國家「由下而上」的方式，也就是主要由民間的力量進行發展。另一種如日本和德國等後進國家，採取「由上而下」的方式，以國家的力量進行推動。❷

若觀察 1950 年以降作為後進國家臺灣的工業革命，可說屬於「由上而下」的方式，即由政府積極透過產業政策等干預方式推動工業化發展。就棉紡織工業的發展而言，即經由原料分配、代紡代織等干預性政策協助產業發展。❷另外，人造纖維產業的發展，亦是政府經由產業政策責付中國石油公司推動上游和中游的發展，下游再以民營或公營企業承擔生產的方式推動。❷

東京大學出版會，1991），頁 175-177。在歷史上針對工業革命的發軔期間，多會參照 1760 年至 1830 年的英國工業革命的史實。換句話說，也就是工業革命是以供給衣料生產的棉工業機械制大工業化為中心作為推進，讓衣料的供應由「自給性家內工業型態」為主，經由機械化的方式直接對全體人民及生產者給予決定性的影響。亦即，使得勞動力的商品化能以全社會的廣度產生影響。此部分可參照石井寬治，《日本經濟史》，頁 175-177。

❷ 笹本武治、川野重任，《臺灣總合研究（下）》（東京：アジア經濟研究所，1968），頁 722-726。

❷ 鹽澤君夫、近藤哲生著，黃紹恆譯，《經濟史入門》（臺北：經濟新潮社：2001），頁 216。

❷ 瞿宛文，〈重看臺灣棉紡織業早期的發展〉，《新史學》19:1，頁 167-227。

❷ 瞿宛文，〈臺灣石化業的發展模式——以人纖原料業為例〉，《經濟成長的機制——以臺灣石化業與自行車業為例》（臺北：臺灣社會研究，2002），頁 151-179。

　　然而，臺灣資本主義起步的時點，其外在環境係由美國和蘇聯兩大強權對立而形成的世界冷戰體制，臺灣由於依附美國陣營，亦因此接受了美援的挹注。自 1950 年代起臺灣的經濟發展，無論是政策或是工業發展技術，除了日治時代系統的延續外，在物資和人員訓練方面亦受到美國的影響。美援對臺灣除了直接給予款項的援助與貸款外，在其他方面亦可見其存在。例如透過對臺灣大專院校的補助，使得臺灣建立美國色彩濃厚的高等教育。另外，在美援計畫項下，也派遣公營事業及政府機關的職員赴美國進修學習，使得當時所需的管理及技術人員，在人力資本的養成上，更加充實。❷❹

　　在 1965 年美援結束前，臺灣試圖經由國際組織的借款來推動工業化，其中主要的來源有世界銀行貸款、日圓貸款、亞洲開發銀行貸款、美國進出口銀行貸款等。這些貸款資金中，有三分之二是針對公營事業進行的放款，以進一步加以擴充和興建其生產設備。其中，在所有貸款中又以日圓貸款是作為 1965 年美援終止後，最為重要的資金來源。❷❺

　　然而，在談及日圓貸款前，有必要先就戰後臺灣與日本的經貿關係進行交代。戰後臺灣與日本由戰前殖民地的從屬關係轉變為戰後國與國的經貿關係，1950 年 9 月臺日貿易協定簽訂後，重開臺灣與日本間的貿易。當時的作法經由記帳方式，逐年進行雙邊貿易談判，決定進出口商品的種類和數量。惟此貿易制度沿用至 1961 年告終，此後臺日之間的經貿往來以自由貿易的方式進行。❷❻

---

❷❹ 周琇環編，《臺灣光復後美援史料　第三冊　技術協助計畫》（臺北：國史館，1998），頁 267-345。

❷❺ 吳若予，《戰後臺灣公營事業之政經分析》（臺北：業強出版社，1992），頁 138-139。

❷❻ 廖鴻綺，《貿易與政治：臺日間的貿易外交（1950-1961）》（臺北：稻鄉出版社，

　　日圓貸款對日本而言，最初是作爲二戰後的戰敗國所採行的賠償方式之一。自 1950 年代起，日本藉由對東南亞各國的賠款，伴隨著長期經濟合作資金，順勢將日本的商業網絡及工業技術重新導引入此地區。㉗ 1965 年日本對臺灣的貸款，經由貸款資金的挹注及契約的制度設計，使得臺灣的公營事業在 1960 年代後期起再度引進日本的資金和技術，直到 1971 年臺灣與日本斷交爲止。㉘ 日圓貸款於 1965 年帶來資金及技術上的挹注，可說是提供戰後臺灣公營事業進一步發展的條件。㉙

　　如前所述，戰後臺灣經濟的發展，多數是以日治時期發展的工業作爲基礎，配合國外的資金與技術援助，並運用本地廉價的勞動力，進行進一步的擴充與發展。在回顧工業發展的同時，能夠發現在早期所發展的產業多爲農產加工品及輕工業。在 1950 年後，臺灣區生產事業管理委員會及其後的行政院經濟安定委員會下屬之工業委員會，藉由公營金融體系的放款和控制外匯的方式推動臺灣各項產業的發展。換句話說，這即是產業政策在臺灣的出現。站在今天的時點回顧

2005），頁 17-20。

㉗ 小林英夫，《日本企業のアジア展開—アジア通貨危機の歷史的背景》（東京：日本經濟評論社，2000），頁 62-65。

㉘〈行政院公文，臺61財9865號，受文者：行政院國際經濟合作發展委員會〉（1972年 10 月 12 日）。《日圓貸款總卷》，檔號：36-08-027-003，行政院國際經濟合作發展委員會檔案，藏於中央研究院近代史研究所檔案館。

㉙ 例如最初臺灣糖業公司的十年更新計畫和臺灣電力公司的下達見開發計畫，原本由於經費拮据而無法達成執行目標，直到日圓貸款的簽訂，才使資金能夠到位而完成工程計畫。〈臺灣糖業公司五十七年度公司會議檢討〉（1968 年 6 月），《臺灣糖業公司五十七年度公司會議報告資料》，經濟部國營事業司檔案，檔號：35-25-14 113。〈Project Description：The Lower Tachien Project〉（Applying for Japanese Loan through CIECD）（1965 年 9 月 13 日），《臺灣電力公司——輸配電工程計畫、下達見水力發電工程》，檔號：36-08-041-001，行政院國際經濟合作發展委員會檔案，藏於中央研究院近代史研究所檔案館。

早期的發展策略，能夠發現當時政府對產業的推動，是採取較為保守的方式進行。例如早期政府所扶植的紡織業、鳳梨等食品加工業和糖業，在當時皆已具有部分工業基礎再加以擴充，並且其產業特質的進入，障礙並不高。❸

　　根據當時政府對重工業的發展，能夠發現是採取較為風險趨避的方式進行。眾所皆知，對重工業的定義包含了石化、鋼鐵和造船業。就 1950 年代尹仲容所提出的構想，提出由於重工業發展需要龐大的資金，在當時臺灣缺乏資金的背景下，要於短期內進行發展有所困難，因此認為應將當時少數可用的資金運用於效益較高且成本較低的產業。當時尹氏列舉在第二期經建計畫中，針對鋼鐵業的發展，應以既有之鋼鐵工場加以擴充。至於興建一貫性鋼鐵廠計畫，在原料與資金方面，希望是藉由日本、菲律賓、馬來亞與美援共同合作，引入國外的原料與資本，才考慮進行開發。❸ 戰後至十大建設推行前，臺灣在推動鋼鐵、石化、造船業等重工業發展，則多經由引進國外資本和技術等方法進行投資設廠，或將民間經營不善企業進行管收後充作國有。❸

---

❸ 尹仲容，〈敬答立法院黃委員煥如質詢〉（1957 年 11 月 5 日），行政院經濟安定委員會檔案，《立法院審查第二期臺灣經濟建設四年計畫》，檔號：31-01-07-006，藏於中央研究院近代史研究所檔案館。

❸ 尹仲容，〈敬答立法院黃委員煥如質詢〉（1957 年 11 月 5 日），行政院經濟安定委員會檔案，《立法院審查第二期臺灣經濟建設四年計畫》，檔號：31-01-07-006，藏於中央研究院近代史研究所檔案館。

❸ 在鋼鐵業部分可參照許雪姬，〈戰後臺灣民營鋼鐵業的發展與限制（1945-1960）〉，收於陳永發編，《兩岸分途——冷戰初期的政經發展》（臺北：中央研究院近代史研究所，2006），頁 293-337，其述論唐榮公司原本為民營企業，但因債務危機無力償還，最後由政府接管並改組為公營企業。石化業部分可參照瞿宛文，〈產業政策的示範效果——臺灣石化業的產生〉，收於《經濟成長的機制——以臺灣石化業與自行車業為例》，頁 8。〈進口替代與出口導向成長：臺灣石化業之研究〉，收於《經濟成長的機制——以臺灣石化業與自行車業為例》，頁

　　大致上臺灣的重工業要至 1970 年代十大建設完成後，臺灣才算是正式邁入重工業的時代。然而，在此之前臺灣並非在這些產業全然沒有發展，只是透過極爲緩慢的速度進行生產和技術的學習，並由正式的技職體系和大學教育，又配合企業內部設立的藝徒訓練班，培養出一批技術人員，促使在十大建設推動時才能夠在短時期內快速的進行發展。

　　本研究將針對臺灣公營事業體制下的臺灣造船公司（以下簡稱臺船公司）進行考察，而將論述焦點放置於臺船公司發展的過程中，戰後工業後進國臺灣是如何的藉由引進國外的資本與技術發展造船業進行瞭解。選擇臺船公司作爲考察的個案是因爲造船業屬於高度整合型產業，在建造的過程中需要各種工業進行配合，才能支撐其產業的發展。再者，造船業除需要較高的資金及較爲長期的投資外，並爲國防產業的一環，因此世界較重要的造船國家的發展，多數皆由政府藉由產業政策進行扶植。整體而言，臺船公司在 1970 年代十大建設的中國造船公司竣工前，爲臺灣規模最大的造船工廠。因此 1970 年代以前臺船公司在臺灣工業化歷程中重工業發展的脈絡，具有一定的指標意義。

　　從經濟發展的歷史觀點而言，身爲後進國家的臺灣，如何以殖民地時期的遺產爲基礎，在戰後藉由引入先進國的技術和政府經由產業政策的協助發展工業化，逐步脫離對先進國家在技術上的依賴。本研究將以臺船公司作爲臺灣工業化歷程中的個案研究，觀察戰後臺灣造船業如何從引入國外技術作爲起始點乃至具備建造大型船舶的能力。要言之，經由對臺船公司的實證性研究，即其如何自日治時期建造小型船舶滿足地區性的船舶需求，到戰後以修船業務爲開端，經由技術

41-42。

引進，開始建造小型船舶，乃至大型船舶。而在技術移轉的過程中，其自製率是否提升？政府政策是否推動產業升級？在船舶的設計和研發上，是否能夠獨立進行設計，或是繼續依賴先進國家所提供的技術？除此之外，將對臺灣造船公司的公營事業體制進行制度上的探討，作爲瞭解其企業組織特性對於公司經營決策的影響與侷限。

第二節　分析方法

　　過去關於臺灣造船業的研究可分爲專書、期刊論文、學位論文等種類，討論的核心有的是以科技史的角度來看臺船公司的發展，主要偏重於日治或戰後針對一定時期進行片段性研究。[33]總結過去對臺船公司的研究，並未對其經營狀況進行較爲深入的分析。其次，過去對臺船公司進行研究時，較少針對政府和外來援助等政策面進行觀察。再者，過去研究並未以臺船公司作爲經濟主體對象，觀察其如何依據不同的技術學習來源所獲得的學習，對學習的績效進行評估。在造船業的人力資本部分，臺船公司最初如何經由自己內部進行培訓，其後並由教育部正式開辦造船教育體制提供造船業發展所需之人才，在這部分過去的研究並未被關注。

　　基於上述的檢討，本研究將就戰後新興工業國家的技術引進與養成一點，以臺船公司作爲個案分析。在考察的時點上，由於臺船公司

---

[33]陳政宏，《造船風雲88年》（臺北：行政院文化建設委員會，2005）。蕭明禮，〈日本統治時期における台湾工業化と造船業の発展—基隆ドック会社から台湾ドック会社への転換と経営の考察〉，《社会システム研究》第15号（2007年9月），頁67-85。許毓良，〈光復初期臺灣的造船業（1945-1955）——以臺船公司爲例的討論〉，《臺灣文獻》57：2，頁192-233。林本原，〈國輪國造：戰後臺灣造船業的發展（1945-1978）〉（臺北：國立政治大學歷史學研究所未發表之碩士論文，2007）。

前身為 1919 年成立的基隆船渠株式會社，其後於 1936 年改組為臺灣船渠株式會社，因而上溯日治時期的發展，考察時間的下限則定於 1978 年臺船公司併入中國造船公司的時點。其主要理由在於欲觀察自日治時代乃至戰後中華民國政府來臺後臺灣工業的發展，是如何由殖民地時代的民間企業轉變至戰後公營事業。其中，特別注重轉換期之間的制度和組織的改變、技術的繼承與移植，以及 1950 年後戰後造船人才，是如何進行填補和培養。其次，將對臺船公司自國外引進技術與逐步學習過程進行考察，以及戰後臺船公司於業務拓展的歷程中，是如何經由政府政策和國外資金的挹注協助其進行發展。

造船產業向有「火車頭工業」之稱，其自製率更被視為國家工業化發展的具體實現。一般而言，造船產業可分為資材生產、船體組配和船舶設計三個部分。首先，船舶資材需要電機、機械、鋼鐵和化工等產業配合，提供船舶組裝所需之零組件。其中，船舶主機和鋼板約占造船成本的 50%，這兩項資材也被視為重工業發展的重要產品。最初，臺灣因工業基礎薄弱，故船舶資材幾乎全仰賴國外進口。1960 年代後期起，始逐漸由國內自行生產。但船舶主機和鋼板要至 1980 年代初期才具有自製能力。

其次，就船體組配的過程而言，藉由同類船型的大量生產，不僅能有效減少工期，亦能進一步降低勞動成本。然而，大量生產必須以取得大量訂單為基礎。就造船業而言，由於所需資金甚為龐大，一般都以長期貸款作為付款方式。因此政府是否提供補貼或融資等產業政策，提供較為優惠的價格或付款方式協助船廠以取得大量訂單，即顯得相當重要。

再者，船舶設計依其複雜程度可分為施工設計、細部設計和基本設計。由於船舶設計除需學有專精的技術人才之外，也需設置船模試驗槽等相關設備。臺灣造船業雖然早在 1950 年代後期即能建造

36,000 噸的大型油輪，但當時僅具施工設計之能力，細部設計和基本設計仍需仰賴自國外提供藍圖。此一狀況，迄至臺灣大學船模試驗槽和聯合船舶設計發展中心相繼籌設後，才使得臺灣造船業的設計能力進一步提升。

因此，臺船公司生產面的技術移轉與學習成效，可由資材生產、船體組配和船舶設計三大要素判斷。此外，除了臺船公司本身的技術學習外，政府是否願意提供產業政策予以支持，亦為造船業能否獲得成長的要素之一。

本研究依據市場圈結構的改變和技術的來源的變遷，將臺船公司的發展分為下列幾個時期進行探討。首先，將對日治時期基隆船渠株式會社的發展乃至戰後初期臺船公司成立的過程進行討論，並就當時制度及人事的演變進行考察；其次，將以 1950 年臺灣成為獨立經濟個體後的臺船公司乃至 1957 年租賃給美國殷格斯公司前進行探討；再者，則針對臺船公司委外經營給殷臺公司時期進行探討，除了討論其造船技術的學習和財務失敗的原因之外，也將一併就此時期促成臺灣於大專院校開始進行造船教育的推展進行討論；最後，將針對經濟部收回臺船公司自行經營後，開始大舉接受日本石川島播磨株式會社的技術，乃至 1978 年與中國造船公司合併為止之期間進行探討。

在第二章部分，將先針對基隆船渠株式會社和臺灣船渠株式會社的業務分別進行討論，除進一步針對造船訂單的來源並加以分析外，並觀察殖民地時代的船渠會社如何配合日本政府的政策進行發展。另外，亦試圖推論日治時代為何在臺灣並未出現大規模造船業的原因。

其次，過去針對戰後初期日產接收及當時臺灣經濟結構重組所進行研究的相關文獻，多屬於制度性的探討，以具體個案的形式呈現者，則相對較少。在既有的文獻中，部分關注於這段時間國民政府對臺灣進行管制性的經濟政策，或臺灣因中國大陸經濟混亂所導致超級

通貨膨脹衍生的幣制改革，亦較少就單獨企業進行個案探討，並論述其意義；縱使對單獨企業進行研究，常見的研究成果多數僅止於生產的數量和品質。❸❹本研究認為，戰後生產復員的過程中，生產數量方面固然重要，卻較少在技術層面討論因應日本人遣返所產生的技術力缺口是如何地進行填補。換言之，日治時期臺灣重要企業在經營和技術管理方面，多以日本人為主體，臺灣人多擔任較低階層工作，鮮有機會在管理和技術職缺獲得任用。戰後國民政府接收後，這些日本人原有的職缺，多數由外省籍員工接任，這在過去研究戰後接收的問題，多數僅針對省籍任用問題進行討論，在以管理及技術專業能力方面，卻較少有充分的討論。本研究基本上，並不否認上述各研究的成果，惟進一步以臺船公司為案例，以職員的管理及技術職等專業技術能力作為探討的方向。

除此之外，本研究亦將對臺船公司股權的轉換進行探討。也就是說，在日治時期臺灣船渠株式會社為日本人所經營，戰後是如何將日本企業和日本人持有股份加以清算，轉型為公營企業體制。再者，1940 年代末期發生在中國大陸和臺灣的通貨膨脹和衍生出的幣制改革，對臺船公司經營層面下的資本和財務所發生的衝擊及因應之道，也將是本研究將探討的範疇之一。

1949 年底中華民國政府撤退來臺灣，對臺灣來說卻是成為獨立經濟個體的開始。依據當時臺灣的市場圈，相對於日治時代以整個日本帝國為主體，以及戰後初期以中國大陸為經濟主體，此時則正式確立了臺灣經濟體的構成。在此時期，政府開始透過政府政策及藉由政府

---

❸❹ 如吳聰敏，〈1945-1949 年國民政府對臺灣的經濟政策〉，《經濟論文叢刊》25：4（1997 年 12 月），頁 521-554；劉士永，《光復初期臺灣經濟政策的檢討》（臺北：稻鄉出版社，1996）著作，是針對戰後初期臺灣的農工統計數字進行探討，較少就企業轉型結構進行論述。

控制所屬金融體系及外匯的方式，經由產業政策的執行以推動臺灣各項產業的發展。另一方面，在 1950 年代起也經由美援的申請協助工業發展，直到 1965 年後美援的結束則陸續有許多的國外借款出現，持續作為臺灣工業化歷程中資金和技術的援助。本研究將於第三章觀察臺船公司在 1950 年後又是如何透過國家的政策的配合，以支持臺灣造船業的發展。另外，當時挹注臺灣的美援又是如何運用在造船業，提供了哪方面的協助，對上述問題進行論述。

在 1950 年代的末期，政府對於臺灣的工業化政策的執行，或許對於重工業的投資採較為保守的態度。因而對於臺灣的造船業，政府選擇扮演收租者的角色，並以優惠的租稅方案和提供擴建資金，將臺船公司租賃給美國殷格斯公司經營，希望藉由引進美國資本和技術的方式來發展臺灣的造船業。雖說在殷臺公司時期，成功的建造 36,000 噸大型油輪，卻因忽略拓展獲利較高的修船和製機業務，最終導致公司虧損而將經營權交還給政府。第四章部分討論殷臺公司時期的發展，將其定位於公營事業的委外經營、技術革新、人力資源的育成等，皆對 1960 年代後臺船公司的發展有著關鍵性的影響。

第五章探討 1962 年經濟部收回殷臺公司自營後，臺船公司與日本石川島播磨重工業株式會社簽訂技術移轉契約，引進日本式的造船技術。臺船公司與石川島公司的技術移轉，最初是採用 Package Deal 的方式，換句話說，造船所需的物料全數由日本進口進行船舶的組裝。伴隨著技術轉讓的同時，臺船公司亦派遣員工赴日本進行受訓，學習造船所需之技術。除此之外，臺船公司也逐步對船舶生產之零組件進行研發生產，期望能夠以提高自製率的方式，進而脫離對國外技術的依賴。

第六章部分將對戰後臺船公司技術學習後的生產實績、財務經營等績效層面進行討論。除針對臺船公司的技術學習模式進行探討外，

並觀察政府對於造船業發展政策，以及造船的研發和人力資本的培養等面向進行綜合性的討論。

總的來說，本研究以臺船公司的發展視爲新興工業化國家工業化發展脈絡下的一個案例，觀察其如何承接殖民地時代的基礎，在戰後藉由臺灣及中國兩方面的硬體設備及人力資源進行復員，並步上新興工業化國家引進國外技術的發展模式。因此在結論部分，將對臺船公司的發展與技術移轉進行整體性的討論。

在資料的取材上，將以第一手史料作爲基礎。在戰前部分的研究，由於資料尋覓的困難，以基隆船渠株式會社和臺灣船渠株式會社營業報告書爲主，並搭配當時的臺灣日日新報，以對造船公司的經營進行瞭解。至於戰後臺船公司的相關資料，則以臺灣國際造船公司基隆總廠（原臺灣造船公司）、中央研究院近代史研究所檔案館所藏國營事業司所藏臺灣造船公司檔案爲主要史料群。另外，亦將搭配當時參與人士的回憶錄及相關口述訪談作爲研究資料，以與檔案所記載內容互作驗證。

第二章
日治時期及戰後初期的臺船公司
（1919-1949）

第一節　臺灣造船業概況

　　本節將先針對日治時期及戰後初期臺灣造船業的概況進行介紹，以瞭解臺船公司及其前身在臺灣造船業發展歷程的重要性。臺船公司在日治時代的前身為基隆船渠株式會社和臺灣船渠株式會社，若以公司雇用人數推論其營運的規模，亦可瞭解臺船公司的前身在日治時代為最重要的造船會社。❸❺ 如表 2-1 所示，臺灣造船工廠的數量在 1930 年至 1943 年間逐漸增加。然而，若以造船工廠雇用人數作為指標，將造船工廠分類為超過 100 人以上、51-100 人、50 人以下三組，則可知日治時期臺灣多屬規模較小的造船所。

　　稍詳言之，1930 年臺灣共有 20 間造船所，❸❻ 其中雇用人員在

---

❸❺ 此部分能夠依據歷年來由臺灣總督府殖產局所出版的《工場名簿》進行瞭解，當時調查的基準是依據具備動力進行生產，且員工在 5 人以上的生產企業及所雇用員工人數進行統計。然而，自 1939（昭和 14）年之後，工場名簿上即不再對雇用員工人數進行統計，原因或許是中日戰爭爆發後被視為機密所致。

❸❻ 關於 1930（昭和 5）年臺灣的造船廠數目及雇用人數，可參照本書末附表一。

表 2-1　日治時期臺灣造船工廠規模大小統計（依據員工雇用人數）

單位：工廠數

年代	超過 100 人	51-100 人	50 人以下	總計
1930（昭和 5）	2	1	17	20
1931（昭和 6）	1	0	22	23
1932（昭和 7）	1	0	22	23
1933（昭和 8）	缺	缺	缺	缺
1934（昭和 9）	1	1	22	24
1935（昭和 10）	2	0	23	25
1936（昭和 11）	2	0	23	25
1937（昭和 12）	1	1	28	30
1938（昭和 13）	1	3	31	35
1939（昭和 14）	不詳	不詳	不詳	30
1940（昭和 15）	不詳	不詳	不詳	31
1941（昭和 16）	不詳	不詳	不詳	24
1942（昭和 17）	不詳	不詳	不詳	38

資料來源：整理自《工場名簿》（1930-1942 年），（臺北：臺灣總督府殖產局）。

100 人以上者，為基隆船渠株式會社和峙造船所，其中前者 200 人，後者為 110 人。其餘雇用人數在 50-100 人亦有 1 間造船公司（富重造船鐵工場）；雇用人數在 50 人以下的有 17 間造船公司，其中的 16 間聘用人數低於 10 人。其後於 1935 年和 1936 年，雇用員工超過 100 人的公司雖有基隆船渠株式會社（1935 年 354 人，1936 年 306 人）和富重造船鐵工場（1935 年 106 人，1936 年 118 人）兩間，但前者在規模上亦遠超過後者。[37] 經由上述的推論，或可瞭解基隆船渠株式會社於日治時代的造船業中所具備的代表性。

　　若再依據資本指標，可由歷年來對臺灣資本規模較大的企業組織進行調查，所發行《會社銀行商工業者名鑑》（以下簡稱商工名鑑）

---

[37] 關於 1935（昭和 10）年和 1936（昭和 11）年臺灣的造船廠數目及雇用人數，可參照本書末附表二、三。

進行瞭解。可知 1928 年，較具規模的造船會社僅有基隆船渠株式會社及株式會社臺灣鐵工所。雖說臺灣鐵工所資本額（200 萬圓）大於基隆船渠株式會社（100 萬圓），但基隆船渠株式會社以船渠和造船業爲主，機械製造爲輔；臺灣鐵工所以機械生產及修繕爲主，船舶修繕爲輔。[38] 隔年（1929）出版的商工名鑑，將造船和鐵工業分列，造船業僅有基隆船渠株式會社。[39] 這樣的狀況直到 1936 年，除了基隆船渠外，則另外增加 1930 年於基隆設立的合資會社山村造船鐵工所，及 1928 年設立於高雄的合資會社萩原造船鐵工所，兩社的資本額皆爲 1 萬圓，其主要製造船舶相關器材，遠不如基隆船渠株式會社的資本額（350 萬圓）規模。[40] 1937 年則增加 1936 年於基隆成立的合名會社造船鐵工廠，資本額爲 2 萬圓。另外，亦有同年於臺南成立的須田造船所，資本額爲 1 萬 9 千圓。[41] 1942 年出版的商工名鑑在造船業則見臺灣船渠株式會社、臺灣造船資材株式會社、合資會社須田造船所名列其中。就資本額而言，臺灣船渠株式會社爲 500 萬圓，臺灣造船資材株式會社爲 18 萬圓，合資會社須田造船所爲 1 萬 8 千圓，可知臺灣船渠株式會社在日治時代後期的造船會社中亦爲最大。[42]

　　1945 年 8 月 15 日，第二次世界大戰結束。同年 10 月 25 日，國民政府於臺灣設立臺灣省行政長官公署，負責處理各項接收工作。此時期所接收臺灣造船業的規模，如表 2-2 所示，資本規模和雇用人員兩項指標，依舊以臺灣船渠株式會社和臺灣鐵工所最大。但就廠房規模而言，則以位於基隆的臺灣船渠株式會社最大。至於其餘造船廠則

[38] 千草默先，《會社銀行商工業者名鑑》（臺北：高砂改進社，1928），頁 191-192。
[39] 千草默先，《會社銀行商工業者名鑑》（臺北：圖南協會，1929），頁 133。
[40] 千草默先，《會社銀行商工業者名鑑》（臺北：自行出版，1936），頁 252。
[41] 千草默先，《會社銀行商工業者名鑑》（臺北：自行出版，1937），頁 278-279。
[42] 千草默先，《會社銀行商工業者名鑑》（臺北：圖南協會，1942），頁 201-203。

表 2-2　戰後初期臺灣各造船廠之規模及特徵（1946 年）

名稱	實收資本（萬圓）	原有員工人數	船塢（架）數及客船最大船長	工場特徵
臺灣船渠株式會社（本社工場、基隆工場、高雄工場）	500	1,619	A、本社工場 a、大型船塢 1 座（200 公尺） b、中型船塢 1 座（150 公尺） B、基隆工場 a、小型船塢 1 座（100 公尺） b、船架 1 座（32 公尺） C、高雄工場 船架 3 座（50 公尺）	A、本社工場大型船之修理（入塢）、小型船之新造 B、基隆工場中型船之修理、小型船之新造 C、高雄工場小型船之上架修理、小型船之新造
報國造船株式會社（第一工場、第二工場、第三工場、鐵工場）	180	634	A、第一工場 船架 16 座（32 公尺） B、第二工場 船架 6 座（32 公尺） C、第三工場 船架 15 座（10 公尺）	A、第一工場大型中型木船之新造和修理 B、第二工場木船 50 噸以下之新造及修理 C、第三工場受到戰爭復舊中
蘇澳造船株式會社	50	255	船架 8 座（32 公尺）	大型木船之新造、中型木船以下之新造及修理
東亞造船株式會社	100	123	船架 4 座（10 公尺）	大型木船之新造、中型木船以下之新造及修理
臺灣海事興業株式會社	18	110	船架 2 座（32公尺）	木船修理為主及小型木船之新造（工場現正在建設中）
株式會社新高造船所	100	81	船架 3 座（25 公尺）	中型木船以下之新造及修理
大日本海事株式會社（福臺公司造船廠）	100	81	船架 1 座（25 公尺）	中型木船以下之新造及修理
須田造船鐵工株式會社	50	184	船架 6 座（25 公尺）	中型木船以下之新造及修理
開洋興業株式會社造船工廠（舊丸二組造船所）	250	34	船架 4 座（25 公尺）	中型木船以下之新造及修理
高雄造船株式會社（第一工場、第二工場）	240	755	船架 30 座（32公尺）	中型木船以下之新造及修理（戰災復舊工事中）
株式會社臺灣鐵工所（本社工場鐵工所、東工場造船所）	897	2,650	東工場（造船所）船架 4 座（50 公尺）	本社工場為一般鐵工廠東工場為鋼船之修理木船之修理以及新造
東港造船株式會社	10	148	船架 5 座（25 公尺）	中型木船以下之新造及修理
臺東造船株式會社	12	23	船架 3 座（25 公尺）	小型漁船之新造及修理

資料來源：臺灣省行政長官公署統計室編，《臺灣省統計要覽第一期——接收一年來施政情形專號》（臺北：臺灣省行政長官公署，1946），頁 115。

規模較小，且偏重於中小型木船和漁船之建造。❸

　　除此之外，如表2-3所示，1948年國民政府所轄區域中，較具規模的船廠主要有資源委員會和臺灣省政府共同經營的臺灣造船公司、海軍部所屬的江南造船廠和由外資經營的英聯船廠等三所。當時經接收改組的臺船公司擁有全中國最大的25,000噸船塢，總船塢噸位約占全國船塢的40%。❹

表2-3　戰後初期中國較具規模船廠船塢

船廠名稱	地點	船塢數目及順位	船塢總噸位（噸）	經營者
臺灣造船公司	基隆	共有船塢三座：1 號船塢 25,000 噸；2 號船塢 15,000 噸；3 號船塢 3,000 噸。	45,000	資源委員會
江南造船廠	上海	共有船塢三座：1 號船塢 9,500 噸；2 號船塢 9,000 噸；3 號船塢 18,000 噸。	36,500	海軍部
英聯船廠	上海	共有船塢三座：1 號船塢 5,000 噸；2 號船塢 9,500 噸；3 號船塢 9,000 噸。	23,500	外資

資料來源：周茂柏，〈臺灣造船工業的前途〉《臺灣工程界》2：8，（1948 年 9 月，中國工程師學會臺灣分會主編），頁 2-4。

第二節　日治時期的基隆船渠株式會社

一、基隆船渠株式會社的成立

　　臺船公司前身之一基隆船渠株式會社（以下簡稱基隆船渠）在1919年設立，❹由礦業家木村久太郎❹於臺灣總督府支持下，集資

---

❸ 臺灣省行政長官公署統計室編，《臺灣省統計要覽第一期——接收一年來施政情形專號》（臺北：臺灣省行政長官公署，1946），頁 115。

❹ 周茂柏，〈臺灣造船工業的前途〉《臺灣工程界》2：8，（1948 年 9 月，中國工程師學會臺灣分會主編），頁 3。

❹ 關於基隆船渠株式會社前身大阪鐵工所和木村鐵工所的發展，可參照蕭明禮，〈日本統治時期における臺湾工業化と造船業の発展—基隆ドック会社から臺湾ドック会社への転換と経営の考察〉《社会システム研究》第 15 号（京都：立命館大学社会システム研究所），頁 67-85。

❹ 木村久太郎（1867-1936），日本鳥取縣人，1896 年來臺後從事礦業和營建業，其

100 萬圓，設於基隆牛稠港。[47] 基隆船渠於成立初期，由木村久太郎擔任總經理（取締役社長），近江時五郎[48] 擔任常務董事（專務取締役），顏雲年[49] 擔任董事（取締役）。[50] 然而，上述的經營團隊，至1928 年又增加原田斧太郎[51] 擔任董事，並且在監察人（監察役）方面，則另外聘請後宮信太郎[52] 擔任。[53]

　　基隆船渠的股份構成如表 2-4 所示，在會社成立初期，共發行 1萬股股票。持股較高的個人股東分別為木村久太郎及近江時五郎，分別持有 2,883 和 2,270 股；企業股東則有基隆炭礦株式會社，共持有2,800 股；另外，臺灣人資本顏雲年持有 100 股。

　　至 1930 年止，木村久太郎持有的個人股份，多數轉讓給所投資

後曾擔任臺灣水產會社社長、基隆輕鐵會社社長、臺灣船渠株式會社社長。岩崎潔治編，《臺灣實業家名鑑》（臺北：臺灣雜誌社，1912），頁 114。羽生國彥，《臺灣の交通を語る》（臺北：臺灣交通問題調查研究會，1937），頁 490。

[47] 經濟部，《廿五年來之經濟部所屬國營事業》（臺北：經濟部國營事業委員會，1971），船頁 1-2，〈臺船廿五年篇〉。

[48] 近江時五郎（1870-?），日本秋田縣人，曾任臺北州協議會員、基隆公益社社長、臺灣水產株式會社社長、基隆船渠株式會社常務董事等。新高新報社編，《臺灣紳士名鑑》（臺北：新高新報社，1937），頁 91。

[49] 顏雲年（1874-1923），基隆人，1906 年設立金興利號，發展新式礦坑事業。1918年與藤田組創設臺北炭礦株式會社，同年又與三井財閥合資創設基隆炭礦株式會社，兩會社的產煤量約占當時臺灣的三分之二。許雪姬策劃，《臺灣歷史辭典》（臺北：行政院文化建設委員會，2004），頁 1324。

[50] 基隆船渠株式會社，《基隆船渠株式會社 第參回營業報告書》（自大正 9 年 12 月1 日至大正 10 年 11 月 30 日），頁 9。

[51] 原田斧太郎（1870-?），日本秋田縣人，曾任基隆船渠株式會社支配人、臺灣鑛業會理事、藤田組瑞芳礦山技師、木村組牡丹坑鑛業所所長等。內藤素生，《南國之人士》（臺北：臺灣人物社，1922），頁 17。

[52] 後宮信太郎（1863-?），日本京都府人，曾任臺灣總督府評議會員、煉瓦製造業、臺灣煉瓦株式會社專務取締役、臺灣煉瓦株式會社社長。興南新聞社，《臺灣人士鑑》（臺北：興南新聞社，1943），頁 6。

[53] 基隆船渠株式會社，《基隆船渠株式會社 第十一回營業報告書》（自昭和 3 年 6月至 11 月下半期），頁 1。

設立的木村商事株式會社持有。其餘持有較多股權的股東，除了多數為擔任取締役或監察役等參與公司經營的成員之外，則以重要投資者的家屬爲主。

其後，基隆船渠於 1934 年 6 月召開的股東會議，決定經由減資的方式，將原有的一萬股股票以四股換一股的方式，縮減成 2,500 股。在減資後的 2,500 股，依據每股 50 圓的帳面價值計算，面值共爲 12 萬 5 千圓，以此充作爲資產的折舊，另一方面，如表 2-4 所示，臺灣銀行則對基隆船渠株式會社投資 4,400 股，並以過去基隆船渠會社積欠臺灣銀行的債務，作爲入股所需的資金。❺❹ 要言之，經由此次股份重組後，臺灣銀行成爲基隆船渠最大的股東。而臺灣銀行加入投資，使得公司的經營團隊稍微進行調整，由原先擔任常務董事的近江時五郎轉任總經理，原本擔任總經理的木村久太郎轉任董事，其餘擔任董事的尚有顏國年、❺❺原田斧太郎，以及原本擔任臺灣銀行支店課長的馬渡義夫，❺❻亦加入基隆船渠的經營。❺❼

---

❺❹ 基隆船渠株式會社，《基隆船渠株式會社 第二十三回營業報告書》（自昭和 9 年 6 月至 11 月下半期），頁 1-2。

❺❺ 顏國年（1886-1937），臺灣基隆人。自幼在家鄉私塾修讀漢籍，1913 年任職臺灣興業信託總經理，1918 年擔任基隆炭礦和臺北炭礦株式會社（1920 年改名爲臺陽礦業）常務董事。1921 年擔任海山輕鐵和瑞芳營林株式會社董事長。1927 年擔任臺灣總督府評議會會員，1929 年擔任臨時產業調查會委員。許雪姬策劃，《臺灣歷史辭典》（臺北：行政院文化建設委員會，2004），頁 1323。

❺❻ 馬渡義夫（1890-?），日本鹿兒島縣恰良郡人，東京帝國大學政治科畢業，曾任昭和製糖株式會社取締役、臺東製糖株式會社取締役、水樂土地建物株式會社取締役、臺灣銀行理事等，戰後返日後曾任町議會議長。谷元二，《大眾人士錄》（東京：帝國秘密偵探社，1940），頁 18。大澤貞吉，《臺灣緣故者人名錄》（橫濱：愛光新聞社，1957），頁 164。

❺❼ 基隆船渠株式會社，《基隆船渠株式會社 第二十三回營業報告書》（自昭和 9 年 6 月至 11 月下半期），頁 2、12。〈基隆船渠の更生減資の上增資し 新に鑄鋼業を經營〉，《臺灣日日新報》（1934 年 6 月 29 日），第五版。

表 2-4　基隆船渠株式會社持股變化（1921、1930、1934、1937 年）

持股數量（股）	1921/11/30	1930/11/30	1934/11/30	1937/5/31
木村久太郎	2,883	100	100	0
近江時五郎	2,270	2,878	695	705
基隆炭礦株式會社	2,800	2,100	500	500
木村商事株式會社	0	2,787	621	731
株式會社臺灣銀行	0	0	4,400	4,400
近江商事合資會社代表社員近江時五郎	0	0	0	29
大竹勝一郎 ❺❽	100	0	0	0
柏木卯一郎	200	0	0	0
顏雲年	100	100	0	0
顏國年	0	0	50	50
黑木兵橘	100	100	0	0
原田斧太郎	0	148	0	0
後宮信太郎	0	200	50	50
木村廣吉	0	200	15	40
木村甚太郎	0	120	30	0
岸田永吉 ❺❾	0	100	25	0
其餘股份	1,547	1,167	514	495
總計	10,000	10,000	7,000	7,000

資料來源：基隆船渠株式會社，《基隆船渠株式會社 第參回營業報告書》（自大正 9 年 12 月 1 日至大正 10 年 11 月 30 日），頁 10-13。基隆船渠株式會社，《基隆船渠株式會社 第十五回營業報告書》（自昭和 5 年 6 月至 11 月下半期），頁 9-13。基隆船渠株式會社，《基隆船渠株式會社 第二十三回營業報告書》（自昭和 9 年 6 月至 11 月下半期），頁 13-15。基隆船渠株式會社，《基隆船渠株式會社 第二十八回營業報告書》（自昭和 11 年 12 月至 12 年 5 月上半期），頁 12-14。

---

❺❽ 大竹勝一郎，生卒年不詳，東京商業學校畢業，曾任職於基隆炭礦株式會社常務、三井財閥特派員、州協議員。上村健堂編，《臺灣事業界と中心人物》（臺北：新高堂書店，1919）。太田猛編，《臺灣大觀》（臺北：臺南新報社，1935）。

❺❾ 岸田永吉，生卒年不詳，日本島根縣人，曾任職於基隆船渠工場長。千草默先，《會社銀行商工業者名鑑》（臺北：圖南協會，1934），頁 133。

二、基隆船渠的設備及規模

基隆船渠成立初期的草創階段，曾借用木村鐵工所位於牛稠港的築港用船渠，展開修船事業。當時船塢由角石所製作，全長為 420 呎，寬 198 呎，入口為 48 呎。至於船塢底部，長 342 呎，寬 192 呎，入口為 44 呎。另外，船渠的水深在漲潮的時候達 15 呎，退潮時為 12 呎，能夠容納長 300 呎，寬 40 呎，吃水量 14 呎的船舶進入。這樣的設備，使得當時行駛於沿岸的臺灣總督府命令航路的船舶，如奉天丸、長春丸乃至行駛於對岸命令航路的天草丸、開城丸、湖北丸等載重約為 3,000 噸的汽船，皆能夠進港進行修繕。[60] 其後又有陸續建造石造乾船塢 4,000 噸一座、50 噸級船臺一座、200 噸級船臺兩座，以及小型鑄造、機械、製罐等工廠。[61]

依據 1927 年 6 月由遞信省管理局針對能夠建造百噸以上鋼船的造船廠所進行的調查，能夠瞭解基隆船渠主要設備有 330 呎長，寬 40 呎的 3,000 噸石造船渠一座、14 呎長的 50 噸級造船臺一座、70 呎長的 200 噸級造船臺兩座，當時雇用職員 15 名、工人 320 名。[62]

若以基隆船渠與日本殖民地「滿洲」所設立滿洲船渠株式會社下屬的旅順工場和大連工場規模相較，旅順工場擁有的 500 呎長的 7,000 噸和 260 呎長的 1,000 噸石造船塢兩座之外，並設有能夠建造長 350 呎的造船臺。大連工場則設有 440 呎長的 6,000 噸石造船塢。兩所工場分別設有起重機船、小蒸汽船及搖櫓船等設備，這皆為基隆船渠所

---

[60]〈基隆船渠の排水〉，《臺灣日日新報》（1919 年 3 月 15 日），第四版。

[61] 經濟部，《廿五年來之經濟部所屬國營事業》（臺北：經濟部國營事業委員會，1971），船頁 1-2，〈臺船廿五年篇〉。

[62] 遞信省管理局，《主要造船工場設備概要》（東京：遞信省管理局，1928），頁 214-217。

欠缺。❻ 總的來說，日本在「滿洲」投資設立的造船廠無論是廠房規模或所屬設備皆優於基隆船渠，其原因在於當地市場圈的範圍較大，並且自 1911 年起開始有定期航線行駛於俄羅斯海參崴，1913 年起陸續開設定期駛往紐約、歐洲和印度等國際航線。❻

三、基隆船渠的業務經營

關於基隆船渠的業務狀況，若以營業報告書為基礎，可分為造船、修船和製機三部分。首先，當時的造船事業以小型的汽艇、自動艇、小蒸汽船、水產指導船和水產試驗船為主，訂戶主要為政府州廳、稅關、臺灣總督府試驗所及下屬單位等機關。另外，當時基隆與高雄築港所需工程用船舶，如供作拖船的自動艇和鋼製給水船等，亦委託基隆船渠生產。❻ 值得注意的是，約在 1928 年時，日本駐福州領事館曾委託基隆船渠製造汽艇一艘，可說是首度接受島外的造船訂單。❻ 1934 年下半年，接受臺灣電力株式會社委託，建造供當時皇室於日月潭使用之遊艇。❻

總的來說，當時造船事業的訂單，部分來自地方州廳的漁業開發政策，例如自 1922 年起，花蓮港廳為了在東部進行水產開發，而向基隆船渠訂購長 40 呎、寬 7 呎、深 3 呎 5 吋，搭配 8 馬力的發動機

---

❻ 遞信省管理局，《主要造船工場設備概要》，頁 218-224。

❻ 鈴木邦夫，《滿洲企業史研究》（東京：日本經濟評論社，2007），頁 343-344。

❻ 基隆船渠株式會社，《基隆船渠株式會社 第三—七、九—二八回營業報告書》。

❻ 基隆船渠株式會社，《基隆船渠株式會社 第拾回營業報告書》（自昭和 2 年 12 月至 3 年 5 月上半期），頁 5。基隆船渠株式會社，《基隆船渠株式會社 第拾壹回營業報告書》（自昭和 3 年 6 月至 11 月下半期），頁 3。

❻ 基隆船渠株式會社，《基隆船渠株式會社 第二十三回營業報告書》（自昭和 9 年 6 月至 11 月下半期），頁 6-7。

的水產試驗船。[68] 同年 11 月該試驗船建造完成，作爲捕獲鯛和鮪魚的延繩試驗，其後並提供花蓮港廳的居民新鮮魚類。[69] 另外，同年臺北州也爲了開發近海漁業，先於淡水設立水產試驗所，其後向基隆船渠訂購試驗船「北丸」，希望能夠開發當地的鯛、鮪、鰡等魚類。[70] 1923 年 3 月，北丸的竣工，開始行駛於淡水一帶，除了著手旗魚漁場的試驗外，並提供當地居民魚類作爲食物來源。[71]

在造船技術的革新方面，1933 年臺北州委託基隆船渠建造自動艇一艘時，有別於過去錨釘式的組裝，而改採電氣焊接的方式接合。此項造船方式，要至戰後才爲日本和臺灣普遍採用，因此在當時可謂爲一項創舉。[72] 大致上，基隆船渠的造船業，僅建造較爲小型的船舶，可說爲滿足島內市場需求的區域性造船會社。

修船業務方面，主要的客戶爲遵循臺灣總督府命令行駛於臺灣沿岸航路的 10 餘艘的船舶。此外，尚有行駛於臺灣和日本之間的定期航線及行駛於中國華南地區的命令航線的船舶，而這些航線是以大阪商船株式會社爲主要經營者，因此大阪商船株式會社可謂爲基隆船渠修船事業的重要客戶。[73]

---

[68] 〈花蓮港試驗船 基隆船渠に註文〉，《臺灣日日新報》（1922 年 8 月 21 日），第二版。基隆船渠株式會社，《基隆船渠株式會社 第參回營業報告書》（自大正 9 年 12 月 1 日至大正 10 年 11 月 30 日），頁 4-5。

[69] 〈花蓮港試驗船 本月中旬廻航かせ〉，《臺灣日日新報》（1922 年 11 月 10 日），第二版。

[70] 〈近海漁業開發臺北州の新計畫〉，《臺灣日日新報》（1922 年 11 月 2 日），第二版。

[71] 〈旗魚漁業試驗 臺北州の北丸にて〉，《臺灣日日新報》（1923 年 3 月 13 日），第二版。

[72] 基隆船渠株式會社，《基隆船渠株式會社 第二十回營業報告書》（自昭和 7 年 12 月至 8 年 5 月上半期），頁 4。《基隆船渠株式會社 第二十一回營業報告書》（自昭和 8 年 6 月至 11 月下半期），頁 4。

[73] 基隆船渠株式會社，《基隆船渠株式會社 第參回營業報告書》（自大正 9 年 12 月

就基隆船渠的修船技術而言，可以1922年大阪商船株式會社所屬天草丸的修繕爲例。過去基隆船渠雖曾有修繕定期檢查船的經驗，但卻缺乏船舶每三至五年一次的特別檢查的修繕經驗。

當時屬於遠洋船的天草丸，原欲交由香港船廠進行修理，並且被認爲是一項艱困的修船任務。但最後卻交由基隆船渠對其進行爲時一個月的特別檢查修繕。在當時大阪商船株式會社並自總公司派遣技師來臺監督，其修繕技術獲得當時航業界的好評。因而這項業務的承接，使得基隆船渠對往後承接遠洋船舶修繕的特別檢查更具信心。[74]

製機方面，基隆船渠於創業之始開始興建鑄造工場，最初預計於1920年年底竣工，但因勞動力不足和降雨的原因，延至1921年3月才完成。然而，同年6月初又遭逢工廠火災，經由復舊和大型鎔鐵爐的完成，使其具備建造製糖會社所需大型鑄件之能力。[75]

在基隆船渠的營業報告書中，記載有帝國製糖株式會社、明治製糖株式會社、大日本製糖株式會社向其訂購發酵槽、糖蜜槽、廢蜜槽

1日至大正10年11月30日），頁5。基隆船渠株式會社，《基隆船渠株式會社第四回營業報告書》（自大正10年12月31日至大正11年11月30日），頁4。基隆船渠株式會社，《基隆船渠株式會社 第五回營業報告書》（自大正11年12月1日至大正12年11月30日），頁4。〈經營難の基隆船渠（下の上）斷末魔の造船業を放任か〉，《臺灣日日新報》1921年3月28日，第五版。戴寶村，《近代臺灣海運發展──戎克船到長榮巨舶》（臺北：玉山社，2000），頁199-207。

[74] 基隆船渠株式會社，《基隆船渠株式會社 第四回營業報告書》（自大正10年12月31日至大正11年11月30日），頁4。〈天草丸の出渠 特別檢查の嚆矢〉，《臺灣日日新報》（1922年11月13日），第二版。

[75] 基隆船渠株式會社，《基隆船渠株式會社 第參回營業報告書》（自大正9年12月1日至大正10年11月30日）。

以及建廠工程上的支援紀錄，[76]亦曾承接臺灣總督府鐵道部、[77]專賣局及下屬樟腦工場、[78]嘉南大圳組合[79]等的機械訂單。另外，也從事採礦工具的生產，當時臺灣礦業株式會社和臺陽礦業株式會社皆曾委託其生產所需機械。[80]再者，自1934年底開始，開始籌畫興建製鋼和鑄鋼工廠。[81]為此工程的興辦，聘請日本神戶製鋼所的專長為鑄鋼技術的技師來臺，[82]這項工程於1935年下半年完成並啟用。[83]

[76] 基隆船渠株式會社，《基隆船渠株式會社 第十二回營業報告書》（自昭和3年12月至4年5月上半期），頁4。基隆船渠株式會社，《基隆船渠株式會社 第十五回營業報告書》（自昭和5年6月至11月下半期），頁4。基隆船渠株式會社，《基隆船渠株式會社 第十六回營業報告書》（自昭和5年12月至6年5月上半期），頁5。基隆船渠株式會社，《基隆船渠株式會社 第十二回營業報告書》（自昭和3年12月至4年5月上半期），頁4。《基隆船渠株式會社，基隆船渠株式會社 第十三回營業報告書》（自昭和4年6月至11月下半期），頁4。基隆船渠株式會社，《基隆船渠株式會社 第十六回營業報告書》（自昭和5年12月至6年5月上半期），頁5。

[77] 基隆船渠株式會社，《基隆船渠株式會社 第五回營業報告書》（自大正11年12月1日至大正12年11月30日），頁5。基隆船渠株式會社，《基隆船渠株式會社 第十九回營業報告書》（自昭和7年6月至11月下半期），頁5。

[78] 基隆船渠株式會社，《基隆船渠株式會社 第十一回營業報告書》（自昭和3年6月至11月下半期），頁4。基隆船渠株式會社，《基隆船渠株式會社 第二十六回營業報告書》（自昭和10年12月至11年5月上半期），頁6。

[79] 基隆船渠株式會社，《基隆船渠株式會社 第四回營業報告書》（自大正10年12月1日至大正11年11月30日），頁5。

[80] 基隆船渠株式會社，《基隆船渠株式會社 第二十四回營業報告書》（自昭和9年12月至10年5月上半期），頁5。基隆船渠株式會社，《基隆船渠株式會社 第二十五回營業報告書》（自昭和10年6月至10年11月下半期），頁4。

[81] 基隆船渠株式會社，《基隆船渠株式會社 第二十四回營業報告書》（自昭和9年12月至10年5月上半期），頁3-4。

[82] 〈基隆船渠の更生減資の上增資し 新に鑄鋼業を經營〉，《臺灣日日新報》（1934年6月29日）第五版。

[83] 基隆船渠株式會社，《基隆船渠株式會社 第二十五回營業報告書》（自昭和10年6月至10年11月下半期），頁3。

四、基隆船渠的財務分析

關於基隆船渠的財務狀況，可由所能夠獲得到的第三期至第七期、第九期至第二十八期的營業報告書瞭解其資產組成及收支狀況。在考量到物價變化下，在此分析的價格是 1920 年由臺灣銀行所製作的臺北市躉售物價指數作為基期進行調整的實質價格。[84]

如圖 2-1 所示，基隆船渠於成立初期，即面臨財務上的虧損。一方面由於為新成立的公司，缺乏造船及修船的經驗，因而無法吸引客戶前來修船。[85]再者，修船業務亦面對日本國內、香港和上海的競爭，即使修船價格較為低廉，但是依然無法擺脫區位上的劣勢。[86]除此之外，會社在成立初期面臨第一次世界大戰結束後全球性的不景氣，航運業亦受其波及而呈現蕭條不振。當時整個日本的企業為求生存，多採取裁員或減薪的政策作為因應。[87]基隆船渠在獲利率有限的背景下，亦於 1922 年 5 月，提出重要職位的員工不敘薪，職員薪資降低三成，並採取獎勵制度，希望能夠藉此降低人事成本，以度過公司經營危機。[88]另外，在 1924 年間因日圓對港幣的貶值，使得日圓對港幣的匯率由 1 圓兌換 30 錢的行情貶值至 40 錢，這對長久以來作

---

[84] 在資料的處理方面，因第十回以前的營業報告書，是以一年為期的發行，此後因基隆船渠組織章程的改變，則改為半年發行一期。值得注意的是，營業報告書是以 12 月作為年度起始，11 月作為終點。另外，受限於資料的來源，除了 1936（昭和 11）年 12 月至 1937（昭和 12）年 5 月公司解散止的半年期之外，皆以年資料作為觀察的樣本點。

[85]〈經營難の基隆船渠（下の上）斷末魔の造船業を放任か〉，《臺灣日日新報》（1921 年 3 月 28 日），第五版。

[86] 基隆船渠株式會社，《基隆船渠株式會社 第參回營業報告書》（自大正 9 年 12 月 1 日至大正 10 年 11 月 30 日），頁 4-5。

[87] 橋本壽朗，《大恐慌期の日本資本主義》，（東京：東京大學出版會，1984），頁 133、135。

[88] 基隆船渠株式會社，《基隆船渠株式會社 第五回營業報告書》（自大正 11 年 12 月 1 日至大正 12 年 11 月 30 日），頁 3-4。

圖 2-1　基隆船渠盈虧狀況

單位：千圓（**實質價格**，1920 年 =100）

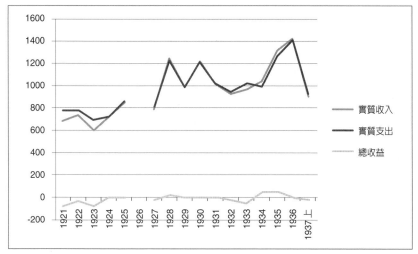

資料來源：基隆船渠株式會社，《基隆船渠株式會社 第三～七、九～二八回營業報告書》。

爲日本帝國航路中繼修繕點基隆船渠對手的香港造船業，處於更有利的地位。這對基隆船渠的經營而言，船東修船於匯率的考量下，可說是另一項危機。⑧⑨

　　不過，臺灣總督府自 1921 年 12 月至 1926 年 11 月，先後給予基隆船渠共 29 萬 6,667 圓的補助金，⑨⓪但是如表 2-5 所示，臺灣總督府

---

⑧⑨ 基隆船渠株式會社，《基隆船渠株式會社 第六回營業報告書》（自大正 12 年 12 月 1 日至大正 13 年 11 月 30 日），頁 3。

⑨⓪ 基隆船渠株式會社，《基隆船渠株式會社 第四回營業報告書》（自大正 10 年 12 月 1 日至大正 11 年 11 月 30 日），頁 8。基隆船渠株式會社，《基隆船渠株式會社 第五回營業報告書》（自大正 11 年 12 月 1 日至大正 12 年 11 月 30 日），頁 8。基隆船渠株式會社，《基隆船渠株式會社 第六回營業報告書》（自大正 12 年 12 月 1 日至大正 13 年 11 月 30 日），頁 7。基隆船渠株式會社，《基隆船渠株式會社 第七回營業報告書》（自大正 13 年 12 月 1 日至大正 14 年 11 月 30 日），頁 8。基隆船渠株式會社，《基隆船渠株式會社 第九回營業報告書》（自大正 15 年 12 月 1 日至昭和 2 年 11 月 30 日），頁 7。

每年所補助給基隆船渠的金額，不夠基隆船渠支付所累積之負債的利息，因而直到 1926 年 12 月，臺灣總督府鑑於給予基隆船渠的補助金，皆用於償付利息，於是在 1927 年度的預算編列 45 萬 6 千圓，作爲購買基隆船渠的土地、船渠及所屬船舶之經費；另外，臺灣總督府再編列給基隆船渠供作償還所積欠款項之本金。❾❶臺灣總督府爾後雖購買基隆船渠的資產及設備，但雙方訂立以五年爲一期的契約，總督府將收購自基隆船渠的土地及設備無償交由其繼續使用及經營，直至契約期滿前三個月再行續約。❾❷換言之，臺灣總督府收購基隆船渠資產後，再以租賃的方式將廠房無償租予基隆船渠，無非是爲了替基隆船渠解決沉重的債務壓力，因而在當時亦被稱爲救濟性的收購。❾❸此後由圖 2-1 所示，基隆船渠財務狀況於 1927 年後才逐漸獲得改善，並開始獲利。

然而，1929 年開始的全球性經濟恐慌，再次使得基隆船渠經營狀況惡化，如圖 2-1 所示，基隆船渠於 1931 年 12 月至 1933 年 11 月再度出現經營上的虧損。然而，1934 年後，一方面由於日本國內的景氣回復，使其經濟狀況回升。❾❹再者，受到日本景氣回升的刺激，臺灣景氣因而復甦，又加上軍需工業的需求上升及產業界的復甦，出口貿易的擴張帶動基隆船渠在這段期間來自海運業及漁業的訂單逐漸增加。❾❺不過，1936 年下半年後，因原料和工資成本上升，又加上新建

---

❾❶〈基隆船渠の官營今後は殖產局と交通局が合議で經營する〉，《臺灣日日新報》（1926 年 12 月 18 日），第三版。

❾❷〈基隆船渠買收契約調印を終る〉，《臺灣日日新報》（1927 年 10 月 6 日），第二版。

❾❸〈買收後の基隆船渠積極的に活躍せん〉，《臺灣日日新報》（1926 年 12 月 24 日），第三版。

❾❹石井寬治，《日本經濟史》，頁 301。

❾❺基隆船渠株式會社，《基隆船渠株式會社 第二十二回營業報告書》（自昭和 8 年

表 2-5　臺灣總督府給予基隆船渠補助金及基隆船渠應付利息金額
　　　　（1921-1925 年）

單位：圓（名目價格）

年度	臺灣總督府年度補助金	基隆船渠年付利息
1921/12-1922/11	52,000	95,939
1922/12-1923/11	78,000	87,889
1923/12-1924/11	78,000	82,861
1924/12-1925/11	78,000	80,570
1925/12-1926/11	16,667	51,077
合計	296,667	398,336

資料來源：整理自基隆船渠株式會社，《基隆船渠株式會社 第四回營業報告書》（自大正 10 年
　　　　12 月 1 日至大正 11 年 11 月 30 日），頁 8。自基隆船渠株式會社，《基隆船渠株式
　　　　會社 第五回營業報告書》（自大正 11 年 12 月 1 日至大正 12 年 11 月 30 日），頁 8。
　　　　自基隆船渠株式會社，《基隆船渠株式會社 第六回營業報告書》（自大正 12 年 12 月
　　　　1 日至大正 13 年 11 月 30 日），頁 7。自基隆船渠株式會社，《基隆船渠株式會社
　　　　第七回營業報告書》（自大正 13 年 12 月 1 日至大正 14 年 11 月 30 日），頁 8。自
　　　　基隆船渠株式會社，《基隆船渠株式會社 第九回營業報告書》（自大正 15 年 12 月 1
　　　　日至昭和 2 年 11 月 30 日），頁 7。

自動艇及新成立的製鋼鑄鋼事業，在鐵礦等原料成本較高的原因下，
使得盈餘因而降低。[96]

　　就收入面而言，如圖 2-2 所示，基隆船渠的總收入，以船舶建造
與修理收入最高，其次為機械製造。總的來說，這兩者支出，除了
1922 年底至 1924 年以外，大致上占了會社總收入的 85% 以上。

　　就支出面而言，如圖 2-3 所示，總支出中，材料費平均每年約占

---

12 月至 9 年 5 月上半期），頁 2-3。基隆船渠株式會社，《基隆船渠株式會社 第
二十三回營業報告書》（自昭和 9 年 6 月至 11 月下半期），頁 5。基隆船渠株式
會社，《基隆船渠株式會社 第二十四回營業報告書》（自昭和 9 年 12 月至 10 年 5
月上半期），頁 3。基隆船渠株式會社，《基隆船渠株式會社 第二十五回營業報
告書》（自昭和 10 年 6 月至 10 年 11 月下半期），頁 2。

[96] 基隆船渠株式會社，《基隆船渠株式會社 第二十六回營業報告書》（自昭和 10 年
12 月至 11 年 5 月上半期），頁 3。

圖 2-2　基隆船渠株式會社收入結構

單位：千圓（實質價格，1920 年 =100）

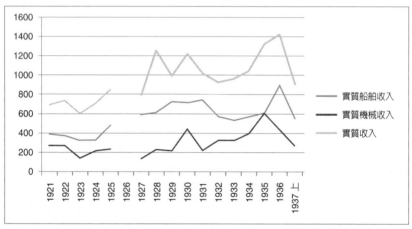

資料來源：基隆船渠株式會社，《基隆船渠株式會社 第三～七、九～二八回營業報告書》。

圖 2-3　基隆船渠株式會社成本結構分析

單位：千圓（實質價格，1920 年 =100）

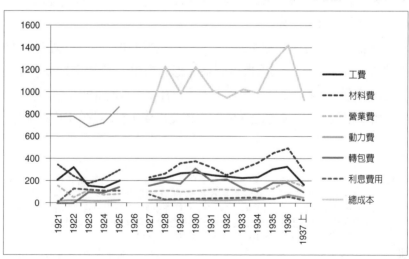

資料來源：基隆船渠株式會社，《基隆船渠株式會社 第三～七、九～二八回營業報告書》。

25-35% 左右，達到最高。其背後可能的原因在於多數的造船機械及原料皆由日本進口，臺灣本地無法自行生產。其次則爲支付給職員及工人的人事費用，平均而言約占了會社支出的 20-30%。此外，爲維持工廠運作所需的營業費用，平均約占每年支出的 10%。較值得注意的是自 1922 年底起，出現將生產業務承包給他人生產的轉包費，其背後所代表的意義，或可解釋爲日治時代的基隆船渠，爲降低營運成本，而將部分工程委託其他業者代工。至於供應工廠運作所需的能源費用，約占每年支出的 3%。至於攸關公司負債所需支付的利息，除了在 1924 年以前各年支付的利息費用，約占了會社支出的 10 餘個百分點，其餘皆不高，平均約占總支出的 3-4%。

五、基隆船渠株式會社的解散與改編

1937 年 4 月 24 日，基隆船渠召開臨時股東會議，達成公司於同年 5 月 31 日解散的決議。[97] 解散的理由或許因其取締役的木村久太郎於 1936 年 11 月逝世所致。[98] 另外可能的原因爲當時三菱財閥，透過政府的力量以及綿密的「政商」網絡，收購日本本地和殖民地所屬會社。而基隆船渠的土地、建築、設備等資產，如前所述，早於 1927 年即由臺灣總督府收購，並取得所有權。

其後隨著「918 事變」的發生，日本希望加速殖民地工業化的發展，臺灣總督府希望三菱財閥接手經營基隆船渠，以成爲國策會社體系中的一環。因此，臺灣船渠株式會社於同年 6 月 1 日成立，並繼承

---

[97] 基隆船渠株式會社，《基隆船渠株式會社 第二十八回營業報告書》（自昭和 11 年 12 月至昭和 12 年 5 月上半期），頁 2。臺灣船渠株式會社，《臺灣船渠株式會社 第壹期營業報告書 自昭和 12 年 6 月 1 日至 12 月 31 日》，頁 3。

[98] 基隆船渠株式會社，《基隆船渠株式會社 第二十七回營業報告書》（自昭和 11 年 6 月至 11 月下半期），頁 2。

基隆船渠的建物、船舶、機械、資材及有價證券等共計 67 萬圓成立。❾❾

第三節　日治時期的臺灣船渠株式會社

一、臺灣船渠株式會社的成立

　　臺灣船渠株式會社（以下簡稱臺灣船渠）於 1937 年 6 月 1 日繼承基隆船渠的資產成立。臺灣船渠所發行的兩萬股股票，主要持有者為三菱重工業株式會社，持有 8,900 股，占全部股權的 44.5%；其次為株式會社臺灣銀行持有 3,100 股，占總股份的 15.5%；另外，大阪商船株式會社持有 1,100 股，占 5.5%；而臺灣電力株式會社與顏欽賢❿❿各持有 1,000 股，各占 5%；至於近海郵船株式會社則持有 400 股，占 2%。⓫

　　主要經營管理者如下所述，即刘谷秀雄⓬擔任常務董事，董事部

---

❾❾ 基隆船渠株式會社，《基隆船渠株式會社 第二十七回營業報告書》（自昭和 11 年 6 月至 11 月下半期），頁 2。

❿❿ 顏欽賢（1901-1983），臺灣基隆人，1927 年日本立命館大學經濟學科畢業，曾任臺陽礦業株式會社社長，戰後任職臺灣煤礦公會會長、臺陽礦業股份有限公司董事長。許雪姬策劃，《臺灣歷史辭典》（臺北：行政院文化建設委員會，2004），頁 1323。

⓫ 臺灣船渠株式會社，《臺灣船渠株式會社 第壹期營業報告書（自昭和 12 年 6 月 1 日至 12 月 31 日）》，頁 3、13。

⓬ 刘谷秀雄，生卒年不詳，日本高知縣人，1905 年日本東京帝國大學造船科畢業，曾任臺灣船渠株式會社取締役、橫濱船渠技師、修理課長、三菱重工業顧問。興南新聞社，《臺灣人士鑑》（臺北：興南新聞社，1943），頁 95。

分則有代表三菱重工業的伊藤達三、[103] 元良信太郎、[104] 原耕三[105] 等三名，另外岡田永太郎和渡部知直代表大阪商船和近海郵船。監察人則由陰山金四郎、福島弘次郎和臺灣銀行所派遣的代表山本健治[106] 擔任。[107] 另外，原本擔任基隆船渠總經理的近江時五郎轉任臺灣船渠顧問。[108]

臺灣船渠營運初期在中階技術人員聘用方面，大致上可說是基隆船渠的延續。若以1938年臺灣船渠的社員名單與基隆船渠時期的中階幹部進行對照，原本擔任技師長的都呂須玄隆，轉任臺灣船渠高雄工場工場長；原本擔任造船工場主任的淺野，轉任工務課卜的船渠工場；原本擔任鑄物工場主任的藤田秀次，轉任設計課技師，並負責管理鑄物工場；原本擔任製鋼工場主任的正中光治，轉任製鋼課技師，

[103] 伊藤達三，生卒年不詳，1904年東京大學造船科畢業，1905年進入三菱合資造船部，其後被派遣至英國進行研究，返日後由營業課課長升任至三菱造船彥島造船所所長。松下傳吉著，《人的事業大系 鋼鐵・造船篇》（東京：中外產業調查會，1940），造船篇頁7。

[104] 元良信太郎（1881-?），日本東京人，1905年東京大學造船科畢業，並曾擔任九州帝國大學講師，並於1920年取得九州帝國大學工學博士。大學畢業後進入三菱造船服務，曾任三菱造船參事長、長崎造船所設計長、造型試驗所長、長崎造船所副所長和所長、常務董事、技術部長。松下傳吉著，《人的事業大系 鋼鐵・造船篇》（東京：中外產業調查會，1940），造船篇頁8。

[105] 原耕三（1885-?），日本東京人，1908年一橋高商畢業後進入三菱公司服務，曾任三菱造船參事、神戶造船所總務部長、長崎造船所副所長、彥島造船所所長，1920年三菱造船改稱三菱重工業時，擔任董事，其後並升任常務董事。松下傳吉著，《人的事業大系 鋼鐵・造船篇》（東京：中外產業調查會，1940），造船篇頁8-9。

[106] 山本健治（1889-?），日本福島縣若松市人，東京高商畢業，曾任臺灣銀行理事、廈門支店支配人、神戶支店支配人、紐約出張所支配人、上海支店支配人、大阪支店支配人、東京頭取席支店課長。興南新聞社編，《臺灣人士鑑》（臺北：興南新聞社，1943），頁413。

[107] 〈基隆ドックを解散 臺灣船渠創立 株の過半は三菱重工業所持 常務は三菱の刈谷氏〉，《臺灣日日新報》（1937年5月22日），第三版。

[108] 〈臺灣船渠陣容〉，《臺灣日日新報》（1937年6月13日），第七版。

並負責管理木型工場；原擔任機械工場主任的森寺等，轉任造機課技師，並負責管理機械和電氣工場。⑩

在高階技術和管理人員方面，1938 年聘請原任三菱重工業參事的安松勝雄來臺擔任工場長。總務課課長片山正義與工務課課長加納辨治是由三菱重工業株式會社本社調任。⑩

其後，於 1940 年 8 月的股東會議，推舉工場長安松勝雄升任常務董事，擔任董事的刘谷秀雄轉任董事長。⑪1941 年 2 月，原本擔任董事的岡田永太郎辭職，另外增補加藤進和松井小三郎擔任董事。⑫松井小三郎過去於造船業的經歷，曾擔任三菱重工業取締役及神戶製船所所長。⑬

1943 年 2 月臺灣船渠召開臨時董事會，結果推舉玉井喬介擔任總經理。同年 4 月再度召開臨時董事會，由田村初久擔任常務董事。⑭就上述兩位主要幹部的學歷和技術經歷而言，玉井喬介畢業於東京帝國大學工學部造船科，曾任三菱重工業常務及三菱長崎造船所所長。

⑩ 千草默先，《會社銀行商工業者名鑑》（臺北：圖南協會，1937），頁 204。〈三菱重工業株式會社名簿（昭和 13 年 11 月 1 日現在）〉。

⑩ 〈三菱重工業株式會社名簿（昭和 13 年 11 月 1 日現在）〉。〈增資後の 臺灣船渠本年中に未拂込全部を徵收〉，《臺灣日日新報》（1940 年 6 月 19 日），第七版。

⑪ 臺灣船渠株式會社，《臺灣船渠株式會社 第七期報告書》（自昭和 15 年 7 月 1 日至昭和 15 年 12 月 31 日），頁 4。〈臺灣船渠會社で安松常務の彼〉，《臺灣日日新報》（1940 年 9 月 6 日），第七版。

⑫ 臺灣船渠株式會社，《臺灣船渠株式會社 第八期營業報告書》（昭和 16 年 1 月 1 日至 6 月 30 日），頁 3-4。

⑬ 松井小三郎（1880-?），日本兵庫縣人，1910 年東京帝國大學船舶工業科畢業，其後進入三菱公司服務，曾任三菱造船參事、彥島造船所工務課長、神戶造船所修繕部部長。松下傳吉著，《人的事業大系 鋼鐵‧造船篇》（東京：中外產業調查會，1940），造船篇頁 9-10。〈臺灣船渠の新任取締役渡臺〉，《臺灣日日新報》（1941 年 3 月 22 日），第六版。

⑭ 臺灣船渠株式會社，《臺灣船渠株式會社 第貳期營業報告書》（自昭和 13 年 1 月 1 日至 6 月 30 日），頁 4。

圖 2-4　臺灣船渠組織圖

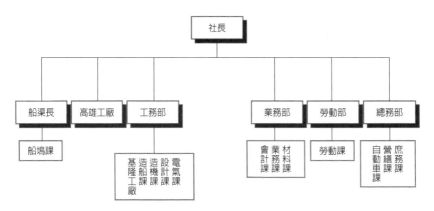

1. 製表：洪紹洋。
2. 資料來源：〈公司簡介〉，檔號：01-01-01（臺灣國際造船公司基隆總廠藏），「臺灣造船有限公司概況」（1950 年 2 月）。

⑮田村初久則於 1918 年畢業於東京帝國大學工學部，畢業後進入三菱神戶造船所，並曾擔任至修繕課長。⑯

　　臺灣船渠的組織如圖 2-4 所示，最高管理者爲社長，其下設總務部、勞動部、業務部、工務部、高雄工廠、船渠長等單位，其下並設立各課和工廠。⑰

　　在人員聘用方面，公司成立的 1937 年年底，共聘用社員 18 名、

⑮ 玉井喬介（1885-?），日本三重縣人，1907 年東京大學造船科畢業後進入三菱公司，曾擔任造船部造船設計課長、長崎造船所副所長，1934 年起擔任長崎造船所所長，並曾兼任九州帝國大學講師。松下傳吉著，《人的事業大系 鋼鐵・造船篇》（東京：中外產業調查會，1940），造船篇頁 9。〈三菱重工業株式會社名簿（昭和 13 年 11 月 1 日現在）〉。〈三菱重工業株式會社名簿（昭和 14 年 11 月 1 日現在）〉。

⑯〈臺灣船渠の陣容成る〉，《臺灣日日新報》（1943 年 6 月 2 日），第四版。

⑰〈臺灣造船有限公司概況〉（1950 年 2 月），《公司簡介》臺灣造船公司檔案，檔號：01-01-01，藏於臺灣國際造船公司基隆總廠。

雇員19名、見習1名、職工335名。[118]另外，1938年10月臺灣船渠曾向臺灣總督府申請隔年聘用兩名臺北工業學校畢業生作爲見習者，但僅獲得一名許可的紀錄。[119]在此同時，隨著中日戰爭的爆發，至1940年上半年爲止，會社雇用正員（正式職員）25名、同正員待遇囑託（薪資與正式職員相同的約聘人員）2名、准員50名、同准員待遇囑託2名、雇員11名、工具及其他人員633名，共計733名。[120]但之後因營業報告書不再將雇用工人數目列入，僅能瞭解至1943年上半年止，臺灣船渠共聘用正員67名、准員88名、同准員待遇囑託1名、雇員43名，職員部分共計213名。[121]如上所述，臺灣船渠聘用的職員數目，或許是隨著戰爭的爆發使其在船舶建造及修繕業務量的增加，因而需要更多的職員以作爲因應。

　　臺灣船渠最初成立時的目標，除繼承基隆船渠的設備並且進一步加以擴充外，亦爲以三菱重工業爲中心的國策會社成員之一。[122]成立當年爲進行生產事業的擴充，於12月向臺灣總督府申請設立高雄分工廠，並於1938年3月獲得臺灣總督府的許可。[123]要言之，臺灣船渠繼承基隆船渠的場區外，總公司設於基隆社寮町（即今和平島），

[118] 臺灣船渠株式會社，《臺灣船渠株式會社 第壹期營業報告書》（自昭和12年6月1日至12月31日），頁4。

[119] 臺灣船渠株式會社，《臺灣船渠株式會社 第三期營業報告書》（自昭和13年7月1日至12月31日），頁5。

[120] 臺灣船渠株式會社，《臺灣船渠株式會社 第六期營業報告書》（自昭和15年1月1日至6月30日），頁4。

[121] 臺灣船渠株式會社，《臺灣船渠株式會社 第拾貳期營業報告書》（自昭和18年1月1日至6月30日），頁6。

[122] 〈臺灣船渠陣容〉，《臺灣日日新報》（1937年6月13日），第七版。

[123] 臺灣船渠株式會社，《臺灣船渠株式會社 第壹期營業報告書》（自昭和12年6月1日至12月31日），頁3。《臺灣船渠株式會社 第貳期營業報告書》（自昭和13年1月1日至6月30日），頁4。

工場設有三處，一爲社寮町工場（即今臺船公司現址），二爲大正町工場（即原有之基隆船渠會社），三爲高雄市旗後町工場（即戰後臺灣機械公司之旗後分廠）。[124]

臺灣船渠成立後不久，即面臨中日戰爭、第二次世界大戰和太平洋戰爭的相繼爆發，開始配合軍事單位，協助戰爭所需物資的生產。[125] 其中，於 1942 年因配合南進政策前的緊急作業，在人員和物資缺乏的障礙下，依然能夠進行資材的生產和配合，並於短期間完成整備，因而獲得由陸軍運輸部長所頒發的感謝狀。[126] 1943 年 10 月，社寮町工場交由海軍管理，基隆工場則由陸軍和海軍共同管理，以至戰爭的結束。[127]

二、臺灣船渠的業務經營

臺灣船渠在造船和修船業務方面的實績，僅能就 1940 年上半年爲止的資料進行瞭解。總的來說，臺灣船渠先後建造木造拖船、木造甲板駁船、木造交通船、日本式自動艇、積鋼製發動機船和其他船舶等。[128]

---

[124] 經濟部，《廿五年來之經濟部所屬國營事業》（臺北：經濟部國營事業委員會，1971），船頁 1-2，〈臺船廿五年篇〉。

[125] 臺灣船渠株式會社，《臺灣船渠株式會社 第拾壹期營業報告書》（自昭和 17 年 7 月 1 日至 12 月 31 日），頁 1、4。

[126] 臺灣船渠株式會社，《臺灣船渠株式會社 第拾壹期營業報告書》（自昭和 17 年 7 月 1 日至 12 月 31 日），頁 4。

[127] 臺灣船渠株式會社，《臺灣船渠株式會社 第拾參期營業報告書》（自昭和 18 年 7 月 1 日至 12 月 31 日），頁 4。

[128] 《臺灣船渠株式會社 第壹期營業報告書》（自昭和 12 年 6 月 1 日至 12 月 31 日），頁 2。《臺灣船渠株式會社 第貳期營業報告書》（自昭和 13 年 1 月 1 日至 6 月 30 日），頁 2。《臺灣船渠株式會社 第三期營業報告書》（自昭和 13 年 7 月 1 日至 12 月 31 日），頁 2。《臺灣船渠株式會社 第六期營業報告書》（自昭和 15 年 1 月 1 日至 6 月 30 日），頁 2。

　　修船部分的實績，在臺灣船渠成立的 1937 年下半年，進入船渠和經由船臺修繕的船舶共計 589,160 噸。❷但至 1940 年上半年，或許戰爭爆發的原因，使得修船業務量提升至 848,309 噸。❸機械製造部分，所承接的業務除了承襲基隆船渠所承接的鐵道部、專賣局、港口修造、製糖會社、礦業機械、製鐵機械、水泥機械之外，從 1938 年下半年起，開始承接軍部物資的生產。❸尤其在日治時代末期承接為數不少的陸海軍業務，此部分可由戰後〈接收臺灣船渠株式會社債權明細表〉中，清楚看到戰爭後期的部分業務，係先後承接了高雄海軍經理部、基隆要塞司令部、加藤部隊、梅村部隊、海軍運輸部、馬公海軍工作部、第六海軍燃料廠等業務，範圍除了船舶修繕外，亦包含鋼材提供、操炭機製造等。❸

　　由表 2-6 所示，臺灣船渠所承接製機業務自 1941 年起逐漸減少，可能的原因在於太平洋戰爭爆發後，必須承接較多的造船與修船業務，而將原本負責製機的資源及人力轉向修造船業務所導致。

　　至於臺灣船渠的營收狀況，總的來說，除了 1939 年 7 月 1 日至同年 12 月 31 日以及 1944 年至戰爭結束前的經營狀況無法得知外，皆能夠由第一至第四期、第六至第十三期的營業報告書中看出端倪。其中，由於中日戰爭和太平洋戰爭爆發後通貨膨脹日趨嚴重，因此本分析將歷年之名目價格以 1937 年由臺灣銀行所編製的臺北市躉售物

---

❷《臺灣船渠株式會社 第壹期營業報告書》（自昭和 12 年 6 月 1 日至 12 月 31 日），頁 2。

❸《臺灣船渠株式會社 第六期營業報告書》（自昭和 15 年 1 月 1 日至 6 月 30 日），頁 2。

❸ 臺灣船渠株式會社，《臺灣船渠株式會社 第三期營業報告書》（自昭和 13 年 7 月 1 日至 12 月 31 日），頁 2。

❸〈接收臺灣船渠株式會社債權明細表 14〉，《接收臺灣船渠株式會社清冊》臺灣造船公司檔案，無檔號，藏於臺灣國際造船公司基隆總廠。

表 2-6　臺灣船渠承接各項業務實績（1941-1944 年）

年份	造船		修船		製機	合計（圓）
	噸數	金額（圓）	噸數	金額（圓）	金額	
1941	100	56,509	964,095	901,449	981,618	1,939,576
1942	245	132,739	807,826	1,862,329	817,781	2,822,849
1943	631	533,210	1,015,117	2,660,330	401,738	3,595,278
1944	550	29,980	1,285,392	3,454,162	297,408	4,781,550

資料來源：〈臺灣船渠株式會社概況及概算〉，中國第二歷史檔案館、海峽兩岸出版交流中心編，
　　　　　《館藏民國臺灣檔案彙編 第 55 冊》（北京：九州出版社，2007），頁 122。
　　　　註：此表格之金額為名目價格

價指數爲基期進行調整，以求顯現物價變動之眞實性。

　　就經營面而言，如圖 2-5 所示，臺灣船渠起業後所獲得的盈餘呈現是逐年增加的趨勢，其中的原因可說因爲戰爭的爆發，使其承接戰時動員體制下的造船和修船業務隨著上升。太平洋戰爭爆發後至資料下限的 1943 年底，隨著戰事的白熱化，公司盈餘亦不斷地上升。

　　在收支方面，由於營業報告書顯示的科目名稱與基隆船渠時期有所差異，因此僅能瞭解作業收入占了絕大部分的比例。值得注意的是，其中少部分包含利息和股息收入，這在基隆船渠時期並沒有這項收入。❸其背後可能的原因在於，當時三菱財閥受到日本政府的保護，爲配合軍事侵略，而於日本國內與殖民地進行的軍事和工業生產投資事業。此部分可由戰後「持株會社整理委員會」出版《日本財團とその解體》瞭解，臺灣船渠的母公司爲三菱財閥下所屬的三菱重工業株式會社。當時三菱重工業株式會社除投資臺灣船渠外，亦開設三菱工作機械株式會社和滿洲三菱電器株式會社，並分別持有 69.4% 和 100% 的股權，而三菱重工業又隸屬三菱財閥下眾多企業的一支。❹

---

❸《臺灣船渠株式會社 第一～四、六～十三期營業報告書》。

❹ 持株會社整理委員會，《日本財團とその解體》（東京：持株會社整理委員會，

圖 2-5　臺灣船渠收支結構

單位：千圓（實質價格，1937 年 =100）

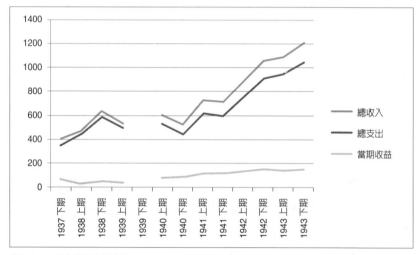

資料來源：《臺灣船渠株式會社　第一～四、六～十三期營業報告書》。

總的來說，以三菱財閥爲首的旗下企業，在戰爭時期配合軍需工業生產所賺進的「戰爭財」，臺灣船渠最大的投資者爲三菱重工業株式會社，能夠藉由綿密的持股方式於每年的收入中獲得部分的股息收入。

　　臺灣船渠的支出方面，在維持工廠生產所需的費用方面，可說幾乎是占其每年支出的 90% 以上。另外，每年所支付的利息金額，占不到整個會社全年支出的 1%，財務狀況相較於臺灣船渠的前身基隆船渠，更較爲佳。[135]

　　總的來說，依據日治時代的基隆船渠和臺灣船渠營業報告書可瞭解其業務以修船爲主，而基隆船渠和臺灣船渠的造船業務僅止於建造

　　1951），頁 108。

[135]《臺灣船渠株式會社　第一～四、六～十三期營業報告書》。

小型船舶。至於大型船舶的建造並作為滿足區域性的需求的航業市場，要至戰後臺船公司成立後才作為發軔。

三、第二次世界大戰下臺灣造船業的發展及限制

（一）戰時體制下的造船計畫

1937 年中日戰爭爆發後，日本開始制訂船舶擴充計畫，主要內容為標準船型的訂立和對造船統制機關進行整備。其後於 1941 年，日本政府進一步制訂「戰時海運管理要綱」，確立將船舶、船員、造船事務進行整合，並交由國家統一管理。1942 年 2 月 15 日，日本政府公布戰時造船事務管理條例，針對長 50 公尺以上的鋼船建造資材進行管制，並將船舶建造及修繕的監督權交由海軍管理。[136]

太平洋戰爭爆發後的 1942 年 4 月，日本政府提出「第一次戰時標準船」建造計畫，主要是將運送物資的商船功能及噸位加以統一，以因應戰時船舶的耗損及資材的節約。其後 1942 年 12 月至 1944 年 4 月進一步實施「第二次戰時標準船」建造計畫，此階段的生產實績可說是二次大戰期間日本造船業的顛峰；1944 年 4 月到終戰為止，實施「第三次戰時標準船」建造計畫，但這段時期因戰況的惡化和資材的欠缺，使得造船的實績與規模相對於前兩期而言顯得較小。[137]

然而，由資料顯示臺灣船渠並未參與戰時標準船建造計畫，原因可能在於臺灣的造船資材幾乎全數仰賴日本供應。況且，太平洋戰爭後期因美國軍隊對臺灣聯外的航路進行封鎖，使得臺灣不易獲得造船

---

[136] 日本造船學會，《昭和造船史（第一卷）》（東京：原書房，1977），頁 6

[137] 第一期造船計畫共建造 190 艘船舶，共 72 萬 500 噸；第二期造船計畫共建造 897 艘船舶，184 萬 6,080 噸；第三期造船計畫共建造 24 艘船舶，共計 40,100 噸。日本造船學會，《昭和造船史（第一卷）》，頁 6、7、13、15。

資材。[138]

再者，依據 1937 年 6 月公布的「重要產業五年計畫要綱」中瞭解，1941 年的船舶計畫建造量在日本為 86 萬噸，滿洲為 7 萬噸。或可顯示就日本帝國的工業發展區位而言，主要的造船地場位於日本及滿洲，臺灣並不在發展造船的規劃中。[139]大致上，雖說臺灣並未在第二次世界大戰參與大型鋼船的建造計畫，但卻由中小型船廠參與木造船的建造計畫。[140]

木造船計畫主要為日本政府鑒於造船用鋼材的欠缺，故於 1942 年 3 月提出「小造船業整備要綱」，並訂立 70、100、150、200、250 噸五種戰時標準型。[141]1943 年 1 月又頒發「木船建造緊急方策要綱」，將船舶分類為 100、150、250 噸的輕型貨物船和 300、500 噸的木鐵交通船，將船舶設計加以簡化，並由遞信省對主要的工廠進行管理和提供各造船廠所需設施。[142]

（二）臺灣造船產業的發展與侷限

中日戰爭爆發後，臺灣的造船業者為統一分配造船資材，在 1940 年 5 月以資本額 18 萬圓聯合設立臺灣造船資材株式會社。[143]但在實收

---

[138]當時日本於滿洲及朝鮮所創設的造船廠，大連船渠株式會社在第一期建造 1C 型三艘、第二期建造 2D 型四艘；朝鮮重工業株式會社在第一期建造 1D 型二艘、第二期建造 2D 型二艘。日本造船學會，《昭和造船史（第一卷）》，頁 13。

[139]山崎志郎，〈戰時經濟總動員と造船業〉，石井寬治、原朗、武田晴人編，《日本經濟史 4 戰時、戰後期》（東京：東京大學出版會，2007），頁 9。〈小造船業者の整備統合實施〉，《臺灣日日新報》（1942 年 3 月 7 日），第一版。

[140]當時臺灣發展戰時木造船計畫，主要是以中小型船廠為主，並在 1943 年於基隆成立報國造船株式會社，發展木造船。〈基隆木造船場を統合　報國造船會社創立〉，《臺灣日日新報》（1943 年 11 月 26 日），第二版。〈戰ふ木造船〉《臺灣時報》（1943 年 5 月），頁 52-53。

[141]日本造船學會，《昭和造船史（第一卷）》，頁 15。

[142]日本造船學會，《昭和造船史（第一卷）》，頁 15。

[143]千草默先，《會社銀行商工業者名鑑》（臺北：圖南協會，1941），頁 191-192。

資本方面，至 1942 年 10 月僅有 12 萬 2,100 圓，且多用於投資發展木造船所需的山林事業。再者，由於購買造船資材所需鋼鐵及繁多種類的零件多由日本輸入，需要較多的流動現金以供週轉。臺灣造船資材株式會社於流動現金過低的情況下，無法充分供應臺灣造船業所需，使得戰時體制下臺灣造船業的發展受到侷限。[144]

　　若就區位發展的角度而言，臺灣作為日本帝國南進政策基地的一環，在軍事及經濟上的考量下應發展造船事業，但當時臺灣多數的造船業僅具備生產小型漁船之能力。倘若南進政策進一步開展，臺灣的航運勢必逐漸與海南島、廣東等地加以聯繫，勢必要朝向發展中型漁業和船隊的目標邁進。但發展造船業的前提，必須要有機械、內燃機、汽罐等各項較為高階的工業進行配合。[145]

　　以臺灣的工業能力來說，作為發展機械業基礎的製鐵業相當薄弱，原因在於臺灣本身缺乏鐵礦和煉鐵所需的大量煤炭。再者，臺灣在戰時體制下亦無充沛的資金對製鐵和機械等造船周邊產業進行投資。在人力資本方面，發展機械工業需要大量的熟練工人。就臺灣當時的勞動力水準而言，熟練工人多由日本移入，於人力資本上的限制也是造成機械產業無法進一步發展的障礙之一。[146]

當時總經理近江時五郎為臺灣船渠顧問，其餘董事皆為本島各造船會社負責人：須田義次郎（臺南，須田造船所）、峠數登（基隆，峠造船所）、名田為吉（基隆，名田造船所）、山本喜代次郎（基隆，山本造船所）、萩原重太郎（高雄，萩原造船所）、富重年一（高雄，富重造船鐵工廠）、都呂須玄隆（高雄，臺灣船渠高雄分工場工場長）。臺灣總督府殖產局，《工場名簿》（臺北：臺灣總督府殖產局，1938），頁 17-18。

[144]〈造船資材獲得強化 臺灣造船の資金問題協議〉，《臺灣日日新報》（1942 年 10 月 3 日），第二版。〈戰ふ木造船〉《臺灣時報》（1943 年 5 月），頁 52-53。

[145] 臺灣經濟年報刊行會，《臺灣經濟年報（昭和 17 年版）》（東京：國際日本協會，1942），頁 655-656。

[146] 臺灣經濟年報刊行會，《臺灣經濟年報（昭和 17 年版）》，頁 655-656。

　　1942 年 8 月在臺北召開的東亞經濟懇談會中，臺灣船渠高雄工廠船渠長的都呂須玄隆提出當時臺灣船渠的造船能力僅限於建造曳船、小型蒸汽船和提供 2,000 噸左右的船舶修繕，其餘 30 所造船廠僅能建造小型漁船。再者，日本統治臺灣 40 餘年間，臺灣的工業主要除糖業和礦業獲得較為顯著的發展外，與造船相關的鐵工業並未獲得發展。臺灣的造船業遲未能發展最根本的理由在於整體工業並未同時提升。換言之，造船業必須將汽機、汽罐的製作加工和修理設施加以整合。此外，造船所需的技術勞工包含機械、鑄造物品的加工、鐵工、木工、電氣、鍛冶、銅工、熔接等數十種類，需有各種技術員及熟練工人才能獲得發展。依據當時臺灣的工業化水準，無法在短期內養成所需的技術人員。此外，發展造船周邊產業需要大量的固定及流動資本投資，並無法以單一資本家達成此項任務。[147]

　　再者，都呂須玄隆認為太平洋戰爭爆發後，日本占領南洋的諸多造船所中，大部分以船舶修繕為主，但造船資材亦由日本本土提供。臺灣相較南洋占領區因距離日本較近，在資材取得具備運輸成本的優勢，亦構成發展造船事業的開展有利的區位條件之一。但以當時臺灣的工業條件，除了技術人員極度缺乏外，臺灣總督府應設法發展鐵工業，才能為發展造船業創造更有利的條件。[148]

　　在第二次世界大戰期間，臺灣總督府為在短期間發展機械工業，因而提出先培育大型工廠的轉包（下請）工廠，待轉包工廠技術獲得提升後，再進一步將中小型工廠與環繞大工廠的轉包工廠加以結合。基於上述的發展計畫，臺灣總督府先集合機械業者組織「臺灣鐵工

[147] 東亞經濟懇談會臺灣委員會，《東亞經濟懇談會第一回報告書》（臺北：東亞經濟懇談會臺灣委員會，1943），頁 71-75。
[148] 臺灣總督府企畫部，《東亞共榮圈の要衝としての臺灣工業化計畫私案》（臺北：臺灣總督府企畫部，1942），頁 73-74。

會」，其後於 1941 年年底成立「臺灣鐵工統制會」，上述組織的成立的目標皆是以培育臺灣爲主體性的機械工業。⑲

在造船人力的養成方面，鑒於內地人職工有限，爲培育臺灣人成爲熟練的勞動者，臺灣總督府規劃於各轉包工廠內，將臺灣本地的勞動者訓練爲具備單一專長的熟練工。實施辦法爲先將 20-30 人的中小規模工廠，指派其從事高度精密的機械修理業務。當這類精密機械修理工廠發展成熟時，即能構成設置大工廠有利的條件。大致上，機械產業雖然無法在短期間急速地實現大規模工廠的情況下，但大工廠與作爲轉包事業的中小型工廠保持密切的聯繫，則能夠逐漸形成發展造船周邊機械產業的有利條件。⑳

另一方面，在臺灣造船資材的自製率方面，由於船舶主機乃至艤裝品等附屬機械全數依賴日本供應，使得臺灣的造船業高度依賴日本。但隨著計畫造船的實施，臺灣總督府遞信部希望臺灣船渠、臺灣鐵工所、中田鐵工所等較具備規模和技術的工廠，能夠發展船舶主機和輔機；艤裝品則仰賴日本內地的造船統制會社供應；船舶引擎中用的曲軸（crankshaft）等中階技術零件則交由鐵道部臺北工廠設計。㉑

總的來說，戰時體制下臺灣總督府爲發展造船業所提出的各項計畫，由於戰爭末期美軍的轟炸使其廠房設備受到破壞，又加上對外取得物資的中斷，到二次大戰結束時，造船業並未獲得成功地發展。

---

⑲ 臺灣經濟年報刊行會，《臺灣經濟年報（昭和 17 年版）》，頁 656。
⑳ 臺灣總督府情報課，《臺灣工業化の諸問題》（臺北：臺灣總督府情報課，1942），頁 16-17。
㉑〈附屬機械島產自給計畫造船促進への施策〉，《臺灣日日新報》（1943 年 8 月 20 日），第二版。

第四節　戰後初期臺灣船渠的接收與改組

一、戰後臺灣船渠的接收與制度的建立

　　1945 年 8 月 15 日，第二次世界大戰結束，同年 10 月 25 日，陳儀展開接收臺灣之各項政務，並於 10 月 29 日行政長官公署公告接收業務由臺灣省警備總司令部和行政長官公署兩個機關辦理，前者負責軍事接收，後者則負責接收臺灣總督府及其所屬各機關文件、財產及事業。[152]

　　1946 年 5 月以前，日人所經營的工礦事業主要由經濟部臺灣區特派員辦公處接收和監理。[153] 其後較具規模事業，即第一章所提及的「十大公司」，則交由資源委員會接辦。經接收後的企業，有的統整為公營企業，有的則是經由標售的方式演變為民間企業。公營事業部分，又可區分為資源委員會接管的國營事業和與省政府共同經營之國省合營事業，亦有由省政府接管的省營事業。[154] 臺灣船渠於戰後改組為國省合營的臺灣機械造船公司，並隸屬於資源委員會管理。

　　戰後初期資源委員會曾派遣工礦事業考察團來臺灣進行工業調查，其中特別針對 30 間較大的機械產業工廠進行參訪和調查，其結果認為除了以機械和船舶維修為主要業務的臺灣鐵工所和臺灣船渠規模較大外，其餘規模多偏小。臺灣鐵工所下轄兩個工場，臺灣船渠則有三個場區，兩社皆進行造船、修船和製造機械業務。但就修船和造

---

[152] 〈臺灣省行政長官公署令原總督府及所屬機關文件、財產及事業等統歸該署接收〉（1945 年 10 月 29 日，署接第一號），何鳳嬌編，《政府接收臺灣史料彙編上冊》（臺北：國史館：1990），頁 123。

[153] 〈經濟部、戰時生產局臺灣區特派員辦公處呈送組織系統圖及各組室主管人員名單請備案並分別委派〉（1945 年 12 月 20 日，臺特字第 337 號），何鳳嬌編，《政府接收臺灣史料彙編 上冊》（臺北：國史館：1990 年 6 月），頁 130-133。

[154] 吳若予，《戰後臺灣公營事業之政經分析》，頁 34-39。

表 2-7　戰後初期臺灣鐵工所和臺灣船渠株式會社狀況（1946 年）

事業名稱	下屬單位	資本額（臺幣萬元）	1946 年現況	
			損壞程度	生產情形
臺灣鐵工所	高雄東工場	850	廠房損壞約 40%，機械設備損壞輕微	局部開工
	高雄西工場			
	（另有馬尼拉工場，業已停頓）			
臺灣船渠株式會社	社寮町工場	500	廠房損壞約 60%	
	大正町工場		甚微	局部開工
	高雄工場			

資料來源：〈資源委員會經濟研究室：臺灣工礦事業考察報告〉（1946 年 2 月 1 日），收於陳鳴鐘、陳興唐主編，《臺灣光復和光復後五年省情（下）》，頁 29。

船的規模而言，臺灣船渠株式會社的規模又較臺灣鐵工所來得大。[155]此外，如表 2-7 所示，可得知兩社都因戰爭受到了不同程度的毀損，並處於局部開工的情況。在資本額方面，臺灣鐵工所株式會社估計為850 萬元，臺灣船渠為 500 萬元。

　　資源委員會就兩社的發展，指出臺灣鐵工所擅長機械製造，臺灣船渠則以修造船隻為主，為配合工業生產的互補性和效率性，可將兩廠合併統一管理，因而建議與臺灣省政府共同組設臺灣機械工業特種股份有限公司，認為如此不僅能夠振興臺灣的工業和交通事業，對閩粵地區發展新興工業亦能提供支援。資源委員會對兩社提出修復計畫，希望能於 1946 年 4 月以前著手進行修復，臺灣鐵工所需臺幣 460萬元，臺灣船渠則需臺幣 650 萬元，預計以 6 個月的時間完成修復。[156]

---

[155] 高禩瑾，〈臺灣機械工業考察報告〉（1945 年 1 月 25 日），收於陳鳴鐘、陳興唐主編，《臺灣光復和光復後五年省情（下）》（南京市：南京出版社，1989），頁52-55。

[156] 〈資源委員會經濟研究室：臺灣工礦事業考察報告〉（1946 年 2 月 1 日），收於陳鳴鐘、陳興唐主編，《臺灣光復和光復後五年省情（下）》，頁 31。

　　臺灣船渠於戰後初期先由海軍監督，至 1945 年 11 月改由臺灣省行政長官公署及經濟部臺灣區特派員辦公處共同負責監理，[157] 負責監理的人員爲時任基隆港務局局長徐人壽。[158]

　　1946 年 5 月 1 日臺灣機械造船公司正式合併臺灣船渠、臺灣鐵工所和東光興業株式會社而成立，成爲資源委員會與臺灣省政府合資經營之公營企業。[159] 公司成立後，位於高雄的臺灣鐵工所更名爲高雄機器廠，[160] 生產氧氣的東光興業株式會社則併入此廠。表 2-3 所提及原有之社寮工場改爲基隆造船廠之本廠，基隆工場爲分廠，高雄工場則就近併入高雄機器廠。

　　臺灣船渠自 1946 年 5 月下旬開始進入接收程序，6 月底接收完畢，並於 7 月開工。[161] 接收初期，因受到戰爭的炸燬程度嚴重，原本應停工修復至完成後才開工。但當時顧慮停工將導致工人失業，因此採取一面加緊修復整理工作，一面開展業務之策略。[162]

　　就公司組織而言，當時分成基隆造船廠[163] 和高雄機器廠。首任總

---

[157] 〈臺灣船渠株式會社 清算狀況報告書（下）〉，財政部國有財產局檔案，檔號：275-0294，藏於臺北國史館。

[158] 陳政宏，《造船風雲 88 年》，頁 33。

[159] 〈經濟部呈送行政院國省合辦工礦企業辦法〉（1946 年 6 月 6 日），京企字第 3738 號，收於薛月順編，《臺灣省政府檔案史料彙編—臺灣省行政長官公署時期（一）》（臺北：國史館，1996），頁 181。

[160] 戰後至 1948 年臺灣機械公司成立前，日治時期的臺灣鐵工所接收後改稱爲高雄機器廠，日治時期的生產項目主要爲製糖機械、重油機、鐵路機車車輛、木機船爲主，戰後並開始生產工具機、抽水機、化工機械、鋼船修理等。臺灣省政府建設廳編，《臺灣公營工礦企業概況》（臺北：臺灣省政府建設廳，1947），頁 10。

[161] 臺灣機械造船股份有限公司，〈資源委員會臺灣省政府臺灣機械造船股份有限公司概況〉，《臺灣銀行季刊》1：4（1948 年 3 月），頁 156。翁文灝，〈臺灣的工礦現狀〉，《臺糖通訊》1：22（1947），頁 3。

[162] 臺灣機械造船股份有限公司，〈資源委員會臺灣省政府臺灣機械造船股份有限公司概況〉，《臺灣銀行季刊》1：4（1948 年 3 月），頁 156。

[163] 基隆造船廠則爲接收日治時期臺灣船渠株式會社成立，直到 1948 年改組爲臺灣

圖 2-6　臺灣機械造船公司組織圖

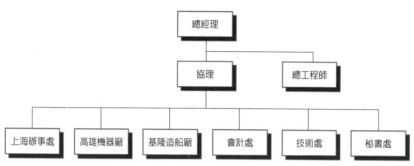

說明：1. 洪紹洋繪。
　　　2. 本組織圖僅列處級及工廠階層，其下屬各級單位則予以省略。
資料來源：臺灣機械造船股份有限公司，〈資源委員會臺灣省政府臺灣機械造船股份有限公司概
　　　　　況〉，《臺灣銀行季刊》1：4（1948 年 3 月），頁 156。

經理爲高禩瑾，協理爲陳紹村，本研究所探討的臺船公司如圖 2-6 所示，當時稱爲基隆造船廠，廠長爲薩本炘，副廠長爲陳薰。[164]

改組後的基隆造船廠主要設備爲 1919 年由基隆船渠興建的 3,000 噸船塢和 1937 年由臺灣船渠建造完成之 25,000 噸船塢各一座。此外，亦有 1942 年開始興建的 15,000 噸之船塢，由於到接收時尚未全部完工，故成立時的經營目標就是先將此船塢修建完成，以利進行更大噸位的修船業務。[165]戰後臺灣機械造船公司所擁有的船塢和船臺，合計約占當時全中國船塢總噸位三分之一強。[166]

造船公司前稱之。臺灣省政府建設廳編，《臺灣公營工礦企業概況》（臺北：臺灣省政府建設廳，1947），頁 10。
[164] 全國政協文史資料研究委員會工商經濟組，《回憶國民黨政府資源委員會》（北京：中國文史出版社，1988），頁 221。
[165] 薛月順編，《資源委員會檔案史料彙編——光復初期臺灣經濟建設（中）》（臺北：國史館：1993），頁 263。
[166] 〈臺灣造船公司三十七年度總報告〉，《臺船公司卅七年度總報告、事業述要、業務報告》，檔號：25-15-04 6-（2），中央研究院近代史研究所所藏資源委員會檔

　　1948 年 4 月，資源委員會為推動機械和造船生產專業化的政策，將臺灣機械造船公司高雄廠區和基隆廠區分離，各自改組成立臺灣機械公司及臺灣造船公司。本研究所指之臺船公司，便為此分割後設於基隆的臺灣造船公司。[167]

　　臺船公司由總經理負責執行公司業務，監督指揮所屬單位。協理為輔助總經理，負責主持各項工程和管理事務。此外，組織如圖 2-7 所示，設立了總經理室、總工程師室、業務處、會計處、廠務處。負責生產的廠務處，分設船舶工場、製機工場、第一分場。[168]

　　在技術人員的建制方面，依循資源委員會的人事職位分配為管理技術人員和工程技術人員兩種。前者由高而低分為正管理師、管理師、副管理師、助理管理師、管理員、助理管理員。後者則分為正工程師、工程師、副工程師、助理工程師、工務員、助理工務員。除此之外，並招收實習生和練習生，訓練在學及甫自學校畢業之人員，使之有機會進入公司服務。[169]依照資源委員會的人事結構安排，工程技術職和管理技術職地位並重，此點可由薪資制度體現。凡職級相同給付薪資亦相同，即正管理師和正工程師的薪水相同，副管理師與副工程師的薪水亦相同。[170]

案。

[167] 交通銀行，《臺灣的造船工業》（臺北：交通銀行，1975），頁 15。〈臺灣造船有限公司三十七年度總報告〉，《臺船公司：卅七年度總報告、事業述要、業務報告》，資源委員會檔案，檔號：24-15-04 6-（2），藏於中央研究院近代史研究所檔案館。

[168] 〈臺灣造船有限公司組織規程〉（1948 年 7 月 1 日會令公布），《資源委員會公報》15：2（1948 年 8 月 16 日），頁 31。

[169] 〈臺灣造船有限公司組織規程〉（1948 年 7 月 1 日會令公布），《資源委員會公報》15：2（1948 年 8 月 16 日），頁 32。

[170] 全國政協文史資料研究委員會工商經濟組，《回憶國民黨政府資源委員會》，頁 202。

圖 2-7　臺灣造船公司組織圖

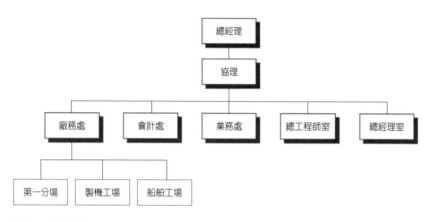

說明：1. 洪紹洋繪。
　　　2. 本組織圖列至處級及工場階層，其下所屬各級單位予以省略。
資料來源：〈臺灣造船有限公司組織規程〉（1948 年 7 月 1 日會令公布），《資源委員會公報》
　　　　　15：2（1948 年 8 月 16 日），頁 31。

二、技術人員的銜接

（一）交接時期的職員情況與職位分布

　　戰後監理期間的臺灣船渠仍由日本人負責經營，日治時代的臺灣船渠將員工分爲職員和工人兩種。1945 年高禩瑾赴臺灣船渠參訪後，在提出的報告載明臺灣船渠有職員 265 人，工人 1,050 人。[171] 此後由資源委員會派遣中國的技術人員接收臺灣船渠株式會社，根據 1946 年 6 月 10 日統計，共留用 78 位日籍技術人員，以維持生產的運作。[172]

　　由臺灣機械造船公司正式接收臺灣船渠的移交清冊（1946 年 7 月

---

[171] 高禩瑾，〈臺灣機械工業考察報告〉（1945 年 1 月 25 日），頁 55。
[172] 〈資委會呈送行政院臺灣工礦事業留用日籍技術人員及眷屬統計表〉（1946 年 8 月 6 日），資京（35）人字第二九九八號，收於薛月順編，《資源委員會檔案史料彙編——光復初期臺灣經濟建設（上）》（臺北：國史館，1992），頁 3-5。

3 日），如表 2-8 所示可知，當時臺灣船渠職員共 95 名，其中技師、工程師、事務員等高階技術和管理人員幾乎由日本人擔任。臺灣籍擔任職級最高者為設計課技師，其次為服務於電器課和造機課的技手共 4 名、書記 22 名、雇（雇員)12 名、雇見習（見習雇員)4 名。然而，在移交清冊中的 95 名職員中，有 51 名職員是 1945 年 8 月 15 日之後所聘用。其中臺灣人 40 名，日本人 8 名，還有 3 名浙江籍人員。上述 3 名外省籍職員，應是受到交通處指示，前往至臺灣船渠負責監理的工作。[173]

然而，表 2-8 中，部分為戰後接收與監理期間受聘至臺灣船渠服務的臺灣人和日本人，多擔任書記、技手、雇和雇見習等職級。在臺灣人的職位分布上，1 名擔任技手、20 名擔任書記、6 名擔任雇員、4 名擔任見習雇員；日本人 8 名全數擔任雇員。[174]

另一方面，接收清冊所記載之日本籍員工，係依據當時日籍人員留用政策予以聘用，但在 1947 年 2 月的調查顯示，臺灣機械造船公司已無日籍人員，為十大公司中最早結束日人留用的公營事業。[175]基隆造船廠較早結束日籍人員的留用的主要原因，或許為中國大陸曾自行培育出一批具備造船技術人才。因此，日本籍人員的職缺也幾乎全數由外省籍職員填補。[176]

至於工人部分，臺灣船渠於接收時共有工人 775 名。其中基隆的

---

[173]〈接收臺灣船渠株式會社職員名冊 20〉，《接收臺灣船渠株式會社清冊》，臺灣造船公司檔案，無檔號，藏於臺灣國際造船公司基隆總廠。

[174]〈接收臺灣船渠株式會社職員名冊 20〉，《接收臺灣船渠株式會社清冊》，臺灣造船公司檔案，無檔號，藏於臺灣國際造船公司基隆總廠。

[175] 河原功編，《臺灣協會所藏 臺灣引揚・留用紀錄第 5 卷》（東京：ゆまに書房，1997），頁 30。

[176] 吳善勤、盛振邦，《從船舶到海洋工程》（上海：上海交通大學出版社，2005），頁 7-29。

表2-8　戰後臺灣船渠株式會社移交時人員職位分布（1946年7月3日）

聘用職級	日本籍	臺灣籍	外省籍	總計
取締役	1	0	0	1
工程師	2	0	0	2
工程師補	1	0	0	1
技師	9	1	0	10
技手	0	4	0	4
事務員	8	0	0	8
書記	4	22	0	26
雇	15	12	0	27
雇見習	0	4	0	4
不詳（註）	0	9	3	12
總計	40	52	3	95

資料來源：〈接收臺灣船渠株式會社職員名冊 20〉（1946年7月3日），臺灣造船公司檔案，無
　　　　　檔號，《接收臺灣船渠株式會社清冊》，藏於臺灣國際造船公司基隆總廠。
　　　（註）：「接收臺灣船渠株式會社職員名冊 20」共有5頁，其中於清冊第5頁部分，
　　　　　　共記載9名臺灣籍與3名外省籍職員，且均於戰後聘入，因其居住住址皆為
　　　　　　今高雄地區，因而推論為協助接收高雄工場之職員。

兩個工場為 733 名，臺灣人占了 712 名，日本人 21 名；高雄分場僅
有 42 名，且全部為臺灣人。其中基隆兩所工場，有 118 名臺灣人和 8
名日本人為戰後聘入，高雄工場則有 4 名為戰後聘入。[177]

（二）接收後的人員聘用

　　在第一階段的臺灣機械造船公司成立時期，在 1946 年 10 月時戰
後初，37 名接收臺灣船渠所調用的人員中，來自資蜀鋼鐵廠[178]和中央
機器廠[179]的員工，分別占了 16 名和 15 名（參見附表五）。此兩所工

---

[177] 〈接收臺灣船渠株式會社工人名冊 21〉，《接收臺灣船渠株式會社清冊》，臺灣造
　　船公司檔案，無檔號，藏於臺灣國際造船公司基隆總廠。
[178] 資蜀鋼鐵廠位於四川巴縣，成立於 1944 年 8 月，為資源委員會獨資經營。薛毅，
　　《國民政府資源委員會研究》，頁 286。
[179] 中央機器廠位於雲南昆明，成立於 1939 年 9 月，為資源委員會獨資經營。薛毅，
　　《國民政府資源委員會研究》，頁 286。

廠爲戰時遷至後方的重點工場，雖非以修造船舶作爲專業，卻專長於機械生產。就接收的職員來臺灣所獲得的職位和先前其於中國大陸所擔任職務相比，共有 22 名獲得升遷。值得注意的是，臺灣機械造船公司總經理高禩瑾赴臺前曾任資蜀鋼鐵廠廠長，因此接收臺灣機械造船公司時，部分成員來自資蜀鋼鐵廠。其中陳志炘、施彥博、于一鵬、翁惠慶、陳霞山、尚恩榮等六人原本負責前往東北接收機車工廠，但由於未收到接收派令，因而集中至上海待命，爾後轉赴臺灣負責接收臺灣機械造船公司。[180]

　　船廠的業務基本上可分爲造船、修船和製機三部分，於 1946 年 10 月底以前第一批派遣接收臺灣船渠的員工，多擅長於生產機械部分。但部分資蜀鋼鐵廠系統的員工，隨著 1948 年臺灣機械造船公司改組，高禩瑾派任臺灣機械公司總經理後，亦隨之調任。1948 年臺船公司改組後，當時總經理周茂柏[181]因同兼上海中央造船公司籌備處主任，遂將中央造船公司籌備處員工調赴臺船公司。[182]中央造船公司籌備處爲戰後資源委員會新成立的單位，原擬拆除約 50 萬噸器材的日本三菱造船廠賠償設備，以此爲基礎在中國大陸設立現代化的造船廠，預定之規模遠大於當時的江南造船廠。爲此，在日本賠償的計畫

[180] 資源委員會資蜀鋼鐵廠呈〈孫特派員冊請調用接收東北機車工廠人員即將集中上海後命請予分別指復以便遵調〉（1945 年 11 月 23 日），《資蜀鋼鐵廠人事案》，資源委員會檔案，檔號：24-13-151-（2），藏於中央研究院近代史研究所檔案館。

[181] 周茂柏（1906~?），湖北省武昌縣人，同濟大學畢業，德國斯特力大學畢業。曾任民生機器廠廠長，資源委員會中央造船公司籌備處主任，臺灣造船公司總經理、董事長。中華民國工商協進會，《中華民國工商人物誌》（臺北：中華民國工商協進會，1963），頁 190。

[182]〈資源委員會中央造船公司籌備處資源委員會臺灣省政府臺灣造船有限公司會呈，事由：爲本職員薛楚書等 41 人調赴本公司工作檢附清冊至請鑒核備案由〉（1948 年 6 月 3 日），（資船（37）第 3211 號，臺船（37）第 0195 號），《臺船公司：調用職員案、赴國外考察人員》（1946-1952 年），資源委員會檔案，檔號：24-15-04 3-（3），中央研究院近代史研究所檔案館。

尚未擬訂前，先成立中央造船公司籌備處，並調集了一批技術人員進行策劃。[183] 惟當時日本賠償物資拆遷尚未開展之際，適逢臺船公司改組成立，技術業務人員缺乏，經資源委員會同意後，中央造船公司籌備處41名員工，自1948年4月1日起，調赴臺船公司。[184] 同年5月31日，周茂柏再將中央造船公司籌備處兩名副主任朱天秉和李國鼎，[185] 調至臺船公司擔任協理。[186] 由附表六可知，當初由中央造船公司籌

[183] 全國政協文史資料研究委員會工商經濟組，《回憶國民黨政府資源委員會》，頁119。中華民國駐日代表團及歸還物資接收委員會，《在日辦理賠償歸還工作綜述》（出版地不詳：中華民國駐日代表團及歸還物資接收委員會，1949），頁27-28、30-31，說明當時中國在草擬日本賠償方案時，參考國內工業情況，制定「中國要求日本賠償計畫」，以戰後建設之工業為中心，依據此計畫向日本要求工業設備的拆遷，提出了年產50萬噸的造船廠。1946年5月26日，國府於南京發表我國迫切需要之設備，其中造船廠需要7,500噸、10,000噸、12,000噸浮塢各一座之造船廠一所。

[184] 〈資源委員會中央造船公司籌備處資源委員會臺灣省政府臺灣造船有限公司會呈，事由：為本職員薛楚書等41人調赴本公司工作檢附清冊至請鑒核備案由〉（1948年6月3日），（資船（37）第3211號，臺船（37）第0195號），《臺船公司：調用職員案、赴國外考察人員》（1946-1952年），資源委員會檔案，檔號：24-15-04 3-（3），中央研究院近代史研究所檔案館。另依據中華民國駐日代表團及歸還物資接收委員會，《在日辦理賠償歸還工作綜述》，頁79、80、90，日本賠償物資拆遷工作自1947年4月美國政府頒發臨時指令起，至1949年6月，執行績效僅為十分之一，其中一部分原因為1948年5月，美國主張減少日本賠償物資，因此盟總執行拆遷時，主要僅侷限於日本的陸海軍兵工廠。當時中國提出的賠償順序共十二項，其中飛機軍需工業和民營軍需工業分別位居前兩項，造船工業及船隻名列第三項，中華民國駐日代表團及歸還物資接收委員會於1948年11月以此作為我國爭取的標準。但至1949年5月美國宣布停止拆遷日本器材為止，並未完成拆遷造船業設備。

[185] 李國鼎（1910-2001），南京市人，中央大學物理系畢業，留學英國劍橋大學，返國後先後任職於武漢大學、中央研究院天文研究所、資源委員會資渝鋼鐵廠、中央造船公司籌備處。1948年來臺後，擔任臺船公司協理、經濟安定委員會工業委員會專任委員、美援會秘書長、國際經濟合作發展委員會副主任委員、經濟部長、財政部長、行政院政務委員。劉素芬編著，《李國鼎：我的臺灣經驗》（臺北：遠流出版社，2005）。

[186] 〈事由：朱天秉專任臺船公司協理免去中船協理。李國鼎准予調用〉，（37年5月31日），（簽呈，資船（卅七）字第03213號）。《臺船公司：調用職員案、赴國外考察人員》（1946-1952年），檔號：24-15-04 3-（3），中央研究院近代史研究

備處調臺船公司的員工，至1949年7月，已有13名擔任臺船公司的中級以上的管理幹部。然而，亦有部分職員選擇於中國大陸易幟前回到中國大陸。

戰後第一批接收臺灣船渠的資源委員會職員多數調任至臺灣機械公司或轉任其他單位。另一方面，由於中國大陸戰事吃緊，雖有職員選擇回到中國大陸，但也有人陸續轉任至臺船公司。1949年後的臺船公司職員中，屬戰後初期派遣至臺船公司的員工所剩不多，而是後來陸續調任至臺船公司的員工，構成往後公司發展的主要成員。以下針對1949年臺船公司的職員學經歷進行分析。

1949年臺船公司的職員共205名，表2-9顯示工程技術職方面，工程師10名、副工程師12名、助理工程師20名、工務員31名、助理工務員8名。管理技術職方面，總經理1名、協理2名、秘書2名、管理師6名、副管理師9名、助理管理師14名、管理員27名、助理管理員20名。其餘部分為醫師2名、練習生6名、甲種實習生13名、雇員18名。[187] 由表2-9可知臺灣人於臺船公司的職位最高僅擔任至副工程師和副管理師，多數集中在工務員、管理員、助理工務員、助理管理員等職位。

然而，日治時代於臺灣船渠工作的臺灣籍職員，至1949年還繼續留在臺船公司者，其人事安排與戰後接收臺灣船渠的時點相較，原本最高職位為設計課技師黃德用，此時升任副工程師；原任造機課技手詹昭財，臺船公司成立後轉任工務員；其餘擔任書記和囑託者則轉任為工務員或管理員。另外，許多在日治時代擔任工人職務者，戰後被拔擢為職員。擔任工長者，戰後則轉任助理工程師和工務員，其餘

所所藏資源委員會檔案。
[187] 此部分可參照附表七〈1949年夏季臺船公司部分職員職務分類表〉。

表 2-9　1949 年臺船公司職員分配及分布表

單位：人

職級	外省籍	臺灣籍	總計
總經理	1（1）	0	1
協理	2（2）	0	2
秘書	2（1）	0	2
正工程師	2（2）	0	2
工程師	10（9）	0	10
副工程師	9（5）	3	12
助理工程師	18（12）	2	20
工務員	22（15）	9	31
助理工務員	0	8	8
管理師	6（6）	0	6
副管理師	8（5）	1（1）	9
助理管理師	13（7）	1	14
管理員	15（2）	12	27
助理管理員	7	13	20
練習生	1	5	6
甲種實習生	13（13）	0	13
醫師	0	2（2）	2
雇員	0	18（1）	18
合計	131	74	205

說明：括號為具有大學學歷人數（包含肄業）。

資料來源：〈中華民國 38 年夏季職員錄〉，《公司簡介》，臺灣造船公司檔案，檔號 01-01-01，藏於臺灣國際造船公司基隆總廠。

少部分擔任基礎工人者，少部分轉任助理工務員和助理管理員。而先前擔任雇員者，至 1949 年止並沒有繼續留在臺船公司。其中，助理管理員褚明堂和許三川畢業於臺灣船渠養成所，[188] 為日治時代臺灣船渠自行培育的人才。普遍來說，這些臺灣籍員工的學歷不高，其最高

---

[188] 日治時期臺灣船渠的技術工人來源主要來自其設立的「技能養成所」，以訓練基層員工。其員工來源多為農校或國民學校高等科畢業後，再進入技能養成所修業三年。陳政宏，《造船風雲 88 年》，頁 30。

者爲黃德用，畢業於臺北工業學校。❿

　　另一方面，表 2-9 顯示臺船公司總經理、協理、秘書、正工程師、工程師、管理師等中高階職員都是由外省人擔任。由中國大陸來臺的職員中，10 位工程師全是外省人，其中 9 位具有大學學歷。6 位管理師也全爲外省人，全都有大學學位。在 12 名副工程師中，9 位爲外省籍職員，具有大學學歷者爲 5 位。9 名副管理師中，外省人占 8 名，5 名爲大學畢業。助理管理師 14 位中，外省人共 13 位，其中 6 位具有大學學歷。助理工程師中，外省人 18 位中有 12 位具有大學學歷。工務員 31 位中，外省人占了 22 位，14 位具有大學學歷。管理員 27 位中，外省人占了 15 位，其中 2 位具有大學學歷。甲種實習生共 13 名皆爲外省人，但都具有大學學歷。

　　由此可知從中國大陸來的管理和技術職員具大學學歷者之比例極高，且工程技術職具大學學歷者相對於管理技術職來得多。其中值得注意的是，工程技術職的許多職員爲交通大學和同濟大學畢業生。在當時中國大陸，僅有上述兩所大學設有造船系。當時中國大陸最大的江南造船廠隸屬於海軍，和這兩所大學屬於不同系統，加上中日戰爭時期，國民政府撤守後方使得這些人才無法發揮其專長。戰後成立的臺船公司，屬於當時中國規模較大的造船廠，則提供發揮其專業之機會。❿ 在工程師職務中，金又民和顧晉吉爲同濟大學造船系畢業。另外，在工務員中，有 9 位爲同濟大學和交通大學造船系畢業。13 名甲種實習生中，則有 9 名爲這兩所大學畢業。❿

---

❿ 此部分可參照附表七〈1949 年夏季臺船公司部分職員職務分類表〉。

❿ 周茂柏，〈臺灣造船工業的前途〉，《臺灣工程界》1:3（1947 年 11 月），頁 3。戰後臺船公司爲資源委員會唯一的造船廠，其餘規模較大的造船廠如上海的江南造船所爲海軍所管理，其餘上海的英聯船廠（外資）、老公茂船廠、求新船廠、中華造船廠、馬拉造船廠（外資）和位居重慶的民生公司，皆屬私人所經營。

❿ 1960 年代起擔任臺船公司總經理的王先登在回憶錄亦提及「臺船公司在創立初期

　　值得注意的是，戰後初期服務於臺船公司的職員包含 3 名「三一學社」的成員。「三一學社」源於中日戰爭期間，資源委員會為謀求與國防相關之機械、冶煉、石油產業之發展，但限於當時國內高級技術人員缺乏，進而提出派員赴美實習之構想。1941 年 5 月，美國總統羅斯福宣布中國為租借法案接受援助的國家之一，資源委員會即開始計畫派遣技術人員赴美國各工礦廠區進行實習。⑲²

　　1942 年資源委員會選派 31 人前往美國實習，為機械、化工、冶煉、電工、礦業、電力和工礦管理等 7 項部門之高級技術人員，實習期間為 2 年。被選派的實習成員，平均年齡約為 30 歲，且在資源委員會服務年資多超過 5 年，並擔任各部門之主管或工程師。⑲³ 機械部門有 4 名員額，其中劉曾适⑲⁴與江厚棚⑲⁵兩名，戰後被調派至臺船公司。劉曾适畢業於交通大學機械工程系，當時服務於中央機器廠，擔任兵器及普通機械組主任兼副工程師，被派遣赴美學習卡車發動機之設計和工具製造裝配及試驗方法。⑲⁶ 江厚棚畢業於浙江大學機械工程

的成員構成背景，部分為上海交通大學和同濟大學兩所學校之校友」，可獲得印證。王先登，《五十二年的歷程——獻身於我國防及造船工業》（王先登自行出版，1994），頁 66。
⑲² 程玉鳳、程玉凰《資源委員會技術人員赴美實習史料——民國三十一年會派（上冊）》（臺北：國史館，1988），頁 2、4。
⑲³ 程玉鳳、程玉凰《資源委員會技術人員赴美實習史料——民國三十一年會派（上冊）》，頁 5、9、10、30。
⑲⁴ 劉曾适（1913- ），江蘇省青浦縣人，1936 年交通大學機械工程系畢業，其後擔任中國航空公司助理工程師、中央機器廠副工程師。程玉鳳、程玉凰，《資源委員會技術人員赴美實習史料——民國三十一年會派（上冊）》，頁 13。
⑲⁵ 江厚棚（1912-?），安徽省歙縣人，1937 年畢業於浙江大學機械工程系，其後在浙江大學擔任內燃機研究工作，1938 年後擔任中央機器紡織機組設計製造工作。程玉鳳、程玉凰，《資源委員會技術人員赴美實習史料——民國三十一年會派（上冊）》，頁 14。
⑲⁶ 程玉鳳、程玉凰，《資源委員會技術人員赴美實習史料——民國三十一年會派（上冊）》，頁 13。

系，時任中央機器廠紡紗機組，擔任設計製造，奉命赴美學習柴油機、煤氣機、壓汽機、內燃機等製造。⑲另外，工礦管理部門的蔡同嶼，⑱畢業於光華大學會計系，時任資源委員會技正，派赴美國學習重工業建設中的鋼鐵和油礦工業之管理，也於戰後進入臺船公司服務。⑲

「三一學社」的江厚棚、劉曾适、蔡同嶼三名，1948年由中央造船公司籌備處轉任至臺船公司。其中除了業務處副處長江厚棚於中國易幟前選擇離開臺灣，劉曾适則擔任廠務處副處長，蔡同嶼則於1949年後擔任協理職務，並在臺灣造船公司及臺灣經濟發展的歷程中受到拔擢與重用。⑳

---

⑲ 程玉鳳、程玉凰，《資源委員會技術人員赴美實習史料——民國三十一年會派（上冊）》，頁14。

⑱ 蔡同嶼（1913~?），浙江省鄞縣人，光華大學商學士，美國田納西州立大學工商管理科研究，曾任資源委員會會計處處長、臺灣造船公司協理、石門水庫建設籌備委員會財務處長、臺灣證券交易所股份有限公司副總經理。中華民國工商協進會，《中華民國工商人物誌》（臺北：中華民國工商協進會，1963），頁672。

⑲ 程玉鳳、程玉凰《資源委員會技術人員赴美實習史料——民國三十一年會派（上冊）》，頁29。

⑳〈臺灣造船有限公司1949年夏季職員錄〉，《公司簡介》，臺灣造船公司檔案，檔號：01-01-01，藏於臺灣國際造船公司基隆總廠。〈主持人及辦公地點一覽表〉，引自〈資源委員會臺灣省政府臺灣造船有限公司工作簡報〉（1948年10月），《公司簡介》，臺灣造船公司檔案，檔號：01-01-01，藏於臺灣國際造船公司基隆總廠。依據檔案資料顯示，1948年10月，江厚棚擔任業務處副處長，中華人民共和國建立後曾擔任上海內燃機研究所所長，鄭友揆、程麟蓀、張傳洪，《舊中國的資源委員會——史實與評價》（上海：社會科學出版社，1991），頁310。劉曾适來臺後擔任廠務處副處長，其後擔任至臺船公司協理，1970年代則參與十大建設中國鋼鐵公司的籌建，其後並擔任至中國鋼鐵公司董事長。張守真訪問，《中鋼推手趙耀東先生口述歷史》（高雄：高雄市文獻委員會，2001），頁203、205。蔡同嶼來臺灣前曾擔任資源委員會會計處處長，1949年來臺後擔任臺船公司協理，此後又擔任石門水庫建設籌備委員會財務處處長，1961年臺灣證券交易所成立後擔任副總經理，其後並兼任中華民國工商協進會秘書長。中華民國工商協進會，《中華民國工商人物誌》，頁672。

　　整體而言，臺船公司以外省人為主的人事布局，原因在於造船業屬於高度整合且技術門檻較高的產業，日治時期臺灣缺乏教育，使得臺灣船渠的職員幾乎全數為日本人。戰後臺船公司成立後，由於缺乏臺灣籍技術人員，因此便由同濟與交通大學造船系培養出來的畢業生填補。其後因 1948 年資源委員會原欲在上海籌設的中央造船公司無法順利設立，另一批較為熟稔造船的外省技術人員又轉進臺灣。在上述的歷史脈絡與時局變遷下，使得 1949 年臺船公司的職員的省籍分布上，以外省人占了多數的比例。

　　另一方面，關於臺船公司基層的工人，若依據 1948 年 4 月臺灣機械造船公司改組為臺船公司的移交清冊為基準，當時長用工人共542 名，其中日治時代起即受雇於臺灣船渠的有 396 名，戰後加入的有 146 名。工人職級分割為領工、領班、技工、幫工四個等級，1948年 4 月時點的領工、領班、技工（參照表 2-10），多數自日治時代即受雇於臺灣船渠，其中有 9 名領工、4 名領班、4 名技工則是於 1937年 6 月 1 日臺灣船渠創社時即已經任職。[201]

　　總的來說，戰後初期臺灣機械造船公司和臺船公司成立時，職員是由資源委員會成員填補戰後初期日本籍員工離開臺灣的技術及管理缺口。另一方面，工人的組成或可說是日治時代的延續，由具備豐富經驗的臺灣籍員工擔任較為重要的領工、領班和技工。然而，日治時代臺灣船渠的臺灣籍職員，在戰後最高僅能擔任副工程師和副管理師的職位，且多分布於助理工務員和助理管理員。其可能原因在於日治時代重要的管理及工程技術職務，幾乎是由日本人擔任，臺灣人僅能

---

[201]〈臺灣機械造船公司基隆造船廠（23）長用工及臨時工花名清冊〉（1948 年 4月），《臺灣機械造船公司移交清冊 37 年》，臺灣造船公司檔案，無檔號，藏於臺灣國際造船公司基隆總廠。

表 2-10　1948 年 4 月臺船公司工人主要幹部之背景組成

入社時間	領工	領班	技工
戰前雇用	22	32	56
戰後雇用	1	2	5
總計	23	34	61

資料來源：整理自〈臺灣機械造船公司基隆造船廠（23）長用工及臨時工花名清冊〉（1948 年 4
月），《臺灣機械造船公司移交清冊　37 年》臺灣造船公司檔案，無檔號，藏於臺灣
國際造船公司基隆總廠。

擔任較低階級的職務，加上獲得晉升的機會並不高。姑且不論異民族
統治，統治者基於政治考量刻意對壓抑被統治者因素，更值得留意的
是日治時代的殖民政策和人事任用結果，使得戰後初期臺灣人並無法
在日治時期獲得較多的管理和技術經驗，也是個可能的因素。除此之
外，資源委員會以學歷作爲人事聘任的指標，這或許也是戰後初期臺
灣人無法晉升至較高層級職缺的另一個原因。❷⁰²

　　另一方面，戰後臺船公司工人的組成，由其人事布局判斷，則可
說是日治時期的延續，較爲重要的領工、領班和技工皆爲具備豐富經
驗及年資較長的臺灣籍員工擔任。換言之，戰後初期的臺船公司是以
外省籍爲主的職員配合臺灣籍爲主具備豐富造船經驗的工人，繼承日
治時期的硬體設備作爲戰後發展的起始。

三、資本的轉變

　　日治時期臺灣船渠的股份分布如表 2-11 所示，1937 年會社於成

---

❷⁰² 鄭友揆、程麟蘇、張傳洪，《舊中國的資源委員會——史實與評價》，頁 304-313
提及資源委員會的人事制度，主要以大學畢業生作爲各廠礦技術及管理人員的基
本來源，並依據資源委員會發展工業和管理所需，前後選擇與國內約 30 餘所大
學進行合作。其合作項目包含在這些學校設立獎學金、提供大學生進入資源委員
會所屬廠礦企業實習。此外，資源委員會根據各大學的推薦和學生實習期間的表
現，選擇優秀畢業生進入所屬單位工作。

立時共發行 2 萬股，主要股東爲三菱重工業株式會社、株式會社臺灣銀行、大阪商船株式會社、臺灣電力株式會社等。[203]之後歷經多次增資，至 1943 年止統計，公司股份已增至 10 萬股，其中持股最高者爲三菱重工業株式會社，其持有比例高達 65%，因此爲會社主要的經營者。其餘爲臺灣銀行、大阪商船株式會社、臺灣電力株式會社、日本郵船株式會社等，除此之外亦包含由員工所認領持有的股份，但規模都不大。但較值得注意的是，基隆顏欽賢家族和臺陽礦業公司等臺灣人所持有股份，約占公司股份的 3% 左右。[204]

　　戰爭結束後，經由清算可知原臺灣船渠共發行 10 萬股，以每股 50 圓的價格計算，資本額共爲 500 萬圓，但由於戰爭損失使得資本減少至 413 萬 6286 圓。[205]依據財政部國有財產局的清算結果報告書，可知戰後初期對日治時期的企業股本進行清算時，歸類成臺灣人持有、日本人持有和法團持有三部分。[206]但就臺灣船渠的股份構成而言，又可分爲四大性質，第一類是由基隆顏家和其家族企業臺陽礦業株式會社所持有的臺灣人股份，列入民股範圍，但劃歸省政府股份部

[203] 臺灣船渠株式會社，《臺灣船渠株式會社 第壹期營業報告書》（自昭和 12 年 6 月 1 日至 12 月 31 日），頁 13。

[204] 臺灣船渠株式會社，《臺灣船渠株式會社 第拾參期營業報告書》（自昭和 18 年 7 月 1 日至 12 月 31 日），頁 15。由日治時期臺灣船渠株式會社營業報告書及戰後初期財政部國有財產局檔案《臺灣船渠株式會社 清算狀況報告書》可瞭解，日治時期會社社員及相關人士都持有股票，但比例卻不大。如依據清算狀況報告書指出，臺灣船渠員持有股票者爲臺灣船渠元良信太郎等 14 人，另外加上臺灣電力株式會社總裁松本虎太，每人各持有 100 股。總的來說，這些個人持股對整個臺灣船渠而言，規模並不算大。《臺灣船渠株式會社 清算狀況報告書》，財政部國有財產局檔案，檔號：275-0294，藏於國史館。

[205] 〈接收臺灣船渠株式會社股東名冊 18〉（1946 年 7 月 3 日）。《接收臺灣船渠株式會社清冊》，臺灣造船公司檔案，無檔號，藏於臺灣國際造船公司基隆總廠。

[206] 《臺灣船渠株式會社 清算狀況報告書》，財政部國有財產局檔案，檔號：275-0294，藏於國史館。

表 2-11　臺灣船渠股份變化（1937、1943、1946 年）

單位：股（%）

股東	1937 年 12 月 31 日	1943 年 12 月 31 日	1946 年 6 月 30 日
三菱重工業株式會社	8,900（44.5%）	65,000（65%）	64,900（64.9%）
株式會社臺灣銀行	3,100（15.5%）	14,900（14.9%）	14,900（14.9%）
大阪商船株式會社	1,100（5.5%）	5,900（5.9%）	5,900（5.9%）
臺灣電力株式會社	1,000（5%）	4,900（4.9%）	4,900（4.9%）
近海郵船株式會社	400（2%）	0（0%）	0（0%）
日本郵船株式會社	0（0%）	4,900（4.9%）	4,900（4.9%）
海山輕鐵株式會社	0（0%）	500（0.5%）	0（0%）
顏欽賢	1,000（5%）	500（0.5%）	500（0.5%）
顏滄海	0（0%）	800（0.8%）	1300（1.3%）
顏滄波	0（0%）	0（0%）	500（0.5%）
顏禮二	0（0%）	500（0.5%）	0（%）
臺陽礦業株式會社	0（0%）	700（0.7%）	700（0.7%）
日本個人持有	4,500（22.5%）	1,400（1.4%）	1,500（1.5%）
總計	20,000（100%）	100,000（100%）	100,000（100%）

資料來源：臺灣船渠株式會社，《臺灣船渠株式會社　第壹期營業報告書》（自昭和 12 年 6 月 1 日至 12 月 31 日），頁 13；臺灣船渠株式會社，《臺灣船渠株式會社　第拾參期營業報告書》（自昭和 18 年 7 月 1 日至 12 月 31 日），頁 15；〈臺灣船渠株式會社　清算狀況報告書〉，財政部國有財產局檔案，檔號：275-0294（藏於國史館）。

分；第二類為三菱重工業株式會社、大阪商船株式會社、日本郵船株式會社等日本國內會社所持有股份，由資源委員會和臺灣省政府接收；第三類是臺灣船渠日本籍職員所持有的股票，也由資源委員會和臺灣省政府接收；第四類是臺灣電力株式會社和株式會社臺灣銀行所持有股份，由接管後的臺灣電力公司和臺灣銀行接收，國民政府將其劃分為法團股。[207]

由表 2-12 可知，資源委員會所持有的股份，為接收日本會社和日本人所持有的股份；臺灣省政府所持股份包含臺灣電力公司、臺灣

[207]〈工作報告書〉（1948 年 4 月—1951 年 5 月）《臺船公司：會議記錄》，（資源委員會檔案），檔號：24-15-04 2-（1），藏於中央研究院近代史研究所檔案館。

銀行和臺灣人所持有的股份，以及日本會社和日本人所持有股份所構成。上述日治時期所持有之股本經由切割與整併後，構成由資源委員會和臺灣省政府以六比四的持股比例合資組成的臺灣機械造船公司。[208] 總的來說，戰後初期股權轉換的意義在於，日治時期屬於民營的臺灣船渠株式會社，戰後轉變為公營企業的臺灣機械造船公司。此外，雖然臺灣機械造船公司包含部分的民股，但因官股持有的比例超過半數，因而被認定為公營企業。在公司資本方面，臺灣機械造船公司時期的資本為臺幣 6,088 萬 2,029 元，當中六成由資源委員會投資，四成為臺灣省政府投資。1948 年 4 月臺灣造船公司成立後，經資源委員會增資法幣 1,500 億元，臺灣省政府增資 1,000 億元，但當時省政府應支付部分，由於財政調度困難，由臺灣銀行按照借貸手續先行代墊。[209]

　　臺船公司在改組成立初始，為添購材料、機具和修建廠房，首先於 1948 年 5 月中旬向資源委員會借予法幣 300 億元，借期為一個月，然後在 1948 年上半年以創業經費 850 億元歸還向資源委員會所借款項後，其餘用來購買機械及原料。之後中央造船公司籌備處雖在名目上，將創業費預算法幣 350 億元撥交臺船公司，但實際上係以等值材料抵價方式撥給臺船公司。1948 年上半年度總計撥法幣 1,150 億元，下半年度 7 月和 8 月兩個月份撥法幣 1,120 億元。金圓券幣制改革後，自 9 月至 12 月份，又再撥金圓券 74,665 元，綜計全年度 4 至 12 月，

[208]〈11. 資源委員會關於接辦臺灣工礦事業進展情形及週年簡報呈（1947 年 7 月 22 日）資源委員會呈資（36）業字第 10965 號（國民政府行政院檔案）〉，收於中國第二歷史檔案館編，《中華民國史檔案資料彙編第五輯第三編 財政經濟（四）》（南京：江蘇古籍出版社，2000），頁 708。

[209]〈臺灣造船有限公司三十七年度總報告〉，《臺船公司：卅七年度總報告、事業述要、業務報告》，資源委員會檔案，檔號：24-15-04 6-（2）藏於中央研究院近代史研究所檔案館。

表 2-12 　臺灣機械造船公司接收日產後的股份構成

戰後界定日治時期股份種類	戰後之處理		持有股份（股）	股款（舊臺幣千元）
	區別	名稱		
法團部分	法團股	臺灣電力公司（註）	5,000	250
		臺灣銀行	14,900	745
臺灣會社和臺灣人所持有	包括民股在內	臺陽礦業公司	700	35
		顏欽賢	500	25
		顏滄海	1,300	65
		顏滄波	500	25
日本會社和日本人所持有	省政府股份	省政府	17,100	855
	資源委員會會股份	資源委員會	60,000	3,000
總計			100,000	5,000

資料來源：〈工作報告書〉（1948 年 4 月～ 1951 年 5 月），《臺船公司：會議記錄》，檔號：24-15-04 2-（1）。

說明：戰後臺電公司持有股份較接收時期較表 2-11 於 1946 年 6 月 30 日清算臺灣電力株式會社股票時，多 100 股股份，這是因為納入臺灣電力株式會社總裁松本虎太個人所持有之股份。

又再撥到之數如表 2-13 所示折合臺幣 5 億 5,193 萬 7,222 元，其中支出於修建倉庫宿舍廠房及添置工具材料，計臺幣 4 億 3,999 萬 5,048 元。[210]

　　然而，由表 2-13 顯示 1948 年臺船公司成立時，正好遇上戰後中國的通貨膨脹時期，因而臺灣與大陸之間的匯率在短期間產生了劇烈的變化。在戰後初期，政府欲將臺灣和中國兩個經濟體系予以適度的切割，以阻絕戰後中國大陸的通貨膨脹影響到臺灣經濟，因此中國以法幣作為通用貨幣，臺灣則使用臺幣。法幣與臺幣間的匯率關係，原本採用 30:1 的固定匯率，但隨中國大陸的物價快速上漲，開始出現

[210]〈臺灣造船有限公司三十七年度總報告〉，《臺船公司：卅七年度總報告、事業述要、業務報告》，資源委員會檔案，檔號：24-15-04 6-（2），藏於中央研究院近代史研究所檔案館。

表 2-13　1948 年度創業經費收入明細表
　　　　（1948 年 4 月 1 日至 12 月 12 日止）

月份	撥到創業經費原幣額	折合臺幣金額	匯率
4	法幣 35,000,000,000	147,058,824	238:1
5	法幣 30,000,000,000	88,757,396	238:1
6	法幣 55,000,000,000	146,666,667	375:1
7、8	法幣 112,000,000,000	68,501,529	1635:1
9	金圓券 33,800	62,023,000	1:1835
10	金圓券 16,850	30,919,750	1:1835
11	金圓券 14,800	5,476,000	1:370
12	金圓券 9,215	2,534,056	1:275
合計		551,937,222	

資料來源：〈臺灣造船有限公司三十七年度總報告〉，《臺船公司：卅七年度總報告、事業述要、業務報告》，檔號：24-15-04 6-（2）。

資金進入臺灣套利的現象，遂促使臺幣和法幣之間改採浮動匯率制度。[21] 由表 2-13 的匯率清楚瞭解 1948 年 4 月到 8 月法幣對臺幣匯率由 238:1 攀升至 1635:1。同年 8 月，國民政府頒布財政經濟緊急處分令，擬於同年 11 月 20 日以前回收當時流通的法幣，並以十足準備的金圓券替代。當時公告的兌換值為 300 萬法幣兌換 1 元金圓券。[22] 但因時局的變化，依舊無法阻擋金圓券貶值的趨勢。

　　當時臺船公司所需的修船原料，因臺灣無法自行生產，需從中國或國外進口。但在通貨膨脹時期，政府提撥的創業基金是由中國匯至臺灣的臺船公司，臺船公司購買物資則需赴中國購買，因而在貨幣匯兌往來及商品採購決策的過程中，便因物價迅速飆漲的原因，使得臺船公司資金調配在創立的 1948 年即出現危機。綜觀這段期間物價上

[21] 徐柏園，《政府遷臺外匯貿易管理初稿》（臺北：國防研究院，1967），頁 1-2。
[22] 〈國民政府頒布財政經濟緊急處分令及王雲五的談話和蔣介石手啟〉，收於中國第二歷史檔案館，《中華民國史檔案資料彙編第五輯第三編 財政經濟（四）》（南京：江蘇古籍出版社，2000），頁 803-804。

漲劇烈，所獲得的資金無法追上物價上漲的速度，由表2-13可知，以4月和7、8兩月相比，臺幣和法幣的匯率約上漲了6.83倍，因此在進行原物料的採購計畫時，往往因物價的快速波動，無法達到所預期進度。總的來說，臺船公司於1948年改組成立時所面臨的危機，主因可說是受到通貨膨脹所造成的影響。㉓

1949年6月15日，臺灣省政府公布「臺灣省幣制改革方案」和「新臺幣發行辦法」，以新臺幣1元兌換舊臺幣4萬元，並採行以新臺幣5元兌換1美元的固定匯率方法，藉以穩定當時的物價情勢。同時再公告「臺灣省進出口貿易及匯兌金銀管理辦法」，進行經濟管制。又加上1950年韓戰爆發後，美國恢復對臺灣的援助，臺灣的財政收支得以平行，使得戰後初期困擾臺灣的通貨膨脹才有效抑制。㉔

在此同時，政府鑒於國共內戰的敗退，為穩定臺灣經濟情勢所成立的臺灣區生產管理委員會，開始因應幣值改革後，對臺灣的公營事業的資產調整與股權換發進行整頓。㉕臺灣區生產管理委員會在會同臺灣省政府財政廳與建設廳討論後，依據1949年6月30日幣制改革後的物價為基準，再由臺灣區生產管理委員會同臺船公司對資本額進行核算，最終核定為新臺幣200萬元。㉖但對造船事業而言，因所需

㉓〈臺灣造船有限公司三十七年度總報告〉，《臺船公司：卅七年度總報告、事業述要、業務報告》，資源委員會檔案，檔號：24-15-04 6，藏於中央研究院近代史研究所檔案館。

㉔中央信託局臺灣分行，《臺灣省現行金融貿易法規彙編》（臺北：中央信託局臺灣分行，1950），頁1-3。吳聰敏，〈臺灣戰後的惡性物價膨脹〉，《臺灣經濟發展論文集──紀念華嚴教授專集》（臺北：時報文化中心，1994），頁141-181。

㉕中央信託局臺灣分局編，《臺灣省現行金融貿易法規彙編》，頁4-5。陳思宇，《臺灣區生產事業管理委員會與經濟發展策略（1949-1953）──以公營事業為中心的探討》（臺北：國立政治大學歷史學系，2002），頁146-193。

㉖此部分將法團股獨立劃分出的原因在於1946年4月所頒布的〈經濟部資源委員會、臺灣省行政長官公署合辦臺灣省工礦事業合作大綱中〉，僅於第四條明訂臺灣人日治時代在各事業體所持有的股份，算在臺灣省政府股份內。但對日治時期

流動資金龐大，許多器材必需先行購買儲備，以充分供應修船所需零件。然而，臺船公司受限於資本額過小，無法借得較多的金額。再加上此時，許多航商無力付清船舶修繕帳款，使得臺船公司應收帳款數目龐大，在流動資金的調度上顯得吃緊。[217]

　　大致上，臺船公司的財務在成立初始處於艱困的原因，除上所述受到中國惡性通貨膨脹的拖累外，另一個原因在於修船所需材料種類極多依賴國外進口，必須大批購買存貨才不致使修船業務停頓，因而需投入大量資金。另一方面，由於有些承接的軍方業務，收款困難，因此經常墊付工料款項。[218]

　　1949 年 12 月 31 日的資產負債平衡表顯示，臺船公司流動資產值新臺幣 541 萬 3,832 元，週轉金僅有 6,375 元，應收票據為 42 萬 4,001元，應收帳款為 20 萬 9,713 元。由於週轉金明顯偏低，說明了其經營處於較為嚴峻的狀況。[219] 臺船公司的經營困境，要至 1951 年美援

法團所持有的股份應歸在資源委員會或臺灣省政府部分，並未明確加以定義。其重要性在於影響會省雙方合營的資本比例，將影響事業內部人事的調整。關於此部分的論述，亦可參見陳思宇，《臺灣區生產事業管理委員會與經濟發展策略（1949-1953──以公營事業為中心的探討）》，頁 170-176。臺灣區生產事業管理委員會秘書處編，《處理公營各公司重估資產調整股權問題經過概略》（臺北：臺灣區生產事業管理委員會秘書處，1951），頁 1-5、9-12。《本會贈送各項資料》，臺灣區生產事業管理委員會檔案，檔號：49-01-01-006-009，藏於中央研究院近代史研究所檔案館。

[217]〈臺船公司：資本調整明細表〉（1949 年 6 月 30 日），《臺船公司：資本調整明細表、資產重估價明細表》，資源委員會檔案，檔號：24-15-04 5-（1），藏於中央研究院近代史研究所檔案館。

[218]〈工作報告書 自 1948 年 4 月至 1951 年 5 月〉《臺船公司：會議記錄》，資源委員會檔案，檔號：24-15-04 2-（1），藏於中央研究院近代史研究所檔案館。

[219]〈工作報告書 自 1948 年 4 月至 1951 年 5 月〉《臺船公司：會議記錄》，檔號：24-15-04 2-（1）。〈資產負債平衡表〉（1949 年 12 月 31 日），引自〈臺灣造船公司第三屆第一次董監聯席會議記錄〉（1951 年 7 月 14 日）《臺船公司：會議記錄》，資源委員會檔案，檔號：24-15-04 2-（1），藏於中央研究院近代史研究所檔案館。

表 2-14　臺船公司股東持有資本分配變化（1948-1954 年）

單位：新臺幣元

股東 ＼ 日期	1948 年 4 月 1 日	1948 年 12 月 31 日	1949 年 12 月 31 日	1954 年 12 月 31 日
臺灣銀行	103,357 (4.91%)	3,111,422 (0.51%)	114,037 (5.70%)	3,377,671 (33.78%)
臺灣電力公司	34,049 (1.65%)	1,044,101 (0.17%)	34,744 (1.74%)	145,412 (1.45%)
民股	18,845 (0.99%)	626,461 (0.10%)	20,846 (1.04%)	105,348 (1.05%)
臺灣省政府	724,121 (32.46%)	20,570,827 (3.34%)	503,038 (25.15%)	724,121 (7.24%)
中央政府	1,117,448 (60.00%)	589,966,439 (95.88%)	1,327,336 (66.37%)	5,647,448 (56.47%)
合計	1,997,820 (100%)	615,319,251 (100%)	2,000,000 (100%)	10,000,000 (100%)

資料來源：〈臺灣造船公司業務報告〉（1948 年 4 月至 1954 年 12 月），《經濟部國營事業司檔案 造船公司第四屆董監聯席會議記錄（一）》，檔號：35-25-20 001。

修船貸款的實施，才逐漸獲得解決步入穩定狀況。1954 年經濟部核准增資 800 萬元，使得資本額增至 1000 萬元，並配合下文將提及的修船貸款之實施，才使公司險峻的財務狀況獲得舒緩。[220]

　　在股權變化方面，由表 2-11 可瞭解戰後初期股東持有份額的變化，再參照表 2-14 戰後接收時的股票價值，能發現民股所持有股份在 1945 年的有 3%，其中雖有 1948 年歷經金圓券改革，但仍受到中國通貨膨脹的波及，導致到 1948 年底民股比例僅剩下 0.10%。臺灣銀行、臺灣電力公司和臺灣省政府的股份資產也受到巨大影響，相反地，中央政府股權卻高達 95.88%。1949 年新臺幣的幣制改革，臺船公司因應幣制改革而進行資產重估，公司資本額調降為新臺幣 200 萬元，此外亦使民股和省股所持有比例回復。

---

[220] 〈臺灣造船公司第四屆第三次董監聯席會議記錄〉（1954 年 11 月 30 日）　《造船公司第四屆董監事聯席會議記錄（一）》，經濟部國營事業司檔案，檔號：35-25-20 001，藏於中央研究院近代史研究所檔案館。

　　總的來說，戰後臺船公司在成立初期，由於通貨膨脹的影響導致公司在財務方面接連受到影響，連帶使得在物料的對外採購過程中，無法精確地預測並控制成本。在歷經幣制改革後的重估資產，臺船公司因帳面上資本額過低，並不容易取得借款。另一方面，在中國大陸實施的金圓券幣制改革，由於臺灣並未同步實行，亦使得以六比四國省合營的國營企業經營體制受到波及，直到 1954 年臺船公司增資，才回復到原本的比例。

四、戰後初期的營運

　　戰後初期臺船公司的營運大抵上可分為兩個階段，第一階段為接收日產後成立的臺灣機械造船公司時期，此時期業務以臺灣島內市場為主，競爭對象為上海的修船業；第二階段為臺船公司成立後，同時間因中華民國政府的敗退來臺，競爭對象由原先的中國大陸轉變為日本的修船業。

　　就臺灣機械造船公司的生產實績而言，由於 1946 年 5 月高雄機器廠已經局部復工，同年 7 月基隆造船廠也恢復生產，當年 5-12 月共修船 84,414 噸。[221] 1947 年全年，基隆造船廠修理船舶共 43 艘，共計 113,361 噸，其中大修 15 艘，計 29,690 噸，小修 28 艘，計 83,671噸。[222]

　　臺灣機械造船公司時期的基隆造船廠，由於大陸各地船舶多選擇於上海修船，故基隆船廠的業務對象侷限於臺灣航業公司和在臺灣的

---

[221]〈臺灣造船公司現狀其當前迫切希望〉（1950 年），《公司簡介》，臺灣造船公司檔案，檔號：01-01-01，藏於臺灣國際造船公司基隆總廠。

[222]〈臺灣機械造船有限公司事業消息〉，《臺灣工程界》2：2（1948 年 2 月），頁15。

各式輪船。㉓ 就當時全中國的船廠和規模來看，主要的船廠都在上海。上海的船廠雖然規模比臺灣機械造船公司小，但因區位之便捷，航商多選擇於上海修船。㉔

1948 年臺船公司改組成立後，因設備和材料的缺乏，無法承接較大的工程。此外，由於大型船隻多屬入級船隻，修船需由驗船師進行認證，但臺船公司未派駐驗船師，因此不易爭取入級船隻業務。㉕ 1949 年春天，終於聘得美國驗船協會及英國勞合驗船協會各派驗船師一人來臺，因而吸引國內大型船隻及外國船舶赴臺船公司進行修船。㉖

當時擔任協理的李國鼎提及臺船公司驗船機制的成立背景：㉗

在國際上，船的情況有統一的檢驗標準，國際標準很多，我們依照美國驗船協會（American Bureau of Shipping，ABS）的標準 ANS（American Navigation Standard）。當時不管造船或修船，都要請美國驗船協會派人監督，目的是希望能維持相當水準。臺灣造船公司是當時唯一可以修船和造船的公司，美國驗船協會經常派人到臺灣造船公司監督。

㉓〈臺灣造船有限公司工作報告〉（1948 年 4 月—1951 年 5 月），《臺船公司：工作報告》，資源委員會檔案，檔號：24-15-04 6-（1），藏於中央研究院近代史研究所檔案館。

㉔ 周茂柏，〈臺灣造船工業的前途〉，頁 3。

㉕〈臺灣造船有限公司工作報告〉（1948 年 4 月～1951 年 5 月），《臺船公司：工作報告》，檔號：24-15-04 6-（1）。「入級」所代表的意思是，在新造船舶或是修船時，需聘請驗船協會的驗船師對船舶進行檢查和登錄，保險公司才願意對其船隻給予海上保險。（日本造船教材研究會編、李雅榮等譯，《商船設計之基礎》〔臺北：大中國圖書公司，2001〕，頁 205）。

㉖ 薛月順，《資源委員會檔案史料彙編——光復初期臺灣經濟建設（中）》（臺北：國史館：1993），頁 263。

㉗ 李國鼎口述、劉素芬編著，《李國鼎：我的臺灣經驗》，頁 50。

　　臺灣要至 1951 年 2 月 15 日中國驗船協會❷❷❽成立後，才不須依賴國外驗船協會驗船師駐廠認證，因而得以節省外匯的支出。❷❷❾

---

❷❷❽ 中國驗船協會原本於中國大陸時期，自 1940 年代末期起造船界及航運人士希望能夠籌組本國的驗船協會，以能夠擺脫對國外的依賴。但由於戰亂的原因，最終於 1951 年 2 月 15 日在臺北成立。中國驗船協會，《中國驗船協會概要》（臺北：中國驗船協會，1955），頁 1-2。

❷❷❾ 中華民國交通史編纂小組，《中華民國交通史（上冊）》（臺北：華欣文化事業中心，1981），頁 700。

第三章
1950-1956 年的臺船公司

第一節　競爭市場的轉向與造船事業的發軔

　　1949 年起，隨著國民黨政權在中國大陸的敗退，撤退來臺的航運公司，失去廣大的中國市場，在航運業景氣蕭條下，許多航運公司停止了航運事業，更無力擔負船隻的修護費用，這也導致臺船公司的修船業務受到影響。但自 1950 年下半起，因海軍軍艦修理業務增加，約占每月臺船公司業務量的 70% 左右，使臺船公司尚能夠維持一定的營收。⑳

　　在此同時，臺船公司的競爭對象由過去的上海修船業轉變為日本和香港等國外修船業者。當時日本由於造船業發達，許多的零件能夠自行生產，因而所需的修繕成本較低。香港則是自由港，不需要課徵

---

⑳〈臺灣造船公司四十年度業務報告書〉，《臺船公司：卅七年度總報告、事業述要、業務報告》，資源委員會檔案，檔號：24-15-04 6-（2），藏於中央研究院近代史研究所檔案館。李國鼎口述、劉素芬編著，《李國鼎：我的臺灣經驗》，頁48-49 提及「當時海軍接收了很多美國的軍艦，大概都是美國人怕沉沒的舊軍艦，但還是很難得的。海軍在基隆雖然有自己的船塢，但不夠大，不能夠修理，而且技術人才不夠多，於是很多軍艦找造船公司修理。」

關稅。臺船公司則因多數器材必須仰賴進口，加上關稅過高，使得成本上升。[231] 基於上述的理由，臺灣區生產事業管理委員會為保護本國修船業務，規定臺船公司的修船價格若不高於日本之 25%，本國籍船舶應在國內修理。[232]

正在臺船公司面臨修船客源不足的危機和國外造船業的競爭時，卻因 1950 年臺日貿易的恢復和韓戰的爆發，使得國際航運景氣復甦。然而，當時國內航運業者並無力支付修船經費，[233] 經當時統整臺灣經濟的臺灣區生產事業管理委員會與交通部、臺船公司共同協商，希望美援能夠提撥相對基金作為修船貸款，不僅可使臺船公司得到業務，又能提供航運公司修船優惠。但上半年由於美援來不及支付經費，於是先由臺灣銀行提供修船貸款所需資金，下半年始由美援相對基金的特別帳戶支付。[234] 總的來說，1951 年上半年臺銀貸款經費為新臺幣 362 萬 5,000 元。下半年美援特別帳戶成立後，續撥貸款新臺幣 637 萬 5,000 元，兩者共貸款 1,000 萬元。經由修船貸款，使得長久難以復甦之航運業之修船問題得到解決。[235] 總的來說，修船貸款的貢獻

---

[231] 〈臺灣造船有限公司業務資料〉（1955 年 10 月 11 日），臺船（44）總字第 2951 號，臺灣造船公司檔案，《公司簡介》，檔號：01-01-01，藏於臺灣國際造船公司基隆總廠。

[232] 〈臺灣造船公司四十年度業務報告書〉，《臺船公司：卅七年度總報告、事業述要、業務報告》，資源委員會檔案，檔號：24-15-04 6-（2），藏於中央研究院近代史研究所檔案館。據招商局統計，1951 年上半年臺灣及日本修船價格比較，臺灣較低於日本 6%，其 1 至 10 月份統計則臺灣較日本低 11%，同上註。

[233] 戴寶村，《近代臺灣海運發展——戎克船到長榮巨舶》，頁 297-300。

[234] 〈資源委員會在臺事業四十年度檢討會議 檢討單位：臺灣造船公司〉（1952 年 2 月 28 日），《臺船公司：會議記錄》，資源委員會檔案，檔號：25-15-04 2（1），藏於中央研究院近代史研究所檔案館。

[235] 〈臺灣造船公司四十年度業務報告書〉，《臺船公司：卅七年度總報告、事業述要、業務報告》，資源委員會檔案，檔號：24-15-04 6-（2），藏於中央研究院近代史研究所檔案館。

不僅可使臺船公司得到業務，並使航運公司獲得修船的優惠。❷⃝

　　由表 3-1 可知 1951 年臺銀貸款和美援貸款所提供的船舶大修，共修繕了 38 艘船，其中入級船隻占 20 艘，未入級爲 18 艘。另外，若依客戶結構而言，招商局共修繕 17 艘船，臺灣航業公司 7 艘，民營公司 14 艘。其中亦包括原本已經停航之船舶，經由修船貸款機制的實施，得以重新航行。值得注意的是，獲得貸款金額之船主，可分爲招商局、臺灣航業公司和民營輪船公司，民營輪船公司所受到的援助約占貸款總額的 46%，是最高的部分。❷⃝ 若再將 1951 年當時招商局和臺船公司擁有船數和總噸數和同年修船貸款比較，1951 年招商局經由修船貸款共修了 63,640 噸，臺灣航業公司則爲 29,161 噸，對照表 3-1 統計，招商局約占 29.81% 的船舶接受修理，臺灣航業公司約占 72.60% 接受船舶修理，其他航運公司約占 46.55% 接受了修船貸款。由此數據或可推論當年度所實行的修船貸款對私人航商提供相當程度的援助。❷⃝

　　若依據 1950 年代初期臺船公司的客戶來源來劃分，主要能夠分爲招商局、臺灣航業公司、私人航運公司和海軍四個部分。如表 3-2 所示，1951 年臺船公司修船的客戶中，招商局和臺灣航業公司等公營事業占極大的比重。但同年，招商局和臺航公司在公司內部設立修

❷⃝〈資源委員會在臺事業四十年度檢討會議 檢討單位：臺灣造船公司〉（1952 年 2 月 28 日），《臺船公司：會議記錄》，資源委員會檔案，檔號：24-15-04 2（1），藏於中央研究院近代史研究所檔案館。

❷⃝〈臺灣修船貸款經過概略報告〉（1951 年 7 月），《臺船公司：會計財務》，資源委員會檔案，檔號：24-15-04 4-（1），藏於中央研究院近代史研究所檔案館。

❷⃝臺灣銀行的修船貸款方式，是由銀行貸款給船公司，船公司再憑此資金向臺船公司修船。美援修船貸款的資金則由美國方面提給船公司，船公司亦憑此資金向臺船公司修船。

表3-1　1951年臺灣銀行與美援修船貸款修船統計表（僅包含大修部分）

船主戶別	招商局	臺灣航業公司	民營輪船公司	總計
修船貸款載重（噸）	63,640	29,161	76,585	170,486
其所屬船舶總噸	184,621	38,815	164,515	387,951
所屬單位總艘數	61	12	67	140
入級船隻	15	2	3	20
未入級船隻	2	5	11	18
共修船隻	17	7	14	38
修船占該單位總船隻比例	29.81%	72.60%	46.55%	-
貸款額（新臺幣元）	3,249,000	2,115,000	4,636,000	10,000,000

資料來源：整理自〈臺灣造船公司四十年度業務報告書〉，《臺船公司：卅七年度總報告、事業述要、業務報告》，資源委員會檔案，檔號：24-15-04 6-（2），藏於中央研究院近代史研究所檔案館。交通部，《交通年鑑》（1950-1960年合編本），頁985。戴寶村，《近代臺灣海運發展——戎克船長到長榮巨舶》，頁291。

表3-2　1951年度修船業務對象順位比較表

單位：噸

事業機關	大修船舶	小修船舶	合計
公營事業	82,215	69,999	152,214
民營事業	36,037	73,037	109,074
軍事機關	8,900	5,308	14,208
合計	127,152	38,750	165,902

資料來源：〈四十年度下半年業務檢討報告資料〉，《臺船公司：卅七年度總報告、事業述要、業務報告》，資源委員會檔案，檔號：24-15-04 6-（2）。

船部門，自行進行船舶小修，[289]對臺船公司的修船業務而言，又再度造成衝擊。其中，當時臺灣航運業規模最大的招商局修船部門是以舊輪拆解和戰後日本賠償給我國政府的機件作為主要原料。雖說臺船公司、招商局和臺灣航業公司同為公營事業，但招商局和臺灣航業公司

---

[289]〈臺灣造船公司四十年度業務報告書〉，《臺船公司：卅七年度總報告、事業述要、業務報告》，資源委員會檔案，檔號：24-15-04 6-（2），藏於中央研究院近代史研究所檔案館。

分別隸屬交通部和臺灣省政府管理，在主管機關欠缺充分的協調下，使得臺船公司的業務受到波及。❷⓪

就整個修船貸款而言，美援對於修船貸款的支助可如表 3-3 所示，共分為三期，貸款金額共計 2,550 萬 9,000 元。在實績方面，共協助 79 艘輪船修復，其中招商局占 37 艘，臺灣航業公司 22 艘，中華民國輪船商業同業公會全國聯合會（船聯會）❷① 和其他民營航業公司共 18 艘，基隆和高雄港務局 2 艘。❷②

表 3-3　美援修船貸款實績（1951-1955 年）

單位：艘

期數	第一期	第二期	第三期	總計
時間	（1951-1952/2）	（1952-1953/5）	（1954-1955/3）	-
美援計畫代號	CEA62-6	CEA52-70	CEA54-R5	-
招商局	12	11	14	37
臺灣航業公司	4	13	5	22
船聯會	8	5	-	13
其他民營航業公司	-	-	5	5
基隆港務局	-	-	1	1
高雄港務局	-	-	1	1
總計	24	29	26	79

資料來源：〈中美合作經援發展概況（1957 年 9 月初版）〉，農復會檔案，周琇環編，《臺灣光復後美援史料　第一冊 軍協計畫（一）》（臺北：國史館，1995），頁 138-140。

---

❷⓪ 中國交通建設學會編輯委員會編，《三年來之交通事業概況》（臺北：中國交通建設學會，1953），頁 536-538。

❷① 中華民國輪船商業同業公會聯合會於 1947 年成立於上海，負責聯絡全國各地輪船商業同業公會，並協助政府進行航業管理與政策建議事項，1950 年 5 月奉交通部命令遷徙至臺灣。中華民國民眾團體活動中心編，《中華民國五十年來民眾團體》（臺北：中華民國民眾團體活動中心，1961），頁 111。

❷② 〈中美合作經援發展概況（1957 年 9 月初版）〉，農復會檔案，周琇環編，《臺灣光復後美援史料 第一冊 軍協計畫（一）》（臺北：國史館，1995），頁 138-140。

　　在招攬國外業務方面，1951 年 11 月菲律賓 Medrigal 輪船公司之 Argus 輪至臺船公司船塢大修，為臺船公司承修外輪大修工程之首例。該輪實際修理工作量約超出原本預估修理工程量之五倍，但仍能在預定日期兩週內完成。[243]

　　另一方面，自 1950 年臺日貿易重開後，當時臺灣出口至日本多數為農產品和農產加工品，又以香蕉的出口最為重要，[244]因此有船東將普通貨輪安裝通風設備，改裝為青果運輸輪。臺船公司亦配合市場趨勢，承接改裝船舶的工作。在實績方面，1950 年和 1951 年相繼改裝鐵橋輪、滬廣輪、天山輪等。[245]但在造船業務，要至 1951 年臺船公司承建臺灣省水產公司的 75 噸鮪釣漁船，才可謂為戰後臺船公司正式進行造船業務之始。[246]

　　總的來說，1950 年對臺船公司可說是一個重要的轉折點，在此之前的營運主要集中在國內市場的修船業務。但自此之後，由於中華民國政府撤退來臺灣，政府開始經由政策扶植臺船公司的發展。首先經由修船貸款政策促使臺船公司獲得業務，其次為臺船公司造船業務的初始，則是經由省營的水產公司作為購買客戶。另一方面，臺船公司也有機會開始承接修船外銷，經由驗船協會的成立，有機會吸引國外

[243] 〈臺灣造船有限公司第三屆第三次董監聯席會議記錄〉（1952 年 3 月 20 日），《務調查表、產量、器材材料調查表、會議記錄》，資源委員會檔案，檔號：24-15-04 7-（2），藏於中央研究院近代史研究所檔案館。

[244] 廖鴻綺，《貿易與政治：日臺間的貿易外交（1950-1961）》，頁 18-20、25。戴寶村，《近代臺灣海運發展——戎克船到長榮巨舶》，頁 299-300。

[245] 〈為電送四十年度工作考成報告表請查核賜轉由〉，臺船（41）字第 0145 號，1951 年 1 月 27 日，《臺船公司：四十年度工作檢討與考成報告表》，資源委員會檔案，檔號，24-15-04 6-（1），藏於中央研究院近代史研究所檔案館。

[246] 〈為電送本公司上半年度工程生產業務財務等工作報告資料請察鑒〉，臺船（41）發字第 1196 號，1952 年 2 月 1 日。〈四十年度一至六月份工作檢討報告資料〉，《臺船公司：卅七年度總報告、事業述要、業務報告》，資源委員會檔案，檔號：25-15-14 6-（2），藏於中央研究院近代史研究所檔案館。

客戶來臺灣進行修船。

第二節　美援所扮演的角色與績效

　　1950 年代對臺船公司而言，除了持續原本的修船業務外，並開始將經營事業擴大到造船。然而，此時的臺船公司所擁有的設備距離建造更大噸位的船舶所需之資金和技術能力尚遠。不過在資金方面，臺船公司後來獲得了美國的援助；技術方面，則是仰賴與國外的技術合作。

　　美援對臺船公司的資金援助可分爲短期材料貸款和擴建貸款兩部分。首先，在材料貸款方面，由於當時修船零件多數自國外進口。另外，爲備不時之需，部分零件亦有必要先行庫存。因此臺船公司需要較高的周轉金來因應。但當時臺船公司的流動資金較低，無法籌措足夠資金購買庫存零件。1951 和 1952 年配合前述的美援修船貸款項目的材料貸款，協助航商修復船舶以外，如前所述，亦適時紓解臺船公司資金困窘的問題。但 1953 年因韓戰的告終導致航運界不景氣，航運公司在財務困窘下導致修船貸款償還不易，臺船公司對此採用降低成本的方式作爲因應，一方面提高修船的效率，另一方面經由多角化經營，即先拓展機械製造業務，以作爲發展造船業務的先行的準備。❷⁴⁷ 由此可見，當時臺船公司也適時的依據市場的變化進行因應。

　　其次，於擴建貸款部分，美援提供臺船公司廠房擴建和機器購置所需經費，具體的設備包括增建廠房和辦公室 22 棟、鋼質浮塢碼頭

---

❷⁴⁷〈臺灣造船有限公司業務資料〉（1955 年 10 月 11 日），臺船（44）總字第 2951 號，《公司簡介》，臺灣造船公司檔案，檔號：01-01-01，藏於臺灣國際造船公司基隆總廠。戴寶村，《近代臺灣海運發展——戎克船到長榮巨舶》（臺北：玉山社，2000），頁 297。

2 艘、變電動設備 1 套、彎板機 1 臺、起重機 5 臺、彎管機 1 臺、X
光機 1 臺、電焊機 93 臺、移動彎曲機 2 臺、船臺 2 座、烘模電爐 1
臺、車床 4 臺。依據臺船公司內部的評估，接受美援的挹注後，自動
電焊機和 X 光檢驗設備的採用，使得公司電焊能夠達到國際標準；再
者，對於彎板機、移動彎曲機等鋼板冷作設備的使用，是培養造船能
力所必要的設備。❷⁴⁸

表 3-4　臺船公司 1948 年 4 月至 1955 年 6 月主要生產設備增加簡表

設備名稱	單位	1948/4	1955/6
廠房面積	平方公尺	8,652	12,850
倉庫面積	平方公尺	1,590	3,700
乾船塢 25,000 噸	座	1	1
乾船塢 15,000 噸	座	1	1
造船臺 100 噸	座	0	1
修船碼頭	公尺	0	400
工作船	艘	0	2
各式起重機	部	9	29
各種工具機及冷作機械	部	40	117
電焊機	部	15	110
木工工作板	部	13	17
鑄造鍛工及處理設備	部	17	32
材料試驗機械	部	15	22

資料來源：〈臺灣造船有限公司業務資料〉（1955 年 10 月 11 日），臺船（44）總字第 2951 號，
　　　　臺灣造船公司檔案，《公司簡介》，檔號：01-01-01，藏於臺灣國際造船公司基隆總
　　　　廠。

　　總的來說，戰後臺船公司的設備，主要為日治時代所留下的基
礎，戰後並逐漸擴充廠區和設備。如表 3-4 所示，可知 1948 年臺船

❷⁴⁸ 行政院美援運用委員會編，《十年來接受美援單位的成長》（臺北：行政院美援運
　　用委員會，1961），頁 40-41。

公司成立起至 1955 年設備擴充的實績，其設備來源主要經由中央造船公司轉讓給臺船公司的日本賠償及歸還物資接收委員會器材、運用美援和自行添購而達成，但距離建造較大噸位造船所需之設備，相差甚遠。⓴

　　1953 年，臺船公司獲得美援貸款進行冷作工場、電工場房、鋼料堆廠和藝徒訓練班教室的興建。㊵ 此時臺船公司為更增加造船能力，提出擴建計畫，並於 1955 年運用所申請到約 45 萬美元的美援擴建貸款，對廠房、倉庫和船臺進行擴建，並添購各項設備。除此之外，也利用美援經費訓練技術工人。當時評估在擴充計畫完成後，每年能夠增加建造 500 噸級以下漁船和其他船隻約 4,500 噸。㊶

　　在美援項目下曾有一項《造船航運發展計畫》，當中記載對臺船公司的貸款分為臺幣和美金兩部分。如表 3-5 所示，自 1951 年起至1956 年臺船公司租賃給股臺公司前，共接受美援貸款中的新臺幣部分共計 1,212 萬 6,912 元，美金部分為 1,444 萬 8,333 元。當時美援對臺船公司的貸款，透過資金借貸、設備購置和人員培訓等各種方式，增加造船所需設備及培育所需人才。㊷ 在人才培育方面，源於 1952 年起臺灣開始實施第一次四年計畫，當時負責美援對臺灣各項工程事務的懷特工程顧問公司指出，臺灣若不儘快培養技工，各項工業計畫可

⓴臺灣造船公司，《中國造船史》（基隆：臺灣造船公司，1972），頁 170。

㊵〈臺灣造船公司四十四年度第一次業務檢討事項資料〉（1955 年 3 月），《業務檢討 46-49》，臺灣造船公司檔案，檔號：00-04-00-01，藏於臺灣國際造船公司基隆總廠。

㊶〈臺灣造船有限公司業務資料〉（1955 年 10 月 11 日），臺船（44）總字第 2951 號，《公司簡介》，臺灣造船公司檔案，檔號：01-01-01，藏於臺灣國際造船公司基隆總廠。

㊷文馨瑩，《經濟奇蹟的背後——臺灣美援經驗的政經分析（1951-1986）》，頁 225。行政院美援運用委員會編，《十年來接受美援單位的成長》，頁 41。

能會因技工缺乏無法如期完成。為此,臺灣區生產事業管理委員會希望臺灣較具規模的公民營工廠承擔此項任務,臺船公司也因而設立藝徒訓練班,培養各工場所需的技工。[253]

表 3-5　美援造船航運發展計畫中對臺灣造船公司的借款

單位:元

年度	新臺幣部分	美金部分
1951	0	326,657
1952	2,000,000	518,514
1953	0	121,029
1955	0	522,133
1956	8,014,000	0
合計	12,126,912	14,448,333

資料來源:行政院國際經濟合作發展委員會,《美援運用成果檢討叢書之二　美援貸款概況》(臺北:行政院國際經濟合作發展委員會,1964),頁 37-38。

　　依據 1964 年行政院國際經濟合作發展委員會曾對 1950 年以後臺船公司提出的美援計畫進行檢討,提出美援對臺船公司具備了三方面的貢獻。首先,藉由美援開辦六期藝徒訓練班,對初中和高職畢業生,分別施以電焊、機械和繪圖等技術訓練,共 200 餘人,大多數均留在臺船公司各廠區服務。其次,藉由美援的協助,主要產品的產量增加,以 1953 年為基期,至 1957 年 2 月臺船公司業務移轉至殷臺公司經營前,船舶製造增加 73%,機械製造增加 16%,船舶修理增加 13%。另外,在產品銷售方面,船舶銷售增加 161.8%,機械銷售增加 58.5%,船舶修理業務增加 35.2%。[254]

---

[253]〈臺灣省技工訓練實施計畫草案〉,《本省技工訓練》,臺灣區生產事業管理委員會檔案,檔號:49-01-03-008-003,藏於中央研究院近代史研究所檔案館。
[254] 行政院國際經濟合作發展委員會,《美援運用成果檢討叢書之二　美援貸款概況》(臺北:行政院國際經濟合作發展委員會,1964),頁 37-38。

第三節　造船事業的開展與技術的引進

　　如前所述，臺船公司造船事業的發軔，始於 1951 年由臺灣省水產公司委託臺船公司建造 75 噸鋼木合質遠洋鮪釣漁船兩艘。❷⁵⁵ 1952年由於臺灣航運界的不景氣，修船業務因而減少，促使臺船公司將經營業務重心由修船轉向造船，積極規劃建造更大艘的船舶。❷⁵⁶

　　首先，臺船公司於 1953 年獲得美援貸款後，計畫建造 100 噸級漁船兩對。❷⁵⁷ 然而，由於欠缺造船經驗，又為求得漁業界的信任及創造聲譽，因此以現貨求售的方式進行。換句話說，在造船之前所需經費除了美援資金的提供外，其餘全數由臺船公司先行負擔。其後，臺灣省農林廳下所屬的漁業管理處❷⁵⁸亦獲得美援貸款，於是再向臺船公司購買兩對同型之漁船。此系列漁船的製造特色在於全部採取電焊熔接工法，並且於工廠內先將船體建造起來，之後再運至船臺上接攏成船，如此可以減少船身因電焊之變形程度，並節省船殼在船臺上的建造時間。當時的漁船設計係依據日本漁業法規，且符合美國驗船協會的標準。在 100 噸漁船的生產方面，臺船公司先後共建造了五對共十

❷⁵⁵〈臺灣造船公司業務資料〉，臺船（44）總字第 2951 號，（1955 年 10 月 11 日），《公司簡介》，臺灣造船公司檔案，檔號：01-01-01，藏於臺灣國際造船公司基隆總廠。

❷⁵⁶〈臺灣造船公司四十四年度第一次業務檢討事項資料〉（1955 年 3 月），《業務檢討 46-49》，臺灣造船公司檔案，檔號：00-04-00-01，藏於臺灣國際造船公司基隆總廠。

❷⁵⁷鮪釣漁船作業時之特點，為兩艘漁船共同拖網進行，因此兩艘為一對。

❷⁵⁸戰後臺灣行政長官公署下設農林處，處內設水產科，下分水產、漁政、漁管三股，其中漁管股則管理漁業團體組織與指導、魚市場之管理、漁港及漁業共同設施，以及漁船海上安全及救濟事項。臺灣省政府成立後，將農林處改農林廳，水產科仍屬農林廳。1951 年臺灣省政府將農林廳水產科改組為農林廳漁業管理處，下設漁政、水產、工務三組。胡興華，《海洋臺灣》（臺北：行政院農業委員會漁業署，2002），頁 193。

艘的實績。㉕

　　在此同時，臺船公司在生產漁船的過程中，亦經由技術的引進，力圖生產船舶零組件。臺船公司在赴日本與歐美考察造船技術並加以相較後，認為日本雖然在第二次世界大戰的造船技術遠落後於美國。但是戰後10年間日本各大造船廠積極引入國外技術發展造船，除了採用自動電焊機進行船體的生產外，在船舶機械的生產品質上亦經由導入美國的技術而獲得提升。臺船公司在比較歐美和日本的造船業生產後，發現由於歐美工業化發展過於龐大，若引進歐美技術的話，受限於資本和人力素質，短期內並不容易學習其生產技術。反觀日本的工業發展程度、地理位置、生活習慣皆與臺灣較為接近，因而選擇自日本導入技術。㉖

　　在確認自日本引進技術後，臺船公司派員前往日本進行造船廠的參訪，並對各廠洽談技術合作的可能性。最終促成大型遠洋輪船、機械和水力發電等設備與石川島重工業株式會社㉖（以下簡稱石川島公司）合作，漁船和船用柴油機與新潟鐵工所合作發展。㉖

　　臺船公司於1954年2月與日本石川島公司簽訂5年的技術合作

㉕〈臺灣造船公司四十四年度第一次業務檢討事項資料〉（1955年3月），《業務檢討46-49》，臺灣造船公司檔案，檔號：00-04-00-01，藏於臺灣國際造船公司基隆總廠。

㉖〈日本造船工業情形及技術合作接洽經過〉，《日本造船工業情形及技術合作洽談經過》經濟部國營事業司檔案，檔號：35-25-20 76，藏於中央研究院近代史研究所檔案館。

㉖石川島重工業株式會社為1853年創設的石川島造船所，戰後初期改稱石川島重工業株式會社。其後，又於1960年與播磨造船所合併，改稱石川島播磨株式會社。溝田誠吾，《造船重機械產業の企業システム》（東京：森山書店，2004），頁203。

㉖〈日本造船工業情形及技術合作接洽經過〉，《日本造船工業情形及技術合作洽談經過》經濟部國營事業司檔案，檔號：35-25-20 76，藏於中央研究院近代史研究所檔案館。

契約，當時除了希望自石川島公司引進大型遠洋輪船的生產技術外，亦希望能引進運輸機械、空氣壓縮機、鼓風機和水壓機的生產。❷⑥③臺船公司選擇與石川島公司合作生產大型遠洋輪船的原因，或許是基於當時的石川島公司在日本屬於中型船廠，在兩公司規模相近的情形下，臺船公司較容易向其學習生產技術。❷⑥④然而，由事後的實績來看，臺船公司與石川島公司的合作多集中於陸地用機械的開發與生產；在大型遠洋輪船的生產方面，除政府無力籌措較高的資金作為發展經費外，又加上當時中國石油公司訂購油輪出現困難，故政府政策轉向建造大型油輪。在此之下，1957 年將臺船公司交由美商殷格斯臺灣造船公司經營，臺灣公司也解除與石川島公司簽訂的契約。要言之，1950 年代臺船公司難以自石川島公司順利移轉造船相關技術。❷⑥⑤

此外於 1953 年，由行政院經濟安定委員會負責策劃的第一期四年經建計畫中，經濟部所屬漁業增產委員會負責擬定遠洋漁業政策，並將焦點著重於遠洋鮪釣漁業發展。❷⑥⑥這是因為當時政府鑑於臺灣近海、沿岸與養殖漁業接近飽和，進而決定發展鮪釣漁業，然而，鮪魚多聚集於低緯度地區，若依照當時臺灣所擁有的漁船的船型和設備，

---

❷⑥③〈臺灣造船公司業務資料〉，臺船（44）總字第 2951 號，（1955 年 10 月 11 日），《公司簡介》，臺灣造船公司檔案，檔號：01-01-01，藏於臺灣國際造船公司基隆總廠。〈臺灣造船公司第四屆第一次董監聯席會議記錄（1953 年 6 月 29 日）〉，李國鼎先生贈送資料影印本，國營事業類（十一）《臺灣造船公司歷次董監事聯席會議紀錄及有關資料》，藏於國立臺灣大學圖書館特藏室。

❷⑥④政治經濟研究所編，《日本の造船業》（東京：東洋經濟新報社，1959），頁 9-10。

❷⑥⑤吳大惠，〈臺船廿年〉《臺船季刊》創刊號。（基隆：臺灣造船公司，1968 年 4 月），頁 26-28。經濟部，〈臺灣之造船公司〉，《經濟參考資料》，頁 8。〈外國人投資簡表〉（1952 年 7 月至 1961 年 12 月底），《中日合作策進會》，外交部亞太司檔案，檔號：11-EAP-0157，藏於中央研究院近代史研究所檔案館。

❷⑥⑥楊基銓撰述、林忠勝校閱，《楊基銓回憶錄：心中有主常懷恩》（臺北：前衛出版社，1996），頁 253-254。

並無法進行遠洋漁業的開發。❷ 臺船公司為配合漁業政策的推動，於是開始籌劃興建較大型的鮪釣漁船。❷

　　戰後美國和日本的鮪釣事業，相較戰前都獲得了極高程度的成長。美國自 1935 年至 1939 年之年平均產量為 56,000 公噸，但 1951年成長至 147,730 公噸；戰前日本最高產量為 1936 年的 75,960 公噸，1953 年則成長至 232,500 公噸。反之，臺灣在戰前最高產量為 1940年的 9,300 公噸，戰後初期最高產量為 1953 年的 5,000 公噸，其戰後產量不增反減。戰後日本鮪釣業能夠快速發展，原因在於政府對漁業界提供年利率千分之三的低利造船優惠貸款，同時在法律上給予優惠等措施。❷

　　當時政府計畫委託臺船公司於三年內設計及建造 350 噸級鋼殼鮪釣漁船 30 艘，並由臺灣銀行提供部分的優惠貸款。❷ 1954 年 11 月23 日，行政院經濟安定委員會所屬工業委員會達成 1955 年由公營的中國漁業公司❷ 購買 4 艘 350 噸漁船，並由臺灣銀行貸款給臺船公司

❷〈建造 350 噸級漁船發展遠洋鮪釣漁業計畫綱要〉（1954 年 11 月 2 日），國營（43）發字第 1011 號，1954 年 11 月 6 日，《業務檢討 46-49》，臺灣造船公司檔案，檔號：00-04-00-01，藏於臺灣國際造船公司基隆總廠。

❷楊基銓，《楊基銓回憶錄：心中有主常懷恩》，頁 253-254。

❷〈建造 350 噸級漁船發展遠洋鮪釣漁業計畫綱要〉（1954 年 11 月 2 日），國營（43）發字第 1011 號，1954 年 11 月 6 日，《業務檢討 46-49》，臺灣造船公司檔案，檔號：00-04-00-01，藏於臺灣國際造船公司基隆總廠。

❷〈建造 350 噸級漁船發展遠洋鮪釣漁業計畫綱要〉（1954 年 11 月 2 日），國營（43）發字第 1011 號，1954 年 11 月 6 日，《業務檢討 46-49》，臺灣造船公司檔案，檔號：00-04-00-01，藏於臺灣國際造船公司基隆總廠。〈經濟部四十三年上半年度第二次業務檢討會紀錄〉（1954 年 9 月 18 日），《業務檢討 46-49》，臺灣造船公司檔案，檔號：00-04-00-01，藏於臺灣國際造船公司基隆總廠。

❷中國漁業股份有限公司（簡稱中國漁業公司）為政府成立的公營企業，於 1955年成立，1965 年後轉交由國軍退除役官兵輔導委員會經營。行政院美援運用管理委員會編，《十年來接受美援單位的成長》，頁 32。《中央日報》，〈輔導會將接辦中國漁業公司〉（1965 年 8 月 14 日），第五版。

負責承造。❷

　　1955 年 3 月 7 日，經濟部漁業增產委員會❷（以下簡稱漁增會）及經濟部漁業善後物資管理處❷（以下簡稱漁管處）與臺船公司三方代表議定，漁管處和漁增會提供漁船需求，由臺船公司負責生產。造船所需資金，則由漁管處和臺船公司向臺灣銀行洽借，所有債務在船隻未造竣前，由臺船公司負責，交船後按照船價數額將債務轉由漁管處負責。❷

　　臺船公司製造中國漁業公司 350 噸級鮪釣漁船時，先於 1954 年 6 月與日本新潟鐵工所簽訂 10 年的技術合作契約，主要希望藉由新潟鐵工所生產鮪釣漁船的豐富經驗，培養臺船公司鮪釣漁船建造和柴油機開發的能力。❷ 當時臺船公司建造 350 噸級鮪釣漁船所需之材料，因不具備工程藍圖的繪製和訂立採購規範的能力，因此所需工程藍圖及採購規範皆由日本提供。在生產過程中，新潟鐵工所曾派遣技術人

---

❷〈臺灣造船公司第四屆第三次董監聯席會議記錄〉（1954 年 11 月 30 日），《造船公司第四屆董監聯席會議記錄（一）》，經濟部國營事業司檔案，檔號：35-25-20 1，藏於中央研究院近代史研究所檔案館。

❷經濟部漁業增產委員會於 1951 年成立，為美援體系下由美國派遣專家及顧問來臺灣協助發展漁業，從事漁業生產、漁船製造和人才培養等。〈中美合作發展漁業，設漁業增產委員會〉，《中央日報》（1951 年 9 月 25 日）。

❷漁業善後物資管理處源於 1946 年抗戰勝利以後，聯合國救濟總署中國分署與行政院救濟總署，為發展中國的漁業所成立。1950 年 9 月其組織改由經濟部管轄，改名為經濟部漁業善後物資管理處。胡興華，《海洋臺灣》，頁 65。胡興華，《臺灣早期漁業人物誌》（臺北：臺灣省政府漁業局，1996），頁 22-23。

❷〈臺灣造船公司第四屆第五次董監聯席會議記錄〉（1955 年 3 月 26 日），《造船公司第四屆董監聯席會議記錄（一）》，經濟部國營事業司檔案，檔號：35-25-20 1，藏於中央研究院近代史研究所檔案館。

❷〈臺灣造船公司業務資料〉，臺船（44）總字第 2951 號，（1955 年 10 月 11 日），《公司簡介》，臺灣造船公司檔案，檔號：01-01-01，藏於臺灣國際造船公司基隆總廠。

員來臺,並就購料問題及代銷問題達成協議。[277]由於當時購料合約明定,臺船公司有選定材料規格牌號等之最後決定權,因此臺船公司業務處副處長劉敏誠[278]赴日與新潟鐵工所辦理標購材料手續。值得注意的是,此時的新潟鐵工所正在建造同噸型新式鮪釣漁船,因而臺船公司另派遣廠務處冷作組組長張則戭及新船計畫組組長王國金[279]前往日本實習,並研究船體之構造及機器之裝配。大致上,臺船公司與新潟鐵工所的技術合作,使其開始具備組建較大型漁船的能力。[280]

臺船公司所承造中國漁業公司350噸遠洋鮪釣漁船四艘,第一艘漁亞號於1956年10月竣工下水,其餘未完成之工程,則交由其後的殷臺公司完成。[281]然而,臺船公司所承造的前兩艘350噸漁船,因初次建造在施工經驗不足下,於出航兩次後船殼焊接處多處受到腐蝕,經由中國驗船協會覆檢後,進入船塢整修兩個月。第三與第四艘於交船後,發現有同樣情形,亦送廠整修約月餘。當時一艘漁船造價大致

---

[277] 〈臺灣造船有限公司第四屆第七次董監聯席會議記錄〉(1955年5月28日),《造船公司第四屆董監聯席會議記錄(一)》,經濟部國營事業司檔案,檔號:35-25-20 1,藏於中央研究院近代史研究所檔案館。

[278] 劉敏誠(1917-?),江蘇省武進縣人,南京中央大學工學院機械工程系畢業,曾任兵工署第二十四兵工廠技術員、資渝鋼鐵廠副工程師、中央造船公司副工程師、臺船公司副工程師、殷臺公司工程師、美援會投資小組專門委員、行政院經合會投資處處長。資料來源:〈劉敏誠先生訪談記錄〉,中央研究院近代史研究所李國鼎先生資料庫。

[279] 王國金(1923-),江蘇省武進縣人,1947年南京中央大學畢業,曾任職於中央造船公司籌備處、臺灣造船公司工程師、殷臺公司工程師,其後於1960年代赴美,於1968年取得美國威斯康辛大學機械工程系博士,任職於康乃爾大學機械工程系,並因研發Cornell Injection Molding Program,當選美國工程院院士。資料來源:美國康乃爾大學網站http://www.mae.cornell.edu/index.cfm/page/fac/Wang.htm。

[280] 〈臺灣造船公司第四屆第十四次董監聯席會議記錄〉(1955年12月31日),經濟部國營事業司檔案,檔號:35-25-20 1,藏於中央研究院近代史研究所檔案館。

[281] 〈臺灣造船公司第四屆第二十二次董監聯席會議記錄〉(1956年10月27日),經濟部國營事業司檔案,檔號:35-25-20 1,藏於中央研究院近代史研究所檔案館。

上為新臺幣 900 萬元，但整修費則高達新臺幣 45 萬元左右；再加上停港整修所減少的出港次數，使得中國漁業公司的收入因而減少。[282]

中國漁業公司提出希望臺船公司能負擔四艘漁船共 180 萬元的整修費用。然而，當時經濟部部長楊繼曾認為若向日本購買 350 噸漁船的船價約為 1,082 萬新臺幣，遠高於臺船公司的定價 900 萬元，因此即使再加上 45 萬元整修費，相較之下仍屬划算。再者，當時四艘漁船的建造，為臺船公司初次建造大型漁船，屬於試驗階段，身為公營企業的中國漁業公司不應多所計較。在漁業增產委員會方面，亦認為臺船公司初次建造大型漁船，缺點自然難以避免，再加上當時臺船公司已將廠房租賃給殷臺公司，無力負擔該項漁船整修費用，最終決議由中國漁業公司自行吸收。[283]

總體而言，1950 年代經由政府漁業政策的配合，成功地建造 100 噸的小型漁船，但因臺船公司欠缺較豐富的造船經驗，使得臺船公司有機會建造較大型的 350 噸漁船時，無法確保船舶品質能夠達到較高水準。再者，因買賣雙方皆為公營事業，最終才能由政府出面協調解決事後的修繕賠償問題。

第四節　員工訓練計畫及建教合作的初始

1950 年以前臺船公司的重要幹部多由中國來臺之職員所組成，但技術員工的補充卻是臺船公司所面臨的困境。1950 年臺船公司業務擴展，對技術員工的需求更加密切，故在短期內訓練出一批員工遂為

[282]〈經濟部臺灣區漁業增產委員會第 38 次常務委員會會議記錄（1958 年 5 月 8 日）〉，《鮪釣漁船案：香茅油》，行政院經濟安定委員會檔案，檔號：30-06-03-002，藏於中央研究院近代史研究所檔案館。
[283] 同上註。

當務之急，其具體作法分成職員及工人兩部分的訓練計畫。❷⁸⁴

　　職員訓練計畫方面，鑑於當時臺灣大學、臺灣省立工學院（今成功大學）和臺北工專（今臺北科技大學）等教學機構未設立造船工程學系，故為補充造船之幹部人才，臺船公司與臺灣大學機械工程學系進行洽商，對有志學習造船的學生，使之在大學四年級兼修部分有關造船課程，仍以機械系畢業。畢業後再由臺灣大學授與一學年之造船學課程專門訓練，成績及格者，錄取為臺船公司幹部。❷⁸⁵ 此項訓練於1952年起由臺灣大學機械系第四年修業期間分設造船組和輪機組開始實施，❷⁸⁶ 臺船公司副工程師韋永寧❷⁸⁷ 並轉任臺灣大學擔任副教授，開設電焊和內燃機兩門課。電焊課程的實習課，則在臺灣大學實習工廠進行，由陸志鴻❷⁸⁸ 負責。❷⁸⁹

　　工人訓練計畫方面於1950年5月16日召開的「資源委員會在臺

---

❷⁸⁴〈臺灣造船公司四十年度業務報告書〉，《臺船公司：卅七年度總報告、事業述要、業務報告》，資源委員會檔案，檔號：24-15-04 6-（2），藏於中央研究院近代史研究所檔案館。

❷⁸⁵〈臺灣造船公司四十年度業務報告書〉，《臺船公司：卅七年度總報告、事業述要、業務報告》，資源委員會檔案，檔號：24-15-04 6-（2），藏於中央研究院近代史研究所檔案館。

❷⁸⁶〈四十一年度上半年業務檢討報告資料〉，《臺船公司：卅七年度總報告、事業述要、業務報告》，資源委員會檔案，檔號：24-15-04 6-（2），藏於中央研究院近代史研究所檔案館。

❷⁸⁷ 韋永寧（1915-?），江蘇省南京市人，1937年上海同濟大學畢業，曾服務於中央機器廠。1943年赴美國實習，並取得凱斯工學院（Case Polytechnic Institute）碩士，返國後任職於中央造船公司，1949年來臺灣後，先後服務於臺船公司、臺灣大學、工業委員會、美援會副處長、國際經濟合作發展委員會處長、經濟部工業局局長、中國造船公司董事長、聯合船舶設計發展中心董事長。劉鳳翰、王正華、程玉鳳訪問，《國史館口述歷史叢書（3）韋永寧先生訪談錄》（臺北：國史館，1994）。

❷⁸⁸ 陸志鴻（1897-1973），浙江省嘉興縣人，日本東京帝國大學畢業，曾擔任臺灣大學校長。章子惠編，《臺灣時人誌》（臺北：國光出版社，1948）。

❷⁸⁹ 劉鳳翰、王正華、程玉鳳訪問，《國史館口述歷史叢書（3）韋永寧先生訪談錄》（臺北：國史館，1994），頁33。陳政宏，《造船風雲88年》，頁39。

檢討會議」，技術工人的缺乏問題成為討論焦點。臺灣船渠時代的工人數曾高達 2,400 人，但戰後接收時僅剩約 1,000 人，且戰後造船所需的技術工人在當時並無來源。在此困境下，當時臺船公司擬自行興辦訓練班，因經費欠缺並未執行。⑳ 1951 年臺船公司擬具擴建計畫，增建藝徒宿舍等設備，再度因財力有限未能執行。臺船公司在藝徒訓練班未舉辦前，先就急需補充而不易在外招雇之裝配和冷作兩種工人，分別在各工廠內作小規模訓練。即各招收小學畢業之員工子弟或優良學生若干名為見習工，給予最低階之工人待遇，照一般工人管理。半日授以工程知識，半日隨同實習工作，由職員及領班擔任講師義務講授。至 1951 年底，裝配組有這類見習工人 14 名，冷作組有 20 名。㉑

　　以培養基層作業員工為目的的藝徒訓練班要遲至 1953 年 6 月，才由臺船公司和教育部普通司合辦正式開始，以加強電焊和鐵工的訓練為主要內容。㉒ 藝徒訓練用教室和宿舍等設備方面所需經費，來自美援貸款。㉓ 基層員工之訓練方式以實習為主，經考試錄取後先受學科訓練一個月，使新進人員能夠瞭解工場常識，此後再有兩個月實習

---

⑳〈資源委員會在臺事業檢討會議記錄檢討單位：臺灣造船公司〉（1950 年 5 月 16 日），《臺船公司：會議記錄》，資源委員會檔案，檔號：25-15-04 2-（1），藏於中央研究院近代史研究所檔案館。

㉑〈臺灣造船公司四十年度業務報告書〉，《臺船公司：卅七年度總報告、事業述要、業務報告》，資源委員會檔案，檔號：24-15-04 6-（2），藏於中央研究院近代史研究所檔案館。

㉒〈臺灣造船有限公司工作報告（四十三年度）〉，《造船公司第四屆董監事聯席會議記錄（一）》，經濟部國營事業司檔案，檔號：35-25-20-001，藏於中央研究院近代史研究所檔案館。此部分教育部僅負責一次補助 600 萬，訓練和管理全由臺船公司負責。

㉓〈臺灣造船有限公司業務報告〉（1948 年 4 月～1954 年 12 月），《造船公司第四屆董監事聯席會議記錄（一）》，經濟部國營事業司檔案，檔號：35-25-20-001，藏於中央研究院近代史研究所檔案館。

訓練，講授實習時所必需之知識及技術，此後接著從事工作實習二年九個月，滿三年結業考試及格者，可升格為正式技工。❷ 之後在基層員工的培訓課程方面，亦陸續增加造船和冶鑄等項目。❷

　　總的來說，戰後初期由資源委員會提供中國大陸人才作為發展的起始，另外作為應急的措施培養出若干技術的人才。然而，臺灣的造船人才要至 1950 年代末期起，海洋學院造船系、臺灣大學造船研究所及成功大學造船系的相繼設立，才正式培養出戰後臺灣第一代的高級造船技術人才。藝徒訓練班所培育出來的焊接工人，提供 1950 年代臺船公司改採電焊工法造船所需的技術人員。此外，由於當時臺灣民營企業工廠欠缺技術較為精良的焊接工人，部分臺船公司的焊接工人轉任至民營部門服務，成為當時民營機械業發展重要的生產技術人才。1957 年臺船公司租賃給殷臺公司後，公司的職員和工人則又進一步在美國技師的指導下習得更為先進的現場作業方式。❷

　　另一方面，1950 年代，臺船公司為了瞭解美國、日本和德國等先進國家的造船方式，派遣技術人員前往實習。由表 3-6 所示，至 1957 年臺船公司出租給殷臺公司之前，共計約有 16 名員工遠赴美國、日本和德國受訓。其所需經費，有的是由臺船公司自行籌措，但最主要的經費來源則為美援。

---

❷〈臺灣造船有限公司業務報告〉（1948 年 4 月—1954 年 12 月），《造船公司第四屆董監事聯席會議記錄（一）》，經濟部國營事業司檔案，檔號：35-25-20-001，藏於中央研究院近代史研究所檔案館。

❷〈43 年度臺灣造船公司工作報告〉（1955 年 2 月 28 日），《造船公司第四屆董監事聯席會議記錄（一）》，經濟部國營事業司檔案，檔號：35-25-20-001，藏於中央研究院近代史研究所檔案館。

❷ 魏兆歆，《海洋論說集（四）》（臺北：黎明文化事業公司，1985），頁 138。行政院國際經濟合作發展委員會，《美援運用成果檢討叢書之二 美援貸款概況》，頁 37-38。劉鳳文、左洪疇，《公營事業的發展》（臺北：聯經出版事業公司，1984），頁 147-148。

表 3-6　1950 年代臺船公司派遣出國受訓人員

職稱	姓名	派赴國別	出國年月	返國年月
工程師	金又民	日本	1951/12	1952/5
工程師	王慶方	日本	1952/1	1952/6
工程師	顧晉吉	日本	1952/1	1952/6
顧問	方聲恆	日本	1952/1	1952/6
副工程師	李根馨	美國	1951/9	1952/9
副工程師	王煥瀛	美國	1953/1	1954/2
助理工程師	周幼松	美國	1954/7	1955/8
助理工程師	羅育安	美國	1954/7	1955/8
助理工程師	張達寅	日本	1953/12	1954/12
副工程師	薩本興	日本	1953/12	1954/12
副工程師	陳廣業	美國	1954/12	1955/4
副工程師	羅貞華	西德	1953/7	1955/3
助理工程師	張道明	西德	1954/6	不詳
副工程師	張則戴	日本	不詳	不詳
副工程師	王國金	日本	不詳	不詳
副工程師	王福壽	日本	不詳	不詳

資料來源:〈臺灣造船有限公司業務資料〉(1955 年 10 月 11 日),臺船(44)總字第 2951 號,
《公司簡介》,臺灣造船公司檔案,檔號:01-01-01,藏於臺灣國際造船公司基隆總
廠。

　　當時美援項下的經濟援助部分,自1951年起設有技術援助一項,
主要是由國內派遣人員出國受訓、考察、訪問、見習、深造,接受相
關的技術及專門訓練。雖說此一項目在美援的援款金額中相對其他項
目援助不算太多,但是對人力資源的培養卻是長期的,❷由美援會、
美國國外業務總署駐華共同安全分署(Economic Cooperation
Administration, Mission to China)、中國農村復興聯合委員會(The
Joint Commission on Rural Reconstruction)聯合組成「美援技術協助委

---

❷ 趙既昌,《美援的運用》(臺北:聯經出版事業公司,1985),頁 29。

員會」負責辦理。每年度的技術協助訓練方案，由美援技術協助委員會根據臺灣政府提出的方案，配合經濟援助的年度計畫來執行。至於赴美國受訓人員的行程，則由美國國際合作署安排。訓練的期間，原則上以一年爲限，最初不允許受訓人員在訓練期間在美國修讀學位，但之後將標準放寬，同意人員在美國讀取學位。⑳

被挑選至國外受訓的人員，在資格上除了年齡需在 45 歲以下之外，必須在指定合作機關任職，且從事選送科目之技術工作至少兩年以上的經驗。若沒有專科以上之學歷，則至少必須要有四年以上的工作經驗。另外，受訓人員必須不曾在日本以外等其他國家進行研究及實習之經歷。⑳ 上述的制度設計，基本上可使許多接受日式教育的臺灣籍技術人員，自 1950 年代起有機會接觸美國的技術及制度，對往後臺灣的工業化發展顯然具備相當程度的影響。

技術援助計畫自 1951 年起至 1958 年，先後派遣 1,411 名人員出國訓練。⑳ 美援技術協助委員會曾經對出國受訓的人員進行兩次調查，在 803 個樣本中，有 57.1% 的人認爲赴國外訓練能夠獲得新的專業知識與技能。除此之外，回國後有 45.6% 的人將其新學習到的專業技能應用於工作上。至於，無法將新學習知識全部應用於工作的主要原因，有 53.8% 則是經費及行政制度上的困難因而無法實現，其餘

---

⑳〈美援技術協助計畫檢討報告（1959 年 1 月）〉，經濟建設委員會檔案，周琇環編，《臺灣光復後美援史料 第三冊 技術協助計畫》，頁 297-298。

⑳〈美援會函送臺灣省政府等關於 1953 年出國受訓技術人員分類表及辦法（1952 年 5 月 2 日）〉經濟建設委員會檔案。〈美援技術協助計畫檢討報告（1959 年 1 月第二處編）〉，經濟建設委員會檔案。周琇環編，《臺灣光復後美援史料 第三冊 技術協助計畫》，頁 271、297。

⑳〈美援技術協助計畫檢討報告（1959 年 1 月第二處編）〉，經濟建設委員會檔案，周琇環編，《臺灣光復後美援史料 第三冊 技術協助計畫》，頁 297。

37.3% 的原因認為是當前社會制度無法實現。❸①

　　稍詳言之，臺船公司於 1951 年 9 月起，派遣當時擔任副工程師的李根馨以實習生的身分，赴美國進修機械工程一年。❸② 1953 年 1 月 20 日起，派遣擔任副工程師的王煥瀛赴美國實習船用柴油機部分。❸③ 1954 年 7 月，臺船公司派遣羅育安及周幼松等兩位助理工程師赴美國，分別實習船體鍋爐建造與修理以及電銲及造船工程。❸④ 王煥瀛為戰後第一批負責接收臺灣船渠的員工，入社當時擔任工務員，至 1950 年代升任副工程師。❸⑤ 李根馨原在上海中央造船公司籌備處擔任助理工程師，1947 年轉任至臺船公司服務。❸⑥ 羅育安及周幼松則是分別畢業於上海交通大學和同濟大學造船系，❸⑦ 周幼松亦曾服務於上海中央造船公司籌備處。❸⑧ 值得注意的是，部分員工受訓時間未達美援技術

❸①〈美援技術協助計畫檢討報告（1959 年 1 月第二處編）〉，經濟建設委員會檔案，周琇環編，《臺灣光復後美援史料 第三冊技術協助計畫》，298-301。
❸②〈1951 年美援選送留美技術人員清單〉，經濟建設委員會檔案，周琇環編，《臺灣光復後美援史料 第三冊 技術協助計畫》，頁 304。
❸③〈美援選送赴美 42 年 1、2 月份出國人員名單〉，經濟建設委員會檔案，周琇環編，《臺灣光復後美援史料 第三冊 技術協助計畫》，頁 310。
❸④〈美援會選送赴美 43 年 7 月出國實習名單〉，經濟建設委員會檔案，周琇環編，《臺灣光復後美援史料 第三冊 技術協助計畫》，頁 318。
❸⑤〈資源委員會臺灣省行政長官公署臺灣機械造船股份有限公司填報調用後方廠礦員工調查表由〉，械（卅五）秘發（1946 年 10 月 26 日），資源委員會檔案，檔號：24-15-04 3-（3），藏於中央研究院近代史研究所檔案館。
❸⑥〈資源委員會中央造船公司籌備處資源委員會臺灣省政府臺灣造船有限公司會呈，事由：為本職員薛楚書等 41 人調赴本公司工作檢附清冊至請鑒核備案由〉資源委員會檔案，（1948 年 6 月 3 日）《臺船公司：調用職員案、赴國外考察人員》（1946-1952 年），檔號：24-15-04 3-（3），藏於中央研究院近代史研究所檔案館。
❸⑦〈臺灣造船有限公司 1949 夏季職員錄〉，《公司簡介》，臺灣造船公司檔案，檔號：01-01-01，藏於臺灣國際造船公司基隆總廠。
❸⑧〈資源委員會中央造船公司籌備處資源委員會臺灣省政府臺灣造船有限公司會呈，事由：為本職員薛楚書等 41 人調赴本公司工作檢附清冊至請鑒核備案由〉（1948 年 6 月 3 日）《臺船公司：調用職員案、赴國外考察人員》（1946-1952 年），資源委員會檔案，檔號：24-15-04 3-（3），藏於中央研究院近代史研究所檔案館。

援助項目下的一年，原因或許與受訓人員到美國受訓時，可分爲赴教學單位擔任研究生，以及政府機關或生產單位擔任實習生等兩種類行。一般而言，研究生的受訓以一年爲單位，實習生則就研修課程而有所差別。故隨著受訓場所的不同，受訓時間也有所區別。[309]

　　如表 3-6 所示，1950 年代曾派遣出國受訓的臺船公司職員，在 1960 年代的殷臺公司時期以及其後的臺船公司的職員，逐漸嶄露頭角。例如在殷臺公司末期，王慶方擔任業務副理，李根馨擔任廠長技術助理，王煥瀛、張則戫、羅育安擔任主任工程師，羅貞華與薩本興擔任工程師等。[310]其後殷臺公司被政府收回由經濟部自行經營的初期，張則戫則擔任業務處處長，李根馨爲業務處副處長，王慶方擔任正工程師兼顧問。[311]由此可知戰後初期原本爲臺船公司較爲基層的技術人員，至 1960 年代起逐漸升任至主管階級職務。

---

[309] 周琇環編，《臺灣光復後美援史料 第三冊 技術協助計畫》，頁 303-321。

[310] 〈殷格斯臺灣造船股份有限公司職員移交名冊〉，《殷臺公司移交 人事》，臺灣造船公司檔案，無檔號，藏於臺灣國際造船公司基隆總廠。

[311] 〈臺灣造船公司第六屆第七次董監聯席會議記錄（1962 年 10 月 26 日）〉，臺灣造船公司檔案，李國鼎先生贈送資料影印本，國營事業類（十一）《臺灣造船公司歷次董監事聯席會議紀錄及有關資料》，藏於國立臺灣大學圖書館特藏室。

第四章
公營事業的委外經營──
殷臺公司時期（1957-1962）

第一節　殷臺公司的成立與人事安排

　　如前所述，戰後臺船公司，是以日治時期臺灣船渠作為戰後發展的基礎，並且進一步擴充設備。綜觀戰後初期的發展，主要以修復戰爭時期遭到美軍轟炸的廠房設施為主，並經由美援在資金上的挹注，再進一步擴充設備。在臺船公司組織所屬方面，最初由資源委員會管理，後轉為經濟部國營事業司管理。在人力資本方面，職員部分以上海交通和同濟兩所大學畢業等資源委員會成員為其中堅；工人方面，則是開啟培植戰後臺灣造船業人力資本的開端。另外，自 1950 年代起自國外引進技術，拓展造船事業。

　　其中，1957 年政府將臺船公司的廠房租給美國殷格斯造船公司，就戰後臺灣公營事業發展的歷程而言，可說是繼四大公司民營化政策後，另一項重要的政策，也是臺灣公營事業首次的委外經營，對戰後臺灣公營事業和造船業的發展，帶來許多有形及無形的影響。

　　戰後初期的臺船公司發展，首先以修船為業務主軸，1950 年代初期雖引入日本的技術，開始具備建造百噸漁船的能力。然而，距離建

造萬噸級船舶所需具備的設計和生產技術能力尚遠。臺船公司雖一度希望藉由美援的協助，由美國提供資金與技術，發展大型船舶的建造計畫。但由於 1950 年美國國會通過不對國外造船業及航業發展提供援助的決議，使得臺灣無法獲得美國政府的支援。⑫

另一方面，由於臺船公司未有生產大型船舶的經驗，且在缺乏造船場地和機械設備下，實際上無法提供造船所需之設備。再者，由於缺乏造船之聲譽，不易獲得造船訂單，保險公司亦不願意接受「造船者損害」和「不交船」兩種保險的投保，皆使得船公司降低委託臺船公司造船的意願。在資金方面，當時國際造船市場的通例，航業界多以租輪合約獲得銀行抵押貸款以向船廠訂購船隻，船廠原本不需自行準備鉅額週轉金。但臺船公司由於未建立造船信用，除造船需以鉅款投資設備外，因購主不易獲得銀行貸款，故尚須另行自籌週轉金。⑬由於上述的種種原因，對於 1950 年代面臨流動資金過低的臺船公司而言，若欲獨立進行造船事業，有實際難以擺脫的桎梏。

自 1953 年起臺灣開始實施的四年經建計畫，其中包含造船計畫，其發展目標除了以工業化發展作為考量外，亦包含國家安全的策略觀點。當時海軍軍艦的重要工程，部分需委託駐日本或菲律賓的美國海軍船廠進行維修，⑭因而政府希望能夠藉由興建大型船舶的經驗，在發展工業的同時，並作為「反攻大陸」的策略性產業。⑮此外，就公

---

⑫〈殷臺公司租賃臺船公司船廠案經過情形說明〉，《殷臺公司租賃臺船經過》，臺灣造船公司檔案，檔號：0046/303030/1，藏於臺灣國際造船公司基隆總廠。

⑬〈殷臺公司租賃臺船公司船廠案經過情形說明〉，《殷臺公司租賃臺船經過》，臺灣造船公司檔案，檔號：0046/303030/1，藏於臺灣國際造船公司基隆總廠。

⑭〈殷臺公司租賃臺船公司船廠案經過情形說明〉，李國鼎先生贈送資料影本，國營事業類（十二），《殷臺公司租賃臺船公司船廠案虧損處理》，藏於臺灣大學圖書館臺灣特藏區。

⑮經濟部，《經濟參考資料叢書 中華民國第一期臺灣經濟建設四年計畫》（臺北：

營事業的政策，為改善生產技術與提高產品品質，鼓勵與國外廠商的資本與技術上合作。❸⑯

　　1950 年代的全球航運市場，由於戰後世界景氣的復甦，航運界對船舶的需求甚高，其中又以運送原油的油輪最為搶手。當時中國石油公司曾委託臺灣駐美國採購服務團洽談租用油輪之事宜，1955 年 12 月鑒於中國石油公司租用大型油輪困難，若購買油輪又面臨美國、英國、西德、日本等各造船廠訂單已經排至 1962 年之事實，使得中國石油公司於短期內取得油輪有所困難。因此駐美國採購服務團在與工程油輪公司，與當時美國五大船廠之一的殷格斯造船公司交換意見後，提出利用臺船公司廠房設備建造油輪之提案，並先針對當時臺船公司產能和設備進行評估。❸⑰

　　1956 年 3 月，殷格斯公司派遣三名高級人員來臺灣進行考察評估後，對臺船公司技術基礎、能力設備和管理極為滿意。於是殷格斯公司商請臺灣派員赴美國洽商，臺船公司董事長周茂柏因而赴美，並偕同採購服務團代理團長包可永❸⑱及中國石油公司駐美代表夏勤鐸❸⑲，

經濟部，1971），頁 50-51。

❸⑯〈行政院 43 年上半年（1 月至 6 月）施政計畫綱要〉，經濟部，《經濟參考資料彙編（續集）》（臺北：經濟部，1954），頁 77。

❸⑰〈經濟部施政報告〉（1957 年 3 月向立法院經濟委員會報告），《殷臺公司租賃臺船經過》，臺灣造船公司檔案，檔號：0046/303030/1，藏於臺灣國際造船公司基隆總廠。

❸⑱包可永（1908~?），1927 年柏林工業大學畢業，曾擔任國民政府資源委員會工業處長，戰後擔任臺灣省行政長官公署工礦處長，兼臺灣區特派員，負責接收臺灣工廠。政府遷臺後，派駐美國招商局創闢海外航線。許雪姬策劃，《臺灣歷史辭典》（臺北：行政院文化建設委員會，2004），頁 227。

❸⑲夏勤鐸（1914-1981），安徽省壽縣人，1933 年北京清華大學化學系畢業。其後考取第一屆清華留美公費留學，取得美國麻省理工學院化工系碩士，並至塔爾薩大學進行研究。返國後曾任重慶資源委員會專員、動力油料廠總工程師、甘肅油礦局工程師。戰後曾任中油公司駐美代表，並兼任紐約清華同學會董事長。1958 年於紐約成立森美進出口公司，1981 年病逝於美國紐約。蘇雲峰編，《清華大學師

與股格斯公司進行初步協商。最初達成的共識是雙方共同建造油輪。其後因臺船公司為一公營企業，在合作程序複雜下，遂更改為租借的合作方式。最初股格斯公司要求投資51%，以此取得臺船公司的經營控制權，由於臺灣政府無法同意，最終股格斯建議改採完全租賃的方式，由其經營，每年並繳交租金12萬美元，以10年為期限，在獲得共識下為基礎，雙方先簽署備忘錄。❸

其後股格斯公司總經理、副總經理、法律顧問來臺，再次進行考察，並針對租金的細項進行商談。原本提出的年租金12萬美元，臺灣政府認為若股格斯公司經營狀況良好，應另行增加租金。最後雙方達成以營業總額作為計算租金的辦法，如果年營總值低於500萬美元時，租金率為3.75%；500-1,000萬美元時，租金率為3.5%；1,500-1,500萬美元時，租金率為3.25%；超過1,500萬美元者，租金為3%，但營業額不足預期標準時，仍以12萬美元為準。在股份構成方面，定為210萬美元，股格斯公司投資54%、中國國際基金會（China International Foundation, Inc.）投資36%、航業界投資10%，共分為普通股1萬股，每股10美元共計10萬美元。優先股1萬股，每股100美元，共100萬美元，另發行公司債100萬元。❹

1956年4月19日行政院第452次會議，以上述約定通過臺船公

生名錄資料彙編》（臺北：中央研究院近代史研究所，2004），頁212、342。

❸〈經濟部施政報告〉（1957年3月向立法院經濟委員會報告），《股臺公司租賃臺船經過》，臺灣造船公司檔案，檔號：0046/303030/1，藏於臺灣國際造船公司基隆總廠。

❹〈經濟部施政報告〉（1957年3月向立法院經濟委員會報告），《股臺公司租賃臺船經過》，臺灣造船公司檔案，檔號：0046/303030/1，藏於臺灣國際造船公司基隆總廠。〈股臺公司租賃臺船公司船廠案經過情形說明〉，李國鼎先生贈送資料影本，國營事業類（十二），《股臺公司租賃公司船廠案虧損處理》，藏於臺灣大學圖書館臺灣資料區。

司租賃給美國殷格斯公司。㉒要言之，1950 年代，臺灣為了發展造船工業和對油輪的迫切需求，選擇將臺船公司廠房設備委外經營的應對方法。

臺船公司在將廠房交由殷臺公司經營前，所要處理的重要問題之一，為如何安置原本任職於公營事業臺船公司的職員與工人。在臺船公司與殷臺公司所簽訂的契約第七條中，當時殷臺公司同意經由甄選後留用至少 70% 的原臺船公司職員，至於工人方面，則承諾留任至少 80% 以上。但在雇用之後，若員工表現不如預期，殷臺公司則有權利予以解聘。除此之外，在殷臺公司營運之初，將派遣 8 至 10 名人員負責監督工程人員和辦事員。㉓

臺船公司將廠區租賃給殷臺公司期間，並成立臺船公司保管處，作為委外期間處理公司資產等一般庶務之機構，對公司體制轉變而未被殷臺公司續聘的員工，以〈臺灣造船有限公司業務移轉編餘員工處置辦法〉，將編餘員工分為退休、資遣、調介等三種處置方式安置之。在達到退休年齡標準的員工，依據經濟部所屬事業機構員工退休規則辦理。資遣員工任職滿三個月以上者，按照其到職期間長短為標準給予遣散費，並另外發給兩個月辦理移交及就業準備之薪資。編餘員工若已經徵召入伍，臺船公司為其保留缺額，並續發給原本之津貼，至其退伍後介紹至殷臺公司工作或予以資遣和調派至其他單位。但退休或資遣員工若經殷臺公司或經濟部所屬事業機關任用者，應追

㉒〈經濟部施政報告〉（1957 年 3 月向立法院經濟委員會報告），《殷臺公司租賃臺船經過》，臺灣造船公司檔案，檔號：0046/303030/1，藏於臺灣國際造船公司基隆總廠。

㉓〈租賃契約〉〈為函請發還租賃契約附件〉，臺船（48）總字第 0073 號，1959 年 1 月 29 日。《殷臺公司移交》，臺灣造船公司檔案，檔號：0046/303260/1，藏於臺灣國際造船公司基隆總廠。

回其退休金或遣散費。而經由臺船公司調借至經濟部其他事業機構或公民營廠礦公司員工，則不發給任何費用。在殷臺公司租約終止後，所有受到資遣員工則能夠優先錄用。[324]

1957 年 2 月 7 日殷臺公司接收後，當時臺船公司的職員有 217 名，依契約訂定 30% 的基準，共有 65 名職員有待處理。其中臺船公司保留名額並於日後再進行處理的 5 名人員，係因服兵役（3 名）和出國進修（2 名），必須等待其兵役期滿或留職停薪期滿後才能處理。剩餘的 60 名，臺船公司留用 35 名，其餘 5 名，已達 55 歲退休年齡，因而辦理退休，專任醫師和臨時雇員 4 人予以資遣，聘任醫師 1 人則予以解聘。其餘 15 人，有 10 人願意接受資遣，5 名則協助轉任至其他單位。[325] 在工友部分，共有 61 名退休，127 名資遣。[326]

臺船公司出租給殷臺公司前，存在部分年紀較大的職、工友和工人。但當時在公營體制下，除非員工犯了重大錯誤，否則不得隨意革職。由事後的觀點察之，臺船公司經由委外經營的方式，即在殷臺公司時期淘汰一批年紀較大與考績較差等不適任的職員和工人，使得在 1962 年經濟部收回自營時期，員工的平均素質會相較於先前為佳。[327]

---

[324]〈臺灣造船有限公司業務移轉編餘員工處置辦法〉，〈為檢送本公司業務處移轉編餘員工處置辦法退休員工及資遣員工名冊函清查與由〉，1957 年 5 月 29 日，臺船（46）人字第 887 號，發文日期 1957 年 6 月 1 日。《殷臺公司移交》，臺灣造船公司檔案，檔號：0046/303260/1，藏於臺灣國際造船公司基隆總廠。

[325] 臺灣造船有限公司（代電），〈為本公司業務移轉殷臺公司編餘職員內有十五人擬請鈞部賜予調派工作或予資遣檢呈名冊電請核示由〉，《殷臺公司移交》，臺灣造船公司檔案，檔號：0046/303260/1，藏於臺灣國際造船公司基隆總廠。

[326]〈臺灣造船有限公司退休工友名冊〉，《殷臺公司移交》，臺灣造船公司檔案，檔號：0046/303260/1，藏於臺灣國際造船公司基隆總廠。

[327]〈租賃契約〉〈為函請發還租賃契約附件〉，臺船（48）總字第 0073 號，1959 年 1 月 29 日。《殷臺公司移交》，臺灣造船公司檔案，檔號：0046/303260/1，藏於臺灣國際造船公司基隆總廠。

表 4-1　殷臺公司時期末期職員薪資範圍（1962 年）

單位：新臺幣元

職稱	薪資	職稱	薪資
副總經理	8,000	代理主任工程師	4,600
廠長	7,000	購運副理	4,600
副廠長	6,200	組長	3,200-4,300
主任	59,00	管理師	4,100
副總設計工程師	5,800	副工程師	3,200-4,000
業務副理	5,700	副管理師	3,300-4,000
廠長技術助理	5,200	助理工程師	2,100-3,000
船塢長	5,200	助理管理師	2,100-3,000
副理	5,100	工務員	1,600-1,950
主任工程師	4,600-5,100	管理員	1,550-2,000
經理	4,500	助理工務員	1,200-1,500
助理	4,200-4,500	助理管理員	1,000-1,400
主任	5,000	護士	1,500-1,600
工程師	4,100-4,700	組長	3,700
課長	4,600	醫師	3,000

資料來源：〈殷格斯臺灣造船股份有限公司職員移交名冊〉《殷臺公司移交 人事》，臺灣造船公司檔案，無檔號，藏於臺灣國際造船公司基隆總廠。

　　另一方面，殷臺公司成立時，董事蘭尼爾（Monroe B. Lanier）[328]指派曾擔任美國海軍建造及計畫軍官，並瞭解造船廠之經營管理的麥克洛令（H. P. McLaughlin）擔任總經理，另外由美國殷格斯公司派遣財務會計人員 3 名及工作人員 8 名來臺，建立造船業財務會計制度及生產業務的安排。[329]

---

[328] 蘭尼爾（1886-?），出生於美國阿拉巴瑪州（Alabama），1938 年以後進入殷格斯集團服務。《臺船與美殷格斯公司租賃契約附件（二）》，經濟部國營事業司檔案，檔號：35-25-20 73，藏於中央研究院近代史研究所檔案館。

[329] 〈殷臺公司租賃臺船公司船廠案經過情形說明〉，李國鼎先生贈送資料影本，國營事業類（十二），《殷臺公司租賃公司船廠案虧損處理》，藏於臺灣大學圖書館臺灣特藏區。

另外，就殷臺公司時期職員的薪資相較於公營事業皆來得高，這也是造成 1962 年經濟部收回經營，因薪資制度回復公營企業體制而大幅度降低，導致的離職潮的一個原因。如表 4-1 所示，1962 年殷臺公司交還給政府前的職員薪資約介於 1,000 元至 8,000 元之間。但依據 1962 年 6 月 12 日由行政院公布的〈經濟部所屬事業機構試行職位分類薪給辦法〉，當時作為公營事業最高職十五等且薪級程度為五的職員，月薪為 3,600 元，遠低於殷臺公司副總經理所領的月薪 8,000元。再者，公營事業大學甫畢業的六職等工程師而言，月薪為 1,740元，亦不及殷臺公司給予助理工程師最低月薪 2,100 元的程度。[330]

殷臺公司的人事安排，可由 1962 年殷臺公司業務移轉回經濟部的移交清冊中可知殷臺公司職員分成臺船公司調介、殷臺公司雇用和契約人員三部分，各占 166 人、44 人和 20 人。此外，另尚包含外調至其他政府機關的員工 7 名及因兵役或是出國進修的員工 5 名。值得注意的是，殷臺公司自行聘用的員工包含 5 名由海軍借調的人員，其中 1 名擔任副工程師，4 名擔任助理工程師職務。[331]

第二節　政府政策的支持

臺船公司將廠房租給殷臺公司，可說是 1950 年之後，規模最大的外人投資案。若以經濟發展的角度而言，殷臺投資案若成功，將使臺灣工業發展獲得巨大的跳躍。再者，若能興建大型船舶，也能與當時反攻大陸的國策配合。

---

[330]〈臺灣造船有限公司人事法規章則彙編〉，藏於臺灣國際造船公司基隆總廠。
[331]〈殷格斯臺灣造船股份有限公司職員移交名冊〉《殷臺公司移交 人事》，臺灣造船公司檔案，無檔號，藏於臺灣國際造船公司基隆總廠。

　　立法院針對臺船公司租賃案件，雖並不反對美國的投資案，但殷臺公司的案件並非依照外國人投資條例辦理，直接由政府同意後公告。基於這樣的決策過程，因而在立法院出現反對的聲音。❸❸ 然而，政府認為臺船公司將廠房出租給殷臺公司，僅為經營方式之變更，係屬於行政範圍，不需依照外國人投資條例辦理。❸❸❸

　　除此之外，對於殷臺公司最初協議建造兩艘 3 萬 6 千噸油輪部分，由海灣公司與中國國際基金會下屬的工程公司向殷臺公司訂造，竣工後再由海灣公司轉租給中國石油公司。由於油輪的出租期間長達十年，租賃期間過長，立法院對此部分亦具有疑慮。❸❸❹ 但政府對立法院的回應為租賃油輪若簽訂長期契約，能夠維持運費與油料的穩定。此外，中油公司洽請海灣公司長期租用油輪，目的僅在於獲得租價低廉之油輪，至於海灣公司向何家油輪建造或租賃油輪，並不屬中油公司所管轄的業務內，應由海灣公司辦理。❸❸❺

　　其次，多數立法委員對中國國際基金會的財務狀況及複雜的持股關係抱持存疑的態度，認為此會與過去中國大陸時期的人人企業公司

❸❸ 高廷梓，〈殷臺造船案之分析〉，《殷臺公司租賃臺船公司經過》，臺灣造船公司檔案，檔號：0046/303030/1，藏於臺灣國際造船公司基隆總廠。

❸❸❸ 經濟部，〈有關殷臺公司案問題之說明〉，《殷臺公司租賃臺船公司經過》，臺灣造船公司檔案，檔號：0046/303030/1，藏於臺灣國際造船公司基隆總廠。

❸❸❹ 經濟部，〈有關殷臺公司案問題之說明〉；〈立法院各委員同志及友黨委員對殷臺造船案所提之處理意見〉，《殷臺公司租賃臺船公司經過》，臺灣造船公司檔案，檔號：0046/303030/1，藏於臺灣國際造船公司基隆總廠。

❸❸❺ 經濟部，〈有關殷臺公司案問題之說明〉，《殷臺公司租賃臺船公司經過》，臺灣造船公司檔案，檔號：0046/303030/1，藏於臺灣國際造船公司基隆總廠。

有所關聯。❸❸❻ 其主要原因是殷臺公司兩位華人董事魏重慶❸❸❼ 與屠大奉曾任職於人人企業公司，因而認爲殷臺公司的組成爲中國國際基金會，即人人企業公司的化身，於是提出中國國際基金會持有的 36% 股份由臺船公司取代之意見。但政府認爲，人人企業公司早於 1952 年 12 月解散。另外，中國國際基金會於 1954 年 9 月由美國政府下令改組時，曾命令不得雇用前人人企業公司的職員。實際上，中國國際基金會由葛古森（Magnus I. Gregerson）擔任董事長，秘書由華生（Houston H. Wasson）擔任，並無魏重慶與屠大奉的介入。除此之外，由於殷臺公司爲外商公司，政府及臺船公司均非股東，因此董事會的組成不需政府同意亦無權干涉云云。❸❸❽

當時立法院對殷臺公司投資的各項質疑，皆發生在臺船公司已經租賃給殷臺公司後。在此之下，爲此國民黨秘書長張厲生、❸❸❾ 副秘書

❸❸❻ 人人企業公司為過去在中國大陸時期於上海成立的公司，曾藉由私人關係委託中國石油公司運送石油。在最初人人企業公司並無所屬或租賃之油輪，而此先由中油公司先支付 400 餘萬美金。其油輪的取得在經由當時人人公司職員魏重慶與美國律師 Houston H. Wasson 籌組聯合油輪公司與美國購買油輪，再轉租給人人公司。但當時美國限制油輪配售給國外公司使用，此項計畫被美國識破，人人公司於 1952 年被美國聯邦政府下令解散。此部分可參照陳政宏，《造船風雲 88 年》（臺北：行政院文化建設委員會，2005），頁 50-52。

❸❸❼ 魏重慶（1914-1987），浙江省寧波縣人，1937 年畢業於交通大學電機系，其後進入中央電工器材廠及湘江電廠工作，為資源委員會「三一學社」成員之一。戰後邀請交大校友及工商界人士創設人人公司，擔任駐美負責人，並於臺灣設立分公司，其後擔任美國聯合油輪公司副總裁，並創設復康航業公司，擔任總裁，並為美國飛鷹航業集團主持人。程玉鳳、程玉凰，《資源委員會技術人員赴美實習史料──民國三十一年會派（上冊）》，頁 22。劉紹唐編，〈民國人物小傳──魏重慶（1914-1987）〉，《傳記文學》50:5，頁 144-145，

❸❸❽ 經濟部，〈有關殷臺公司案問題之說明〉，《殷臺公司租賃臺船公司經過》，臺灣造船公司檔案，檔號：0046/303030/1，藏於臺灣國際造船公司基隆總廠。

❸❸❾ 張厲生（1901~1971），河北省樂亭縣人，留學法國巴黎大學 1936 年擔任國民黨中央黨部組織部長，起草國民大會組織大綱。行憲後，擔任行政院第一任副院長。1950 年再擔任陳誠內閣的行政院副院長。1954 年擔任國民黨中央委員會秘書長。許雪姬策劃，《臺灣歷史辭典》（臺北：行政院文化建設委員會，2004），

長鄧傳凱、立法委員黃少谷❸❹針對國民黨內部中央政策委員會中設立的整理小組彙整殷臺公司租賃案之相關資料，並在 1957 年 5 月國民黨中常會第 358 次會議中對於殷臺公司造船案進行討論後，達成下述決議：

1. 本案旨在利用外人造船技術與投資，及時發展我國造船工業，在政策上至為正確。既已由經濟部代表我國政府與殷臺公司簽約，仍應委曲求全促其實現，用維我國之國際信譽。

2. 立委同志對本案之處理意見在立法院中作決議時，應儘量使其內容具有彈性，避免作硬性之決議，務期不致由於行政院從政同志執行之困難，而發生類似憲法第五十七條規定後議之情事，或導致發生與殷臺公司毀約情事。❸❹

以上可知，國民黨中常會確認殷臺公司案件為利用外人造船技術和投資，以發展臺灣的造船工業，在政策上是正確的。而且既已由經濟部代表政府與殷臺公司簽約，各部門應予以配合。值得注意的是，當時總統兼國民黨主席的蔣介石，致函給張屬生表達對殷臺案的意見，明示不應因立法委員對人事問題的意見而撤廢合約計畫，希望讓

頁 749。

❸❹ 黃少谷（1901-1996），湖南省南縣人，北平師範大學、英國倫敦政治經濟學院畢業，曾任監察委員、掃蕩報總社社長、第一屆立法委員、行政院政務委員、行政院秘書長、國民黨中央宣傳部部長、行政院副院長、外交部部長、駐西班牙大使、總統府國策顧問、國家安全會議秘書長、司法院院長、總統府資政。中華徵信所，《臺灣地區政商名人錄》（臺北：中華徵信所，1996）。劉紹唐編，〈民國人物小傳──黃少谷（1901-1996）〉，《傳記文學》69:5，頁 129-130。

❸❹ 〈中常會第三五八次會議對殷臺公司造船案決議（1957 年 5 月 15 日）〉，《殷臺公司租賃臺船公司經過》，臺灣造船公司檔案，檔號：0046/303030/1，藏於臺灣國際造船公司基隆總廠。

造船合約能續執行。❸❷經由當時執政黨的運作，使得立法院及民間輿論的爭議逐漸平息。

在營運資金方面，預定以海灣公司先與中國石油公司簽訂十年的運油合約，以此再向美國銀行團貸款十年，殷臺公司再依據美國銀行團開出的信用狀向美國銀行貸款，充作造船所需之週轉金。但是美國銀行認為臺灣屬於戰區，須有戰爭保證以保障發生戰爭時可能導致的損失，加上美國的保險公司均不願意承保。基於上述理由，美國銀行要求臺灣政府提供現金或者以美國政府債權存入美國銀行作為保證，才准許貸款給殷臺公司。最初政府願意以招商局所屬的六艘自由輪作為質押物，然而美國銀行認為其並非長期可靠的運費收入，無法作為擔保。最後，臺灣政府認為若將資產存放於美國銀行，無異於美國銀行以我方存款貸放給殷臺公司，若遭遇風險時，仍必須由臺灣政府承擔。再者，依據當時臺灣的外匯需求，若放置於美國，將會影響外匯調度。❸❸

後來，政府參考當時美國向日本與西德等國船廠訂購船隻時，通常船廠憑藉船東所開立的信用狀作為還款來源，向日本和西德等當地銀行借貸造船週轉金，以代替戰爭保證。而殷臺公司的造船計畫除了鍋爐船價等鋼料需要由美國進口外，其餘鋼板可向日本購買。因此政府認為與其將鉅額外匯存放於美國，不如採行德國和日本等船廠接受美國委託造船的方法，由臺灣銀行直接貸放週轉金給殷臺公司。當時估計建造兩艘油輪共需週轉金 900 萬美元，其中向日本訂購鋼板等材

---

❸❷〈蔣介石致張厲生信函〉，《殷臺公司租賃臺船公司經過》，臺灣造船公司檔案，檔號：0046/303030/1，藏於臺灣國際造船公司基隆總廠。

❸❸ 經濟部，〈有關殷臺公司案問題之說明〉，《殷臺公司租賃臺船公司經過》，臺灣造船公司檔案，檔號：0046/303030/1，藏於臺灣國際造船公司基隆總廠。

料約需 450 萬美元，可利用當時對日易貨貿易帳戶作爲支應。❸❹ 勞務
費用方面所需 200 萬美元，政府則以新臺幣支付。其餘需以外匯貸給
殷臺公司僅需 250 萬美元。上述的方案，政府尚可勉強支付。況且，
待油輪建造完成後，憑信用狀可收回自由外匯 900 萬元。再加上由臺
灣銀行放款之週轉金可獲得年利率 5% 之利息，相對於將國內外匯存
放於美國銀行充作保證金的 2% 利息爲優。總的來說，由於政府的支
援下，戰爭保證問題轉變爲臺灣銀行對殷臺公司的支助，一方面免除
了信用狀問題之外，也爲殷臺公司準備造船所需週轉金。❸❺

　　在租稅優惠部分，政府提出殷臺公司三年免繳所得稅的優惠。三
年過後，所繳交的營利事業所得稅，最高以不超過 25% 爲原則。除
此之外，在機器及造船原料進口方面，比照臺船公司，予以免稅的優
惠。關於匯率的優惠方面，由於殷臺公司屬於外商公司，在其所接獲
之訂單和營業之外匯，政府給予較爲優惠的匯率兌換臺幣予以結匯。
然而，在臺灣境內所賺得的新臺幣收入，則不保證予以結匯。對於外
籍員工薪資課徵所得稅，則以總薪資的 75% 計算。❸❻

　　經由上述的例證，可瞭解到 1950 年代政府對於殷臺公司給予高
度的支持並提供優惠的政策。在殷臺公司議案簽訂後，政府又再貸款
給予殷臺公司 42 萬美元，即使臺灣銀行原本將此借款界定爲當初殷
臺公司與政府簽訂契約之外的放款，而不願意借給殷臺公司，但最後

❸❹ 戰後臺灣和日本的經貿關係源於 1950 年 9 月兩國政府簽訂中日貿易協定，展開
　了和日本逐年談判和記帳式的易貨貿易，此項貿易制度至 1961 年止告終。廖鴻
　綺，《貿易與政治：臺日間的貿易外交（1950-1961）》，頁 17-20。
❸❺ 經濟部，〈有關殷臺公司案問題之說明〉，《殷臺公司租賃臺船公司經過》，臺灣
　造船公司檔案，檔號：0046/303030/1，藏於臺灣國際造船公司基隆總廠。
❸❻ 經濟部，〈有關殷臺公司案問題之說明〉，《殷臺公司租賃臺船公司經過》，臺灣
　造船公司檔案，檔號：0046/303030/1，藏於臺灣國際造船公司基隆總廠。

財政部以公文強制臺灣銀行執行放款。❸❹❼

在說明殷臺公司的績效和財務虧損前，必先就其經營策略，以及與美國母公司的交易關係進行說明。首先，由於殷臺公司初期僅重視造船部門，忽略修船、製機部門的經營策略，又加上當時臺灣整體工業能力不足，多數原料必須向國外採購，導致成本較高。其次，殷臺公司除支應造船所需零組件之支出外，尚向母公司美國殷格斯公司購入造船所需設備。事實上，殷格斯公司將設備售予臺灣子公司時，除使母公司獲利外，也藉由臺灣政府給予子公司的稅收減免或補貼等優惠政策套利。亦即殷臺公司的虧損有可能是經營策略的失當，也有可能是向母公司購買機械設備所造成。但就本研究蒐集到的資料進行分析，前者才是造成殷臺公司虧損的主要原因。

第三節　殷臺公司的績效與財務的虧損

1956 年 11 月 7 日臺船公司代表譚季甫❸❹❽與殷臺公司代表葛古森（Magnus I. Gregersen）簽約，合組殷臺公司，同月中旬臺船公司派遣擬以留用的高級職員齊熙、劉曾适、顧晉吉、羅貞華、王國金、周幼松等六人至美國，進入殷格斯公司船廠實習。❸❹❾

---

❸❹❼〈殷臺公司伸手要錢 政府下令臺銀照給——名目繁多一筆四十二萬美元〉，《聯合報》（1957 年 12 月 8 日），第五版。

❸❹❽譚季甫（1909~1981），湖南省茶陵縣人。南京中央大學畢業，英國伯明罕大學（The University of Birmingham）及雪飛耳大學（The University of Sheffield）鋼鐵系畢業，曾任鋼鐵廠遷建委員會工程師，資源委員會鋼鐵管理委員會工程師，臺灣鋼廠營運所經理，臺灣造船公司協理，臺灣機械公司總經理，臺灣金屬礦業公司董事長。中華民國工商協進會，《中華民國工商人物誌》（臺北；中華民國中商協進會，1963），頁 762。國立故宮博物館編輯委員會，《譚伯羽譚季甫先生昆仲捐贈文物目錄》（臺北：故宮博物院，2000）。

❸❹❾〈殷臺公司租賃臺船公司船廠案節略（草案）〉，《殷臺公司租賃臺船公司經過》，

臺船公司轉變為殷臺公司的最大差異，在於由原先的公營事業體制轉變為民營公司體制。由於臺船公司為公營企業，薪資受到政府的管理，但是殷臺公司所給予員工的待遇較臺船公司高，因此殷臺公司在初期的修船工作效率有較明顯的成長。[350]

除此之外，雖然負責技術的外籍人員並不多，但也較臺船公司時期有所超越。如過去臺船公司切割不同等鋼板，在尺寸較小的一面，常有翹起之問題，必須再用熱力壓平始能合用，殷臺公司使用間隔切割方法，則兩面均無翹起之虞，在生產過程的簡化和時間成本的節約上皆有明顯的改善。另外，對於員工的工作調派也講求時效性，必須在預定時間內如期完成，否則將受到懲處，這都是過去臺船公司無法達到的狀況。[351]換言之，作為外資企業的殷臺公司不僅使得員工工作效率提升，也帶來較新的生產技術。

臺灣造船公司檔案，檔號：0046/303030/1，藏於臺灣國際造船公司基隆總廠。

[350] 尹仲容，〈敬答立法院黃委員煥如質詢〉（1957 年 11 月 5 日），經濟安定委員會檔案，《立法院審查第二期臺灣經濟建設四年計畫》檔號：30010632.1。在黃煥如〈質詢第二期經濟建設四年計畫〉中提出：「我時常懷疑國營事業工作效率不能提高，盈餘不能達到理想數字，係由於技術與機件落後。最近有一個新的事實證明我這個懷疑是錯誤的。日前我有機會同本院許多同仁考察臺船公司，即現在的殷臺公司，聽了周董事長茂柏的報告，謂臺船出租殷臺公司後，最大成績表現，即修船效率提高，並舉一個實例，謂招商局的『海黃』輪在殷臺修理，僅 9 天修竣，假使在過去的臺船公司修理，至少需 30 到 50 天的時間。但是殷臺公司一共只來了 9 個外國人，有 3 位係管理財務和事務的，技術指導與工廠管理方面只添了 6 個人。其餘 1,000 餘員工及全部機件設備均係臺船公司舊有。所不同者僅員工待遇提高了二分之一乃至一倍。我想周董事長為臺船公司負責人，雖存意為殷臺公司表彰，但絕不至於虛構事實，妄自菲薄。然則過去之管理無能成怠工狀態，為不可掩諱之事實，足證臺船過去之成績落後盈餘減少，完全係人謀不臧，同一機件設備，同一員工，換一個招牌，增加一點待遇，效率即提高五倍。假定其他國營事業，均能舉為榜樣，改善員工待遇，提高工作效率，其經濟價值何等重大。」。

[351] 尹仲容，〈敬答立法院黃委員煥如質詢〉（1957 年 11 月 5 日），行政院經濟安定委員會檔案，《立法院審查第二期臺灣經濟建設四年計畫》，檔號：30010632.1，藏於中央研究院近代史研究所檔案館。

　　殷臺時期造船的績效，首先是建造 36,000 噸級當時被稱爲超級油輪的信仰號（S.S. Faith）與自由號（S.S. Freedom）。隨後國營招商局輪船公司委託建造小型 2,920 噸級油輪的海惠號和海通號，及 13,375 噸級快速貨輪海健號和海行號。在殷臺公司租用臺船公司廠房期間，亦同時建造數艘小型漁船、客貨渡船及遊艇等新船 16 艘，總計 10 萬 3000 餘噸。❸❺❷ 然而，造船實績的成長，卻不代表公司獲利程度會因此而增加。

　　至於政府願意將臺船公司廠房租賃給殷臺公司經營，是基於委外經營的利益高過自行經營的判斷，當時成本收益分析基準爲 1956 年臺船公司繳納國庫的金額。另一方面，殷臺公司的財務的獲利預測是以前兩年建造 2 艘 36,000 噸油輪外，其餘每年至少建造 1 艘 36,000 噸油輪與 1-2 艘 45,000 噸船舶作爲基礎。作爲基準的 1953 至 1956 年間，臺船公司繳納給政府的稅額共計 1,058 萬 4,000 元，其中又以 1956 年度的稅捐爲 420 萬 6,000 元，估計出租給殷臺 10 年的時間內，若臺船公司仍自行經營，政府的歲入總額爲 4,206 萬元。若出租給殷臺公司，其繳交給政府的稅捐，以營業稅、印花稅和營利事業所得稅三項稅收估計，10 年期間約能獲利 1 億 2,751 萬 5,000 元。在上述的基準，以殷臺公司與國有的臺船公司的生產計畫繳交的稅額進行比較，政府收入約增加 8,545 萬 5,000 元。另一方面，即自行經營 10 年後的實際盈餘預估爲 677 萬元，但若出租給殷臺公司，則可獲得 7,052 萬 5,000 元。❸❺❸

　　然而，如表 4-2 所示，殷臺時期的財務實績自 1957 年 2 月出租

---

❸❺❷ 經濟部，〈臺灣之造船工業〉，《經濟參考資料》，1973:5，頁 7。

❸❺❸〈殷臺公司租賃臺船公司船廠案經過情形說明〉，〈臺灣造船公司租賃收入估計表（中華民國 46-55 年）〉，李國鼎先生贈送資料影本，國營事業類（十二），《殷臺公司租賃公司船廠案虧損處理》，藏於臺灣大學圖書館臺灣特藏區。

給殷臺公司起，至 1960 年 6 月，每一年均處於虧損狀態，平均淨收益率為負 13%，換句話說，殷臺公司每賺進 1 元必須承受 0.13 元的虧損。如表 4-3 所示，殷臺公司的收入來源以造船為主，共占 88%，其餘修船和製造機械各占 10% 和 2%。然而，如表 4-4 所示，雖說造船事業占殷臺公司經營事業的主要核心，但獲利能力卻不佳，反倒所不重視的修船和製造機械業務卻能獲得利潤。對照臺船公司出租給殷臺公司前一年的 1955 年，公司純益為 67 萬 7,038 元。❸❺❹其中於各項業務收入方面，造船為 518 萬 7 千元，占 9%；修船為 3,816 萬 4,720 元，占 67% 強；機械為 1,376 萬 9,164 元，占 24%。❸❺❺再者，於造船、修船和機械製造等三項業務中，僅有修船獲利，其餘兩者皆為虧損。❸❺❻由上述的數據或可佐證，以當時臺灣的造船業發展階段，造船的獲利並不太高，僅專注於造船產業一項，並無法使公司獲利，必須有修船和製機的配合，才能使得造船廠能夠持續經營。

不重視修船業務的殷臺公司，1957 年底，便遭到當時民營航運界對其定價方式提出抗議。首先，殷臺公司在修船業務的定價，相較過去臺船公司高五成。另外，亦沒有訂出固定的單價和修船標準以便航運公司作為工程經費預算的依據。在修船之前尚須先付價款的 90%，

---

❸❺❹〈臺灣造船有限公司損益計算表 1956 年 1 月 1 日起至 12 月 31 日〉，〈臺灣造船有限公司會計年報 中華民國 45 年度〉，《造船公司四十五年度會計年報》，經濟部國營事業司檔案，檔號：35-25-20 19，藏於中央研究院近代史研究所檔案館。

❸❺❺〈臺灣造船有限公司預算銷售值與決算比較表（1956 年 1 月 1 日起至 12 月 31 日）〉，〈臺灣造船有限公司會計年報 中華民國 45 年度〉，《造船公司四十五年度會計年報》，經濟部國營事業司檔案，檔號：35-25-20 19，藏於中央研究院近代史研究所檔案館。

❸❺❻〈臺灣造船有限公司預算銷售值與決算比較表（1956 年 1 月 1 日起至 12 月 31 日）〉，〈臺灣造船有限公司會計年報 中華民國 45 年度〉，《造船公司四十五年度會計年報》，經濟部國營事業司檔案，檔號：35-25-20 19，藏於中央研究院近代史研究所檔案館。

表 4-2　殷臺公司營運狀況與 1956 年臺船公司營運比較（1957 年 2 月至 1960 年 6 月）

單位：新臺幣千元

時間	銷售額	銷售成本	營運收益	淨收益	收益率	淨收益率
1956 年（臺船公司時期）	57,121	51,561	5,559	677	10%	1%（註）
1957 年 2 月至 12 月	26,355	32,121	(5,766)	(5,611)	(22%)	(21%)
1958 年	168,507	202,158	(33,651)	(32,803)	(20%)	(19%)
1959 年	366,008	405,048	(39,040)	(39,443)	(11%)	(11%)
1960 年 1 至 6 月	68,134	72,816	(4,682)	(4,783)	(7%)	(7%)
總額（1957/2~1960/6）	629,004	712,143	(83,139)	(82,640)	(13%)	(13%)

資料來源：整編自 "Ingalls-Taiwan Shipbuilding & Dry Dock Co. Income Statement（1957-1960/
6）〉"，李國鼎先生贈送資料影本，國營事業類（十二），《殷臺公司租賃公司船廠案
虧損處理》，藏於臺灣大學圖書館臺灣特藏。〈臺灣造船有限公司預算銷售值與決算
比較表（1956 年 1 月 1 日起至 12 月 31 日）〉，〈臺灣造船有限公司會計年報 中華
民國 45 年度〉，《造船公司四十五年度會計年報》，經濟部國營事業司檔案，檔號：
35-25-20 19，藏於中央研究院近代史研究所檔案館。（註）1956 年臺船公司的營運
收益率與淨收益率差距甚大的原因在於營業外支出中利息支出過高（640 千元），使
得臺船公司淨收益過低。

表 4-3　殷臺公司銷售收入來源（1957 年 12 月至 1960 年 6 月）

單位：新臺幣千元

業務項目	1957 年 2 月至 12 月	1958 年	1959 年	1960 年 1 月至 6 月	殷臺時期總金額（1957/12-1960/6）	1956 年臺船公司時期
造船	9,944	149,901	335,526	61,743	557,144（88%）	5,187（9%）
修船	14,861	15,201	26,555	4,927	61,544（10%）	38,165（67%）
製機	1,550	3,405	3,927	1,464	10,346（2%）	13,769（24%）
年銷售額	26,355	168,507	366,008	68,134	629,004（100%）	22,121（100%）

資料來源：整編自 "Ingalls-Taiwan Shipbuilding & Dry Dock Co. Income Statement（1957-1960/
6）〉，〈Ingalls-Taiwan Shipbuilding & Dry Dock Co. Analysis on Past Operations
（1957-1960/6）"，李國鼎先生贈送資料影本，國營事業類（十二），《殷臺公司租賃
公司船廠案虧損處理》，藏於臺灣大學圖書館臺灣特藏區。〈臺灣造船有限公司預算
銷售值與決算比較表（1956 年 1 月 1 日起至 12 月 31 日）〉，〈臺灣造船有限公司會
計年報 中華民國 45 年度〉，《造船公司四十五年度會計年報》，經濟部國營事業司
檔案，檔號：35-25-20 19，藏於中央研究院近代史研究所檔案館。

表 4-4　殷臺公司於各項業務之收益狀況

單位：新臺幣千元

業務	科目	1957年2月至12月	1958年	1959年	1960年1月至6月	總計	1956年臺船公司時期
造船	銷售金額	9,944	149,901	335,526	61,743	557,144	5,187
	銷售成本	11,588	172,300	374,012	65,302	623,202	6,542
	營運收益	(1,644)	(22,399)	(38,486)	(3,559)	(66,058)	(1,355)
修船	銷售金額	14,861	15,201	26,555	4,927	61,544	38,165
	銷售成本	12,981	13,244	19,831	3,959	50,015	36,229
	營運收益	1,881	1,957	6,724	968	11,530	1,936
製機	銷售金額	1,550	3,405	3,927	1,464	10,346	13,769
	銷售成本	1,343	3,349	4,180	556	9,428	16,473
	營運收益	207	56	(253)	908	918	(2,704)

資料來源：整編自 "Ingalls-Taiwan Shipbuilding & Dry Dock Co. Income Statement（1957-1960/6）"，李國鼎先生贈送資料影本，國營事業類（十二），《殷臺公司租賃公司船廠案虧損處理》，藏於臺灣大學圖書館臺灣特藏區。〈臺灣造船有限公司預算銷售值與決算比較表（1956年1月1日起至12月31日）〉，〈臺灣造船有限公司會計年報 中華民國45年度〉，《造船公司四十五年度會計年報》，經濟部國營事業司檔案，檔號：35-25-20 19，藏於中央研究院近代史研究所檔案館。

船舶進入船塢後，發現其他問題，必須就新增的修理費用再多支付90%的價款。在當時招商局和臺航公司等公營航運公司，於當時為配合政府政策，並無提出抗議，但對民營航運公司而言，既要配合交通部鼓勵船舶於國內修繕政策，又要面對高昂的修船價格，在突然添加經營成本的理由下，因而提出抗議。[357]

再如4-5所示，至1960年6月止，殷臺公司所建造的每一艘船舶都是虧錢的。1960年下半年殷臺公司雖然第二艘3萬6,000噸油輪竣工，不僅無法獲得新訂單，財務狀況也日趨嚴峻。當時美國開發貸款基金由於與殷臺公司有債權保證和資金貸款等關係，因此開發貸款

[357]〈殷臺公司修船條件苛刻──貴在僅此一家航業界受不了〉（1957年10月21日），《聯合報》，第三版。

表4-5 殷臺公司時期造船的盈虧狀況（1957年12月至1960年6月）

單位：新臺幣千元

船名	銷售額	成本	虧損
S.S. Faith	227,816	323,742	45,926
S.S. Freedom（註）	253,119	265,674	12,55
Brigantines	800	1,799	999
Tuna Clippers	23,420	26,501	3,081
Cargo Ferry	1,547	3,071	1,524
Pontoon	412	537	125
Unabsorbed Overhead		26,929	26,929

資料來源：整編自〈Analysis of Deficit on Ship Construction（1957-1960/6）〉，李國鼎先生贈送資料影本，國營事業類（十二），《殷臺公司租賃公司船廠案虧損處理》，藏於臺灣大學圖書館臺灣特藏區。（註）當時 S.S. Freedom 僅建造完成88%，因此是以總銷售額2億7,781萬6千元的88%計算。

基金與政府協商，希望臺灣政府提出協助改善殷臺公司業務。❸

　　惟1960年7月，在第二艘3萬6,000噸油輪建造的過程中，殷臺公司的財務狀況已出現嚴重虧損。當時臺灣駐美國大使葉公超曾經與美國開發貸款基金負責人布蘭德（Vince Brand）會商，針對殷臺公司破產的可能性進行討論。美國提出如果殷臺公司宣告清算，在求償的順位上，臺灣銀行能夠優先於開發基金取得賠償。然而，為了減緩殷臺公司的財務問題，雙方最後達成協助殷臺公司建造完成第二艘3萬6千噸油輪的共識，以便在交船時取得殷臺公司所積欠的款項，降低臺灣銀行和開發貸款基金的損失。另外，美國希望未來殷臺公司取得新貸款時，由臺灣政府承擔較多之風險。最後，並針對當時殷臺公司的經營提出了如何完成油輪興建、檢討殷臺公司經營失敗、如何給予

❸〈殷臺公司概況〉，經濟部（函），受文者：臺灣造船公司，〈函請修正殷臺公司概況報告〉，1962年4月7日，國營（51）發字第443號。《公司簡介》，臺灣造船公司檔案，檔號：01-01-01，藏於臺灣國際造船公司基隆總廠。

殷臺公司新業務並提供其自立等三項問題，必須予以解決。❸❺❾

於是政府在配合交通部輪船汰舊換新計畫，委託殷臺公司製造兩艘 12,500 噸乾貨船，一方面提供殷臺公司業務，使其能夠藉由業務的取得，獲得公司營運所需流動資金。其中，國內部分所需支付款項，經中央信託局與殷臺公司議價為每艘 72 萬 5,000 美元；國外貨款支付部分，則由中央信託局與西德司特根公司針對造船所需器材進行議價，約折合 272 萬 6,700 美元。此項業務，於 1961 年 9 月開始動工。❸❻⓪

由於政府協助殷臺公司取得造船訂單的條件，為政府能夠派遣人員進入殷臺公司擔任董事，使得政府得以介入殷臺公司經營。❸❻❶ 其實殷臺公司鑒於業務上的困難，已先於 1960 年 6 月宣布承接修船和機械製造工作，修船業務以臺灣和美國的海軍為主要客戶。❸❻❷ 然而多角化經營，卻依然無法挽救公司虧損狀況。1960 年，殷臺公司虧損額達新臺幣 1,291 萬 8 千元，1961 年虧損 1,658 萬 9 千元。造船部門，自殷臺公司成立起至 1961 年 12 月止，總收入雖為 6 億 481 萬 1 千元，

❸❺❾〈沈昌煥致尹仲容信函〉，（1960 年 8 月 2 日），李國鼎先生贈送資料影本，國營事業類（十二），《殷臺公司租賃公司船廠案虧損處理》，藏於臺灣大學圖書館臺灣特藏區。
❸❻⓪〈殷臺公司概況〉，經濟部（函），受文者：臺灣造船公司，〈函請修正殷臺公司概況報告〉，1962 年 4 月 7 日，國營（51）發字第 443 號。《公司簡介》，臺灣造船公司檔案，檔號：01-01-01，藏於臺灣國際造船公司基隆總廠。
❸❻❶〈殷臺公司概況〉，經濟部（函），受文者：臺灣造船公司，〈函請修正殷臺公司概況報告〉，1962 年 4 月 7 日，國營（51）發字第 443 號。《公司簡介》，臺灣造船公司檔案，檔號：01-01-01，藏於臺灣國際造船公司基隆總廠。
❸❻❷〈殷臺公司決定兼造各種機器——靠造船很難維持〉，《聯合報》（1960 年 6 月 4 日），第五版。在此同時，政府派遣曹省之、王世圯、柳鶴圖、陳振銑擔任董事，於 1961 年 4 月 28 日召開的董事會議中，決定柯克理董事兼任總經理；柳鶴圖兼任副總經理，負責生產管理；陳振銑兼任副總經理及管制長；程欲銘董事兼任副總經理，主管營業及採購；漢穆爾董事兼任副總經理及司庫；杜壽俊擔任秘書；迪卡為副秘書；王世圯則協助推動與政府有關單位之財務及業務。

但卻虧損 8,098 萬 6 千元。[383]

在修船方面，自 1957 年 2 月起至 1961 年 12 月，總修船 142 萬 6 千總噸，收入為新臺幣 8,727 萬元，總盈餘為 1,476 萬元。機械製造部分，至 1961 年底僅承接 613 件業務，總虧損達到新臺幣 443 萬 6 千元。[364]

財務方面，除了成立時的資本額 110 萬美元用來購買固定資產外，其餘營運所需資金，皆向臺灣及國外借貸支應。至 1961 年 12 月止，殷臺公司共積欠 186 萬 5 千美元及新臺幣 1,971 萬餘元。此外，殷臺公司亦欠租賃臺船公司廠房所需支付的租金，至 1962 年 2 月 7 日止，共欠 13 萬 3 千美元。[365]

1962 年 7 月與經濟部部長楊繼曾[366]、財政部部長嚴家淦、[367] 交通

---

[383] 〈殷臺公司概況〉，經濟部（函），受文者：臺灣造船公司，〈函請修正殷臺公司概況報告〉，1962 年 4 月 7 日，國營（51）發字第 443 號。《公司簡介》，臺灣造船公司檔案，檔號：01-01-01，藏於臺灣國際造船公司基隆總廠。

[364] 〈殷臺公司概況〉，經濟部（函），受文者：臺灣造船公司，〈函請修正殷臺公司概況報告〉，1962 年 4 月 7 日，國營（51）發字第 443 號。《公司簡介》，臺灣造船公司檔案，檔號：01-01-01，藏於臺灣國際造船公司基隆總廠。

[365] 〈殷臺公司概況〉，經濟部（函），受文者：臺灣造船公司，〈函請修正殷臺公司概況報告〉，1962 年 4 月 7 日，國營（51）發字第 443 號。《公司簡介》，臺灣造船公司檔案，檔號：01-01-01，藏於臺灣國際造船公司基隆總廠。

[366] 楊繼曾（1898-1993），安徽省懷寧縣人，上海同濟醫工專門學校中學預科畢業，其後留學德國達爾姆城大學工科機械系，後轉至柏林高等專門學校（後更名柏林工科大學）並獲得學位。返國後曾任職於瀋陽兵工廠工程師、軍政部兵工署兵工研究會委員、漢陽兵工廠副廠長、兵工署署長。1949 年來臺後擔任經濟部政務次長、國防部常務次長、臺灣糖業股份有限公司董事長、經濟部長。劉紹唐編，〈民國人物小傳——楊繼曾（1898-1993）〉，《傳記文學》64:1，頁 133-134，

[367] 嚴家淦（1905-1993），江蘇省吳縣人，畢業於上海聖約翰大學，曾任京滬滬杭甬鐵路管理局材料處處長、福建省政府財政廳廳長。戰後初期來臺擔任臺灣省行政長官公署交通處處長，其後擔任臺灣省政府財政廳長、美援會副主任委員、中華民國總統。許雪姬編，《臺灣歷史辭典》（臺北：行政院文化建設委員會，2004），頁 1343。

部長沈怡、❸ 美援會副主任委員尹仲容❸ 與美國援華公署署長郝樂遜
（W. C. Haraldson）於美援會舉行會議，達成美國籍經理柯克理（J. P. Coakley）和另外三位美國籍高級職員應該離職，由臺灣方面接任。❸
其後於同月 25 日再由經濟部部長楊繼曾召集財政部部長嚴家淦、亦
同時兼任外貿會主委的尹仲容、美援會秘書長李國鼎，針對殷臺公司
是否應宣告破產或繼續經營進行討論。其後又於 26 日由美援會舉行
中美會報再次進行討論。❸ 8 月下旬，殷臺公司美國籍董事長葛古森
致電政府，決定停止租約，並由經濟部接收殷臺公司廠房設備，宣告
殷臺公司在臺灣投資事業因而結束。❸

　　至於殷臺公司結束營業後所遺留的債務，如表 4-6 所示，主要分
為對外借款、積欠臺船公司款項、其他代辦收支款項三部分。

　　在對外借款部分，殷臺公司曾以庫存材料一批共 810 萬 7,568 元
向臺灣銀行抵押借款新臺幣 500 萬元，至 1962 年 8 月 31 日止，共計
利息 556 萬 7,501 元。臺船公司接管殷臺公司後，於 1963 年 6 月將原

❸ 沈怡（1901-1980），浙江省嘉興縣人，上海同濟大學畢業，其後留學德國德蘭詩
頓工業大學取得工業博士，返國後先後擔任漢口市工務局工程師兼設計科長、資
源委員會主任秘書兼工業處長、交通部政務次長。戰後擔任聯合國亞洲暨遠東經
濟委員會防洪局局長，1960 年返臺擔任交通部部長。劉紹唐編，〈民國人物小
傳—沈怡（1901-1980）〉，《傳記文學》38:6，頁 142，
❸ 尹仲容（1903-1963），湖南省邵陽縣人，南洋大學畢業，曾擔任軍事交通技術學
校中校教官、安徽省建設廳秘書、資源委員會國際貿易事務所紐約分所主任。戰
後擔任行政院工程計畫團團長，1949 年來臺後擔任臺灣區生產管理委員會主任委
員、中央信託局局長、經濟部長、經濟安定委員會委員兼秘書長。劉紹唐編，
〈民國人物小傳——尹仲容（1903-1963）〉，《傳記文學》26:3，頁 100-101，
❸〈中美有關官員集會決定殷臺公司繼續經營 重要人士勢需更動〉（1962 年 7 月 17
日），《聯合報》，第二版。
❸〈殷臺公司存廢問題 中美會報今日商談〉（1962 年 7 月 26 日），《聯合報》，第二
版。
❸〈美方投資人已決定撤退 殷臺公司即將結束〉（1962 年 8 月 21 日），《聯合報》，
第二版。

表 4-6　殷臺公司停止營業後資產負債清理表（1967 年）

單位：新臺幣元

項目	結欠費	清理數	差額
A、對外借款			
1、臺灣銀行材料抵押借款	5,567,501	5,567,501	0
2、臺灣銀行設備抵押借款	12,974,355	18,494,804	5,520,449
3、臺灣銀行勞務合約抵押借款	6,241,374	6,241,374	0
4、開發基金抵押貸款	6,529,025	5,019,168	-1,509,857
共計	31,312,255	35,322,848	4,010,593
B、結欠臺船公司租金及代辦勞務合約部分			
1、結欠租金	14,129,945	14,129,945	0
2、代辦 12,500 噸貨輪墊款	58,759,057	18,779,379	-39,979,678
共計	72,899,002	32,909,324	-39,979,678
C、代辦收支應付各款			
1、代辦收支應付各款	17,277,133	17,277,133	0
共計	17,277,133	17,277,133	0
總計	121,476,390	85,509,305	-35,969,085

資料來源：〈臺灣造船有限公司殷臺公司資產負債清理表（中華民國五十六年度）〉，《殷臺公司倒閉公司收回重營業》，臺灣造船公司檔案，檔號：01-30-00，藏於臺灣國際造船公司基隆總廠。

有抵押材料由原價收購以積欠利息價格 556 萬 7,501 元收購此批器材，償還殷臺時期的借款。[373]

再者，殷臺公司亦曾以設備一批向臺灣銀行借款美金 30 萬元，至 1962 年殷臺公司結束營業時，利息共計美金 2 萬 3,550 元。1966 年 5 月由臺灣銀行召集相關單位商討後，決定將原有設備由臺船公司以美金 32 萬 3,550 元收購，用以償還貸款。但上述設備經核算後，淨值共計新臺幣 1849 萬 4,804 元，除了償還臺灣銀行借款美金 32 萬

---

[373] 臺船公司，〈殷臺公司債權債務清理經過情形說明〉（1969 年 12 月 1 日）。《殷臺公司倒閉公司收回重營業》，臺灣造船公司檔案，檔號：01-30-00，藏於臺灣國際造船公司基隆總廠。

3,550 元（以 40：1 的匯率計算，為新臺幣 1,297 萬 4,355 元），餘額新臺幣 552 萬 449 元，則作為臺船公司追償債權之一部分。[374]

另外，殷臺公司曾經以 1 萬 2 千 5 百噸貨輪的勞務契約向臺灣銀行抵押借款共計新臺幣 624 萬 1,374.15 元，由臺船公司在與應收招商局造價往來業務項目中，作為償還。除此之外，殷臺公司在開發基金貸款項目下，申請貸擴充設備款項目中，共借款美金 21 萬 2,540 元。經由計算該項設備並扣除已經充作抵押臺灣銀行貸款及使用期間的折舊與相關支出共計美金 8 萬 7,374 元後，實際淨值折合新臺幣 652 萬 9,025 元，最後由國際經濟合作發展委員會召集相關單位討論後，由臺船公司依折合新臺幣 501 萬 9,168 元承擔，差額 150 萬 9,857 元，則併入其他債權案件中辦理追討。[375]

在殷臺公司與臺船公司的債務方面，至 1962 年 8 月 31 日止，殷臺公司共欠臺船公司現金及代租土地機器房租等機具共計新臺幣 1,412 萬 9,945 元。雖說臺船公司曾於 1963 年 3 月 6 日要求殷臺公司於同月底前全部清還，若未償還，臺船公司擬將殷臺公司所有留置物品依法處理作為求償。在 3 月 19 日得到殷臺公司的回復瞭解並無能力清償後，臺船公司於同年 5 月 28 日對殷臺公司所有財產行使留置權。1964 年 6 月由基隆地方法院核准裁定將殷臺公司所有財產予以拍賣，並由臺船公司以新臺幣 1,719 萬 3,932 元得標承購，剩餘 306 萬 3,987 元，用以償還臺船公司追訴代為完成貨輪墊款之一部分。[376]

臺船公司代替殷臺公司完成 2 艘 1 萬 2,500 噸貨輪部分，最初殷

---

[374] 臺船公司，〈殷臺公司債權債務清理經過情形說明〉（1969 年 12 月 1 日），《殷臺公司倒閉公司收回重營業》，臺灣造船公司檔案，檔號：01-30-00，藏於臺灣國際造船公司基隆總廠。

[375] 同上註。

[376] 同上註。

臺公司所積欠的債務，除了對兩艘貨輪所超收的勞務合約外，又加上臺灣銀行的抵押借款及所積欠的利息等，共計新臺幣 1,412 萬 9,057 元。臺船公司接管代爲建造後，並於 1963 年 9 月委託律師向基隆地方法院提請追訴殷臺公司所欠款項。1964 年 5 月法院裁定臺船公司勝訴後，由臺船公司於 1964 年 7 月希望法院將兩案同時執行。上述欠款，由前述殷臺公司向臺灣銀行抵押物品拍賣所結餘款項支付外，仍有欠款。然而，殷臺公司在臺灣已經無任何資產能供做支付，又經由調查，其於美國亦無財產能夠提供執行。㊲上述欠款，經由行政院審計部於 1968 年 10 月 22 日同意以呆帳方式核銷。㊳

最後，在代辦收支應付各款項目中，由臺船公司代替殷臺公司收回應收票據和應收帳庫，共計 1,727 萬 7,133 元，代爲支付應付帳款、應付薪資、應付關稅後，而無債務。總的來說，雖然殷臺公司在臺灣的經營業務於 1962 年 8 月即告結束，但其債務的清算要至 1968 年爲止才完成。

第四節　小結——殷臺時期的造船與臺灣工業化的侷限

1950 年代身爲後進國的臺灣，最初的構想是希望能藉由引入外資的方式發展造船業，若此項策略成功或能使得臺灣的造船產業獲得進一步的發展。就 1957 年出租給殷臺公司前臺船公司的經營經驗而言，或能體認到在當時臺灣工業化發展的程度下，造船部門是不容易獲利的，反之修船與製機部門能夠藉由低廉的勞動力獲取利潤。然

㊲ 同上註。

㊳ 經濟部（函）〈准函詢前殷臺公司倒閉詳情及處理過程與資負股本承受清償一案復請查照〉，經（59）國營第 57123 號，1970 年 12 月 16 日。《殷臺公司倒閉公司收回重營業》，檔號：01-30-00，藏於臺灣國際造船公司基隆總廠。

而，殷臺公司將經營策略集中在造船業務上，由於造船物件等原料又多由國外進口，使得原物料成本較高的情況下，導致造船業務的嚴重虧損。相對地，由於殷臺公司未如同臺船公司經營營運成本較低且獲利較高的修船和製機部門，導致殷臺公司的虧損程度持續升高，最終於1962將經營權歸還給經濟部。在此之後，在殷臺公司時期為了資金融通所交付銀行之抵押品及債務處理則由臺船公司持續進行處理與清算，直到1968年才結束。

在殷臺公司時期，政府則對其提供了關稅及外籍人員所得稅等租稅減免及資金融通優惠等。另外，在民意機關雖然對於殷臺公司的成立抱持反對或質疑的輿論，政府亦經由黨政力量進行疏通。但由於當時殷臺公司欠缺長期且通盤的規劃，又加上當時臺灣的工業化程度和人力資本的發展，並不適合僅以造船作為單一業務的經營方式。然而，在殷臺公司時期36,000噸油輪的建造過程中，使得臺灣的工程技術人員能夠瞭解大型船舶的建造過程，對1960年代臺灣造船業的發展帶來承先啟後的作用。

總的來說，殷臺時期的造船事業，仍未進入系統性的造船。要至下一章所討論的臺船公司與石川島公司的技術移轉後，臺灣造船業的發展才進入大規模與系統性的造船。

第五章
臺船公司與石川島公司的技術移轉
（1962-1977）

第一節　人事制度及經營策略的調整

　　1962 年 9 月，臺船公司結束了殷臺公司的委外經營，交還經濟部自行經營。公司體制回復到原本的公營事業。當時殷臺公司移交職員 242 人，工人 1,138 人，連同臺船公司保管處原有員工，共計職員 252 人，工人 1,145 人。**㉟**

　　然而，過去殷臺公司給予員工的薪水較為優渥，回復公營事業體制的臺船公司，必須遵循公營事業的人事敘薪制度。但鑒於殷臺公司時期的業務尚有兩艘 12,500 噸的船舶尚未完成，為避免人事異動過高，導致生產進度的拖延，故暫且採用權宜辦法。1962 年 10 月在獲得經濟部的認可下，將員工的敘薪制度分為三部分處理。董事長和總經理部分，依照一般國營事業標準敘薪；職員部分，月薪在 4,000 元以下者，按照殷臺時期的薪資給付，超過 4,000 元以上者，超過的薪

㉟〈臺灣造船有限公司董事會第六屆第七次董監聯席會議記錄〉（1962 年 10 月 26 日），《李國鼎先生贈送資料影本 國營事業類（十一）臺灣造船公司歷次董監聯席會議紀錄及有關資料》，藏於臺灣大學圖書館臺灣特藏區。

資部分則以六折給付；工人部分，沿用殷臺時期薪資給付。這項過渡時期的薪資給付制度，當初規劃是沿用至兩艘貨輪完成或是美國國際開發署對殷臺公司的財務狀況另提出具體的解決辦法。⑳依據此項制度，對照前章表 4-1 於殷臺時期交接清冊中的薪資給付表瞭解，若以 4,000 元月薪作爲門檻，當時副工程師及副管理師以下職位的薪資，並未受到影響。

上述敘薪政策沿用至 1963 年，由於行政院認爲臺船公司的員工待遇應依照經濟部所屬國營事業員工待遇辦法辦理，經濟部進而向臺船公司提出薪資制度必須進行調整的建議。但當時臺船公司爲趕工完成兩艘貨輪，故僅將職員部分的薪資比照公營事業體制辦理。另一方面，工人因每個月的工資均以實際工作時數爲主，若隨意將其工資更改，勢必影響工作情緒。倘若以獎金作爲替代方案，又因造船工作項目繁多，短期內無法逐項估定其所需工時標準。基於此項實際困難情形，臺船公司在趕造二艘貨輪期間，將造船工人以特定任務契約工雇用，其待遇以不超出殷臺公司時期薪資爲原則，藉以維持工人的工作情緒。㉛

此項薪資政策的轉變，臺船公司職員的薪資從過去的殷臺公司時期領取較高的薪資，回復至公營事業體制下的薪資制度，或可說是導致 1960 年代後臺船公司員工大量離職的原因之一。根據統計，1962 年 9 月臺船公司收回自營後，至 1964 年 10 月底，具有高職及工專學

---

⑳〈臺灣造船有限公司董事會第六屆第七次董監聯席會議記錄〉（1962 年 10 月 26 日），《李國鼎先生贈送資料影本 國營事業類（十一）臺灣造船公司歷次董監事聯席會議紀錄及有關資料》，藏於臺灣大學圖書館臺灣特藏區。

㉛〈臺灣造船公司第六屆第九次董監聯席會議議程〉（1963 年 7 月 6 日），《李國鼎先生贈送資料影本 國營事業類（十一）臺灣造船公司歷次董監事聯席會議紀錄及有關資料》，藏於臺灣大學圖書館臺灣特藏區。

歷以上之技術人員離職者計有 59 人，其中主任工程師級人員即有 9 人之多，服務 10 年以上職員高達 23 人，這些離職人員，大部分均轉入航運界工作。[382] 上述的離職潮，也使得臺船公司在 1960 年代的人力資本出現斷裂的危機。

上述員工離職潮產生的人力缺口，主要由海軍技術人員和海洋大學畢業生填補。在殷臺公司時期已經陸續有海軍人員進駐，參與造船工作。例如殷臺公司末期擔任副總經理的柳鶴圖[383] 少將，則爲中國大陸時期海軍軍校出身，其後擔任至海軍江南造船廠總工程師，來臺灣後亦擔任海軍左營造船所所長。[384] 另一方面，雖說海洋大學爲臺灣最早成立的造船科系的一般高等教育，但在軍事體系的教育中，海軍機械學校中亦設有造船系，其畢業學生服務於軍事體系居多。除此之外，1965 年 3 月原本任職臺船公司的總經理陳圭[385] 退休，由王先登[386]

[382] 〈臺灣造船有限公司第六屆第十二次董監聯席會議工作報告〉（1964 年 11 月），《李國鼎先生贈送資料影本 國營事業類（十一）臺灣造船公司歷次董監事聯席會議紀錄及有關資料》，藏於臺灣大學圖書館臺灣特藏區。

[383] 柳鶴圖（1905-?），江蘇省鎮江縣人，海軍軍官學校畢業、英國格拉斯大學造船系畢業。曾任上海江南造船廠總工程師、海軍總司令部艦械署署長、駐華盛頓海軍武官、國防部新聞局局長兼軍事發言人、經濟部顧問兼殷臺造船公司副總經理。〈臺灣造船公司第六屆第六次董監聯席會議記錄〉（1962 年 9 月 1 日），《李國鼎先生贈送資料影本 國營事業類（十一）臺灣造船公司歷次董監事聯席會議紀錄及有關資料》，藏於臺灣大學圖書館臺灣特藏區。

[384] 〈臺灣造船公司第六屆第六次董監聯席會議記錄〉（1962 年 9 月 1 日），《李國鼎先生贈送資料影本 國營事業類（十一）臺灣造船公司歷次董監事聯席會議紀錄及有關資料》，藏於臺灣大學圖書館臺灣特藏區。

[385] 陳圭（1902-?），浙江省紹興縣人，上海交通大學、德國特萊斯丁工業大學畢業。曾任兵工署技正工程師、兵工署工務處長、臺灣肥料公司協理、臺灣造船有限公司董事長、臺灣機械有限公司總經理。〈臺灣造船公司第六屆第六次董監聯席會議記錄〉（1962 年 9 月 1 日），《李國鼎先生贈送資料影本 國營事業類（十一）臺灣造船公司歷次董監事聯席會議紀錄及有關資料》，藏於臺灣大學圖書館臺灣特藏區。

[386] 王先登（1914-2008），安徽省無為縣人，海軍電雷學校第一期輪機科畢業，曾任海軍青島造船所副所長兼工程師、海軍機械學校校長、海軍第一及第二造船廠廠

擔任總經理，可說海軍系統正式進入臺船公司。本研究雖無法直接由當時的職員履歷書來推斷海軍勢力在臺船公司的影響力，但由與石川島公司技術移轉契約簽訂後，派駐日本受訓的職員名單可知技術人員和中階主管，多由海軍系統調任。[387]

另一方面，1950年代末期成立的海洋大學，至1960年左右培養出來的畢業生，由於實務上的經驗尚未成熟，尚無法擔任主管，因此於1960年代任職於臺船公司的職位，多屬於較基層的工程師職位。

綜觀此一時期臺船公司在人力資本方面，可說是自戰後初期以來臺船公司因經營權更迭造成的大規模人事汰換。整體而言，當時許多資深的職員紛紛離職，並由海軍系統的技術人員取代。來自海軍的人員過去雖以海軍船艦的修繕爲主，但在船體結構與專業知識具備高度共通性下，故能應付臺船公司的修造船業務。再者，海洋大學所培養的年輕技術人員雖然欠缺豐富的實務經驗，但在往後與石川島公司的技術引進下，使其能夠習得較新的船舶生產及組裝知識。

臺船公司收回殷臺公司後，在業務經營上做了調整。殷臺公司以造船事業爲主，修船事業規模則縮小，製機事業可說完全停擺。鑑於造船事業需要占用船塢，獲利又有限，能夠以較短期間獲得利潤的修

長、海軍總司令部副參謀長、臺船公司總經理及董事長、中國造船公司總經理兼董事長。劉素芬編，李國鼎口述，《李國鼎：我的臺灣經驗》，頁576。

[387] 《61年度出國考察實習》，臺灣造船公司檔案，檔號：13-26，藏於臺灣國際造船公司基隆總廠。另外，第二次世界大戰後，我國海軍採用美國海軍制度，於1947年夏季設立海軍機械學校，下設造船、機械、造機、造械四個科系，並於8月招收第一期學生。其後於1948年12月，由王先登擔任海軍機校校長。其後海軍機校跟隨政府遷至來臺，於高雄左營復校後，共招收六期，每期約錄取50-60名學生，至1955年政府下令不再招生，1957年停辦改制，畢業學生約500餘人。此外其亦辦理技術軍官補訓班，廠務專修科，技工幹部訓練班三級，訓練各級技術人員，爲海軍造船廠培養技術幹部。王奐若，〈海軍機械學校建校四十週年憶往〉，《海軍學術月刊》21：5，頁76-77。

船和製機若停擺的話，可能會造成獲利上受到侷限。因而臺船公司採取造船、修船、製機三者並重，作爲經營上的策略。

在 1962 年 11 月召開的第六屆第一次董監事會議，當時擔任董事長的杜殿英[388]提出臺船公司未租與殷臺公司以前，曾建造過 350 噸及 150 噸漁船，故提出臺船公司應以承攬建造大船爲主要業務。除此之外，也希望能和同爲公營事業並也具備造船能力的臺灣機械公司，達成業務分工上的默契。除此之外，總經理陳圭提出臺灣與日本間的 4,000 萬元貸款談判中，有 1,000 萬計畫爲修造船舶之用，除投資計畫須政府決定外，關於修船業務，我方表示希望與日方的造船廠合作，能以其過剩業務轉介臺船公司辦理。[389]

第二節　日本技術的引進

一、技術的選擇

殷臺公司解散後，由於美國籍技術人員離臺，技術無外力支援而產生缺口，政府轉向日本造船廠尋求奧援，希望獲取包含設計圖面、技術指導等全部的合作，以及購置所需要之機械。而實際接洽之廠商有 1950 年代曾與臺船公司訂有技術合作契約的石川島播磨株式會社（以下簡稱石川島公司）、戰前建造臺船公司前身臺灣船渠之日本三

---

[388] 杜殿英（1903~?），山東省濰縣人，同濟大學機械系畢業，德國明興城工業大學（Westfälische Wilhelms-Universität Münster）機械科畢業。曾任同濟大學秘書長兼教務長，資源委員會簡任技正兼工業處處長。來臺後擔任臺灣機械股份有限公司董事長，臺灣造船公司董事長。中華民國工商協進會，《中華民國工商人物誌》，頁 164。

[389]〈臺灣造船公司第六屆第八次董監聯席會議記錄〉（1963 年 2 月 5 日）《李國鼎先生贈送資料影本 國營事業類（十一）臺灣造船公司歷次董監事聯席會議紀錄及有關資料》，藏於臺灣大學圖書館臺灣特藏區。

菱造船株式會社（以下簡稱三菱公司），以及有意願爭取與臺船公司技術合作的三井造船株式會社[390]與浦賀船渠株式會社。[391] 在經過審核考察與評估後，政府決定自石川島公司和三菱公司兩家公司中擇一進行技術移轉，兩者都提供 12,500 噸的造船計畫，以供選擇。[392]

　　稍詳言之，如表 5-1 所示，石川島公司提出的 12,500 噸級貨輪造船計畫，規劃第 1 年（1964 年）建造 1 艘船，第二年（1965 年）建造 2 艘船，第三年（1966 年）起具備每年建造 3 艘船之能力，此外再加上每年修船 50 萬噸之能力。預期於 1966 年後，臺船公司的造船能力到達國際級水準。石川島公司並承諾在臺船公司技術成熟後，以臺船公司為基地向歐洲、非洲、中東、東南亞、南美等地出口副機、艤裝品及陸上各種機器。另外，再利用在日本國內及世界各國之直接間接組織網絡，將石川島公司與臺船公司技術合作所製造之機器和器材銷往日本，或是世界各國。此外，石川島公司向世界各國輸出之肥料、水泥等各種整套機械設備及機器之更新、零件之補充等之部分或全部，亦考慮交由臺船公司或是同為公營事業的臺灣機械公司製造。在人力資本的養成方面，石川島公司也承諾願意派遣技術人員來臺提供協助，也接受臺船公司派遣技術人員赴日受訓。由上述可見，石川島公司提供臺船公司技術進步及向外出口機械之願景。在設備方面，石川島公司並不打算興建新的陸上機械設備，儘量以臺船公司現有設

---

[390] 三井造船株式會社為 1917 年創設，最初屬於三井物產株式會社下的造船部門，1937 年三井物產株式會社的組織中獨立改稱為三井造船株式會社。日本造船學會編，《昭和造船史（第一卷）》，頁 40。

[391] 浦賀船渠株式會社戰前為 1938 年成立的大日本兵器株式會社。《昭和造船史（第一卷）》，頁 41。

[392]〈臺灣造船公司第六屆第八次董監聯席會議記錄〉（1963 年 2 月 5 日），《李國鼎先生贈送資料影本 國營事業類（十一）臺灣造船公司歷次董監事聯席會議紀錄及有關資料》，藏於臺灣大學圖書館臺灣特藏區。

備進行造船及修船業務，故所需經費較低。❸

　　三菱公司計畫則以修船為主軸，理由是臺灣船渠由三菱公司建造時，廠房設備主要是提供修船所用，由於船臺數量有限，且認為當時臺船公司既有的造船技術水準無法造船，故提出先由建造 500 噸小型船，漸進至 5,000 噸以上大船。❹ 即修船與造船業務並重，先以修船業務為主，接著建造小型船隻，然後才生產陸地上使用之機械。修船分為三階段進行：第一階段為 1963-1964 年維持生產額每年 606 萬美元；第二階段為 1964-1966 年實行中期方案，生產額每年約 808 萬美元；第三階段為 1966-1967 年實行長期方案，生產額每年約為 1,000 萬美元。在造船面向也分為三個階段：第一階段為 606 萬美元，建造 350-500 噸小型船 12 艘；第二階段為 931 萬美元，建造 12,500 噸型貨船 2 艘，小型船 3 艘；第三階段 1,224 萬美元，建造 5,000 噸型貨船 2 艘，12,500 噸型貨船 2 艘，500 噸小型船 1 艘。此外，三菱公司也會依照契約派遣技術人員來臺，並且接受臺船公司員工派赴日本進行訓練，也願意介紹每年 40 萬噸的修船業務給予臺船公司。❺

　　然而，此時臺船公司的營運目標不僅希望能夠妥善運用現有設備，就員工的技術訓練、技術水準的提高和降低成本而言，主要希望能夠經由技術合作來建造大型貨輪為目標。惟在殷臺時期，已具有建

---

❸〈關於臺灣造船股份有限公司自立發展計畫報告書〉，（石川島播磨重工業株式會社：1963 年 3 月 27 日），頁 8-10，《臺船與日本石川公司合作案》，經濟部國營事業司檔案，檔號：35-25-20 76，藏於中央研究院近代史研究所檔案館。

❹〈日本三菱考察團來部商談與臺船公司合作計畫談話記錄〉，（1963 年 5 月 7 日），《日本石川島重工業株式會社與三菱造船公司擬與造船公司恢復舊約》，經濟部國營事業司檔案，檔號：35-25-20 77，藏於中央研究院近代史研究所檔案館。

❺〈函送三菱合作計畫提案等請研究簽註意見函附件一：三菱清水團長致副總統函抄本一份〉（1963 年 5 月 29 日），《日本石川島重工業株式會社與三菱造船公司擬與造船公司恢復舊約》，經濟部國營事業司檔案，檔號：35-25-20 77，藏於中央研究院近代史研究所檔案館。

造 2 艘 36,000 噸油輪之能力，並且也正在建造 2 艘 12,500 噸貨輪，因而對三菱造船以修船路線爲經營主體的提案，與政府及臺船公司的想法並不一致。此外，三菱公司主張臺船公司之廠房，爲戰前三菱重工業所建造，其設備既然是爲用來修船爲主，故若要進行技術合作，必需大規模整建廠房設施，因而所提出的所需資金皆較石川島公司高。[396]

表 5-1 石川島公司與三菱公司與臺船公司技術合作規劃案
製造能力比較表

單位：年產量

業務項目	石川島公司	三菱公司
新造船	1966 年能夠達成生產 12,500 噸貨輪 3 艘	1970 年達成生產 A、500 噸漁船 1 艘 B、5,000 噸貨輪 2 艘 C、2,500 噸貨輪 2 艘
修船	500,000 噸	700,000 噸
製造機械	5,000 噸	3,000 噸

資料來源：《日本石川島重工業株式會社與三菱造船公司擬與造船公司恢復舊約》，經濟部國營事業司檔案，檔號：35-25-20 77，藏於中央研究院近代史研究所檔案館。

在資金投入方面，石川島公司於 1964 年預計完成投資 16 萬 4,000 美元，1966 年後倘若具有擴充能力，再配合需要投資 300-600 萬美元，使之達到每年建造 3 艘 6 萬噸油輪、2 至 3 艘 1 萬 2,500 噸貨輪，以及修船 40-50 萬噸之產能。三菱公司之計畫則是投資 407 萬美元，預定自 1963 年 7 月起分 7 年投資，之後若欲建造 9-10 萬噸船舶則追加投資 200 萬美元。由投資金額來看，石川島公司的計畫初期建造 1

---

[396]〈臺灣造船公司與三菱合作之提案〉（三菱日本重工業株式會社、新三菱重工業株式會社、三菱造船株式會社，1963 年 4 月），《臺船與日本三菱公司合作案》，經濟部國營事業司檔案，檔號：35-25-20 78，藏於中央研究院近代史研究所檔案館。

萬 2,500 噸貨輪，所需啓動成本較三菱公司低。在專利費用上，石川島公司所提出的專利費爲船舶售價的 1.2% 及第 1 艘 1 萬 2,500 噸貨船設計費 9 萬 7,000 元；三菱公司則是第 1 年至第 5 年爲 1%，第 6 年至 10 年爲 2%，第 1 艘 1 萬 2,500 噸貨輪設計費 5 萬美元。此外，以當時全球造船市場而言，日本所占的業務量居世界之冠，1950 年至 1960 年三菱公司在日本國內的造船產能亦是首屈一指，但石川島公司則急起直追，至 1962 年，石川島公司新建造船下水量爲 35 萬 7,900 噸，超過三菱公司的 30 萬 6,570 噸。石川島公司的新船建造產能餘額爲 160 萬 8,741 噸，亦大於三菱公司的 148 萬 5,000 噸，故政府認爲石川島公司在生產潛力優於三菱公司。臺船公司的經營決策既以現有設備爲主，加上國外技術的引進，因此希望能以較低的資金提高技術水準，石川島公司的設計僅約 16 萬美元，對於身爲發展中國家急需外匯的臺灣而言，能夠節省資金會是較好的選擇。在人事方面，石川島公司僅需派遣顧問 5 名至臺船公司，三菱公司則需派遣 20 至 30 人，因此日籍人員聘用的成本，石川島公司亦具優勢。❸⑨⑦ 況且 1954 年石川島公司也曾與臺船公司簽訂 10 年的技術合作契約，只因臺船公司將經營權出租給殷臺公司後，殷臺公司不願繼承合約而告中止。❸⑨⑧ 於營運目標和成本考量分析下，政府建議臺船公司與石川島公司技術合作。❸⑨⑨ 雙方並在 1965 年 5 月 17 日簽訂技術合作合約。

❸⑨⑦〈爲關於日本石川島及三菱兩株式會社對臺灣造船公司所提發展及合作計畫同研擬謹將原計畫連同臺船公司分析意見及預算表等一併報請 鑒核示遵由〉（1963 年 7 月 9 日），《日本石川島重工業株式會社與三菱造船公司擬與造船公司恢復舊約》，經濟部國營事業司檔案，檔號：35-25-20 77，藏於中央研究院近代史研究所檔案館。

❸⑨⑧ 經濟部，《經濟部四十六年度業務檢討報告》（臺北：經濟部，1958），頁 74。

❸⑨⑨〈爲關於日本石川島及三菱兩株式會社對臺灣造船公司所提發展及合作計畫同研擬謹將原計畫連同臺船公司分析意見及預算表等一併報請 鑒核示遵由〉（1963 年

二、臺船公司與石川島公司的契約

接著再就所簽訂計畫書與契約內容，檢視臺船公司在與石川島公司的技術合作過程中，如何取得較先進技術以及往後又產生怎樣的影響。相對地，臺船公司在建造船舶過程又有哪些技術上的依賴。首先，就技術觀點對石川島公司的造船計畫進行概論性的瞭解。

石川島公司所提出的造船計畫，預定臺船公司在 3 個年度內生產 6 艘 1 萬 2,500 噸貨船。在建造過程，希望臺灣政府在政策層面上由過去的年度計畫，改為以四年為期的計畫，以使生產能夠長期規劃，保持生產計畫的持續性。⑩ 石川島公司擬定的技術合作契約，主要分為四個層面。第一個層面為技術管理契約，主要為經營管理技術的引進，使臺船公司能夠在最高管理原則下進行船舶的建造，當中包含了全盤的設計技術、生產管理方式、生產技術指導、生產設備計畫和資材的採購及管理。此外，也計畫對臺船公司的員工實施教育訓練，藉由各種生產與管理技術課程的開設，以有助於導入石川島公司使用的生產和管理方式。在 1960 年代，能夠藉由大量的教育訓練學習國外新技術，在其他公民營企業中並不多見。第二個層面為整批採購造船用器材合約，所注重的面向不僅為降低造船的成本，對器材品質的要求也是其中的重點。石川島公司對於臺灣境內無法製造，或即使能製造，但品質與價格都不理想之器材，由石川島公司依契約盡其所能以最低價格，配合造船進度進行供應。第三個層面為石川島公司為臺船

---

7 月 9 日），《日本石川島重工業株式會社與三菱造船公司擬與造船公司恢復舊約》，經濟部國營事業司檔案，檔號：35-25-20 77，藏於中央研究院近代史研究所檔案館。

⑩〈關於臺灣造船股份有限公司自立發展計畫報告書〉，（石川島播磨重工業株式會社：1963 年 3 月 27 日），頁 6，《臺船與日本石川島公司合作案》，經濟部國營事業司檔案，檔號：35-25-20 76，藏於中央研究院近代史研究所檔案館。

公司引薦新船建造及修船訂單的基本契約，此契約的前提，爲臺船公司的新船建造及修船技術和成本均到達國際水準。此約之簽訂，則可因業務量的提升而促進生產達到規模經濟，並增加臺灣的外匯收入。臺船公司可因此憑藉石川島公司的商譽和其在日本與世界所擁有的通路和影響力，爲臺船公司帶來充分的業務量與收益。第四個層面爲石川島公司與臺船公司簽訂採購機器等的綜合契約，也就是石川島公司所需要的附屬機械、艤裝設備以及陸上各項機器，若臺灣能夠製造，且品質與價格皆達國際級水準的話，則可對日本輸出或是海外出口。因此，這項合作契約若能充分履行，不僅能提高臺灣的造船技術，在品質和價格上提升國際競爭力，具備出口能力，石川島公司亦能將臺船公司納入其下游產業，或可說是雙贏之作法。㊿

　　表 5-2 所示材料國內採購率中，可知當時臺灣的工業能力或可說是受限於造船業所需之重型機具及鋼板等原料，或是無法自行製造或是充分供應。值得注意的是，當時石川島公司提出技術層次較低的艤裝用小型山型鋼和圓鋼等鋼鐵資材，能夠由臺灣的工廠自行製造，但數量僅占船體所需鋼材的 1%。不言自明，增加國內採購可視以減少外匯支出，而石川島公司承諾建造前兩艘船後，將逐漸增加國內採購的比率。計畫書也規定了特定材料禁止進口之範圍，即依照石川島公司供給之圖面及技術指導，能夠於臺船公司、臺灣機械公司或其他工廠製造，或在臺灣能夠採購的材料，及經由石川島公司的技術指導能夠製造部分，則必須在臺灣採購。此外，石川島公司也設定了一個國內採購率的公式，爲各種國內採購金額除以全部材料採購金額之百分

㊿〈關於臺灣造船股份有限公司自立發展計畫報告書〉，（石川島播磨重工業株式會社：1963 年 3 月 27 日），頁 7-8，《臺船與日本石川島公司合作案》，經濟部國營事業司檔案，檔號：35-25-20 76，藏於中央研究院近代史研究所檔案館。

比。由表 5-2 可知經過 6 艘船建造的技術移轉過程，臺船公司已逐步提升國內自製的原料部分，主要為機關副機、甲板機械、鍋爐、電源及動力裝置、電器艤裝器具，屬於造船零件中較周邊的中間財。反之，在主機、發電用原動機、無線電裝置與航海計器依舊無法自行生產。總的來說，與石川島公司進行技術合作的初期，臺船公司僅能就次要中間財商品進行學習，尚未具備獨立建造主要機械的能力。此

表 5-2　石川島公司所提之材料國內採購率計畫

單位：%

項目	第 1、2 船	第 3、4 船	第 5、6 船	項目說明
鋼材	1	1	1	
大型鑄鍛鋼	1	1	1	Rudder stock Shaft Prop
艤裝用鑄鍛鋼	100	100	100	五金用素材
木材、合板	100	100	100	
塗料	70	70	70	
電線	100	100	100	
焊接材料	90	90	90	
鋼管	10	10	10	
非鐵金屬	30	30	30	
其他素材	40	40	40	防熱材料，鋅鍍銅板
主機	0	0	0	
發電用原動機	0	0	0	
機關副機	0	45	80	
甲板機械	0	20	80	
鍋爐	0	100	100	
電源、動力裝置	6	6	10	Generator、馬達配電盤
電器艤裝器具	35	35	45	
無線電裝置	0	0	0	
航海計器	0	0	0	
補助材料	100	100	100	
全部項目	15	20	20	

資料來源：〈關於臺灣造船股份有限公司自立發展計畫報告書〉，（石川島播磨重工業株式會社：1963 年 3 月 27 日），頁 21，《臺船與日本石川島公司合作案》，經濟部國營事業司檔案，檔號：35-25-20 76，藏於中央研究院近代史研究所檔案館。

外，臺灣尚未建立大煉鋼廠，因而鋼材也幾乎全數仰賴進口。

另一方面，臺船公司在 1960 年代初期收回經營權，所持有的機器設備可分為四類：第一類為戰前日人所遺留設備，約占 45%；第二類為戰後日賠會及剩餘物資所構成之設備，約占 30%；第三類為經由美援項目所採購的機具，約占 15%；第四類為殷臺公司添購設施約占 10%。殷臺公司所添購器材雖屬老舊，但為造船之設備而其能量則頗大，可用來建造巨型船隻。❷ 由此可知，臺船公司的生產設備，屬於拼裝式生產系統，未對大規模造船用之機器及廠房進行擴充和投資。

臺船公司與石川島公司技術合作後，為進行更大噸位船隻的建造和更高的修船能力，於 1966 年開始進行以一年為期的緊急擴建計畫和由石川島公司所建議的四年計畫。在 1966 年起的緊急擴建計畫中，最主要是經由一年的時間讓原本能夠建造 1 萬 5,200 載重噸船舶的造船臺擴建為 3 萬 2,000 噸級之船臺。其後自 1967 年至 1970 年止四年擴建計畫，將原本 3 萬 2,000 噸的造船能量提升至 10 萬載重噸，修船產能則將每年 80 萬噸提升至 150 萬噸。❸ 臺船公司進行的設備擴充主要是為了在引進石川島公司的技術後，能夠對應到建造較大噸位船舶和擴張修船之產能，提高獲利能力。

此外，臺船公司並於 1965 年恢復了因租借給殷臺公司而中斷的技工訓練班，經由技工養成訓練計畫，持續培養低階的技術人員，使其員工能夠對應技術引進所需的勞動力和具備造船基本能力。❹

---

❷〈第四部分—業務〉，《臺灣造船公司有限公司：資料總目錄（組織、管理、財物、業務、其他等）》，經濟部國營事業司檔案，檔號：35-25-01a-094-001，藏於中央研究院近代史研究所檔案館。

❸ 經濟部，〈臺灣之造船工業〉，《經濟參考資料》1973:5，頁 8-9。

❹〈臺灣造船有限公司第六屆第十六次董監聯席會議記錄〉（1965 年 9 月），《臺船公司五十四年董監聯席會議記錄》，經濟部國營事業司檔案，檔號：35-25-20-003，藏於中研院近代史研究所檔案館。

　　與石川島公司簽約後，1965 年 7 月 12 日「臺灣造船有限公司第六屆第十五次董監聯席會議」，確認派遣員工赴日本接受短期訓練的政策，以此提升生產效率及降低成本。[405] 在同年 9 月 13 日「臺灣造船公司第六屆第十六次董監聯席會議」再決定派選實習人員五人赴石川島公司受訓。在新船修造部分，臺船公司承攬到的新造船業務，因公司本身尚未具備設計能力，亦交由石川島公司進行設計與研究，當時臺灣航業公司欲興建 15,000 噸新船一艘和琉球有村株式會社欲委託臺船公司興建 2,000 噸貨輪一艘，臺船公司則將買方的需求等相關資訊交由石川島公司進行設計和研究。[406]

　　就組織內部而言，臺船公司除了引進石川島公司各類型的技術外，並同時針對廠房設備加以擴充，並嘗試提升員工素質。另外，隨著石川島公司提出的自製率提升計畫，也帶動與造船相關產業的進一步發展。至於臺船公司技術移轉過程的實況分析及成果，將在第六章第一節加以說明。

第三節　臺船公司經驗的移植──中國造船公司的成立

　　戰後臺灣造船業的發展，1970 年代以前是以臺船公司作爲主軸，並以 1960 年代與石川島公司的技術移轉作爲系統化生產的序端。但 1970 年起推動的十大建設，位於高雄的中國造船公司（以下簡稱中

---

[405]〈臺灣造船有限公司第六屆第十五次董監聯席會議記錄〉（1965 年 7 月），《臺船公司五十四年董監聯席會議記錄》，經濟部國營事業司檔案，檔號：35-25-20-003，藏於中研院近代史研究所檔案館。

[406]〈臺灣造船有限公司第六屆第十六次董監聯席會議記錄〉（1965 年 9 月），《臺船公司五十四年董監聯席會議記錄》，經濟部國營事業司檔案，檔號：35-25-20-003，藏於中研院近代史研究所檔案館。

船公司）則成爲臺灣最大的造船廠。但其廠房的籌備與設立過程、人力資源的提供，可說具有臺船公司經驗傳承的層面。然而，本研究所探討範圍僅侷限於探討 1978 年與中船公司合併前的臺船公司，因此本研究並不擬處理中船公司部分，僅對其成立過程及臺船公司併入中船公司等部分進行討論。

中船公司的成立源起於 1963 年政府以 12 年爲期的高雄港擴建計畫，最初規劃是隨著港口的擴建，興建 6 萬噸船塢，建立大型造船廠。❹⁰⁷ 1965 年中國航運公司董事長董浩雲❹⁰⁸ 提出願意自國外購買浮船塢，於高雄成立中華造船廠，投資修造船事業。❹⁰⁹ 但由於政府決定自行興建造船廠，因此董浩雲投資船廠的計畫未見實現。❹¹⁰

其後海軍提出利用其退除役造船和輪機人才，於高雄旗津地區籌建大型船廠，並委託日本三菱公司提出計畫方案。1969 年蔣經國擔任國防部部長時，指定臺船公司前往勘查，作出廠址腹地、人力資源和物資運輸等條件有限，若要設立船廠將有所困難的結論。加上行政院亦提出海軍不宜對外進行營利事業，而將此項計畫轉交經濟部進行，最終於 1970 年 5 月 22 日行政院第十次財經會報決定成立專案小組籌辦高雄大造船廠，❹¹¹ 並交由臺船公司周茂柏、劉曾适、厲汝尙擬

---

❹⁰⁷〈高雄港擴建計畫〉（1963 年 8 月），〈爲奉部長指示研究中油公司裝設油管通達登陸艇基地工程一案復請查照由〉，臺船（62）設發字 2581 號，1963 年 12 月 17 日。《造船公司收回殷臺公司租賃後業務》，經濟部國營事業司檔案，檔號：35-25-20 42，藏於中央研究院近代史研究所檔案館。

❹⁰⁸ 董浩雲（1912-1982），浙江省定海縣人，曾先後成立中國航運公司、金山公司等，爲華人界重要的航運人士。金董建平、鄭會欣編注，《董浩雲的世界》（北京：三聯書店，2007）。

❹⁰⁹〈五萬噸浮船塢 現正拖來臺灣〉（1965 年 9 月 15 日），《聯合報》，第二版。

❹¹⁰ 王先登，《五十二年的歷程——獻身於我國防及造船工業》（出版地不詳：自行出版，1994），頁 69。

❹¹¹ 王先登，《五十二年的歷程——獻身於我國防及造船工業》，頁 69-70。

定草案。❷

初期計畫以發展建造 20 萬噸以上船舶為目標，希望能藉由高雄港擴建的完成所帶來進出港口船舶噸位的提升，承接修船業務。在技術人員方面，鑑於當時臺灣造船工程人員不足，因此初期員工除了自大專院校相關科系畢業生和由民間進行招募外，調派臺船公司員工以作為初期的主要幹部。❸

在公司成立的型態上，當時也針對公營或民營進行討論。公營型態的好處是由政府提供土地折價為政府公股，並由臺船公司主持營運。私營型態雖說在經營決策上能夠擺脫政府法規之束縛，卻不容易獲得政府的補貼與低利貸款。可說各有利弊，難分軒輊。❹

經過討論之後，最後採用委託石川島公司提出之可行性評估報告，決定以民營的方式成立中船公司，希望能夠有較多的自主決策空間。1973 年 4 月 20 日舉行中國造船股份有限公司發起人會議，在成立時的資本額新臺幣 11 億元中，以政府和中央投資公司的本土資本占了 55%，外資占 45%，其中政府占 45%、中央投資公司 10%，外資的美國惠固公司占 25%、開隆公司 10%、聯合及康莎公司各 5%。1973 年 7 月 27 日中船公司正式成立；1974 年 1 月，於高雄小港臨海工業區正式進行建廠工程，用地共 83 公頃。❺

---

❷〈行政院對經濟部所屬事業機構五十八年度工作考核對臺灣造船公司事項辦理情形報告〉，《五十九年度業務檢討》臺灣造船公司檔案，無檔號，藏於臺灣國際造船公司基隆總廠。

❸〈籌建高雄造船廠計畫草案〉（1970 年 6 月臺灣造船公司草擬），《五十九年度業務檢討》臺灣造船公司檔案，無檔號，藏於臺灣國際造船公司基隆總廠。

❹〈籌建高雄造船廠計畫草案〉（1970 年 6 月臺灣造船公司草擬），〈臺船公司業務簡報記錄〉（1970 年 6 月 15 日），《五十九年度業務檢討》，臺灣造船公司檔案，無檔號，藏於臺灣國際造船公司基隆總廠。

❺ 行政院經濟建設委員會，《十項建設重要評估》（臺北：行政院經濟建設委員會，1979），頁 441。

　　中船公司成立後，原本擔任臺船公司總經理的王先登，轉任中船公司董事長兼總經理，負責推動造船廠的興建計畫。[416]臺船公司於人力資源協助方面，曾於 1974 年 2 月 25 日與中船公司簽訂「人力計畫及支援協議書」，明確地規範臺船公司支援中船公司所需人力，以招雇培訓、在職訓練、借調現職人員三種方式辦理。另外，除非經由臺船公司同意，中船公司不得任用支援以外的臺船公司現職人員或離職未超過一年的員工。[417]

　　大致而言，臺船公司許多資深幹部，以借調方式派赴中船公司支援，例如當時擔任臺船公司造船工場場長蕭啓昌[418]和副廠長陳泗川，爲戰後第一批進入臺船公司的職員，由基層員工開始，至 1970 年代升任廠長及副廠長，1974 年 9 月和 11 月調任至中船公司服務。[419]除此之外，臺船公司爲中船公司代爲訓練技術工人。自 1973 年 4 月至 1975 年 4 月底，共培訓 49 班次 1,227 人。[420]

　　至於臺船公司爲配合十大建設中船公司和中國鋼鐵公司的發展，在政府的指示下，1973 年 10 月於高雄設立製機工廠，1974 年 12 月竣工。[421]臺船公司能夠協助中船公司和中國鋼鐵公司廠房建設的理

[416] 王先登，《五十二年的歷程——獻身於我國防及造船工業》，頁 79。

[417] 〈臺灣造船股份有限公司董事會第四屆第二次董監事聯席會議業務報告〉（1974 年 1 月）。

[418] 蕭啟昌（1928-），臺灣省澎湖縣人，日治時期澎湖馬公海軍工作部見習科第 24 期畢業，曾擔任造船科製圖工廠工員，戰後進入臺船公司任職。黃有興編，《日治時期馬公要港部——臺籍從業人員口述歷史專輯》（澎湖：澎湖縣文化局，2004），頁 140、310。經濟部人事處編，《經濟部暨所屬機構單位主管以上人員通訊錄》（臺北：經濟部人事處，1972），頁 249。

[419] 〈臺灣造船公司第四屆第六次董事聯席會議記錄〉（1974 年 9 月 20 日）。〈臺灣造船公司第四屆第七次董監事聯席會議記錄〉（1974 年 1 月 24 日）。

[420] 〈臺灣造船股份有限公司董事會第四屆第八次董監事聯席會議業務報告〉（1975 年 4 月 25 日）。

[421] 〈臺灣造船股份有限公司六十三年度股東常會業務報告〉（1974 年 11 月 22 日）。

由，在於船體與工廠廠房的建造有其諸多相似之處，例如鋼板的焊接和於高空進行工程方面，可說是異曲同工。

中船公司的建廠工程於 1976 年 6 月完成，其船塢長達 950 公尺，寬 92 公尺，為當時全世界第三大船塢，年產能為造船 150 萬噸、修船 250 萬噸。此外尚能承辦鋼鐵構架、管理加工敷設、重型設備製造、船用甲板機械及各項陸上機械製造安裝等。[422]

最初石川島公司所提出的營運計畫，係假設市場需求以巨型油輪為主，預計若每年能興建 45 萬噸巨型油輪 3 艘，中船公司可於 1981 年清償全部虧損，並開始發放股息。[423] 實際上，中船公司在成立之前，已獲得美國惠固公司（Oswego Corporation）44.5 萬噸巨型油輪 4 艘，及其他國外僑商投資人等 6 艘，合計共 10 艘訂單，成為建廠主要條件之一。中船公司於 1975 年 8 月建廠工程總進度達 80%，部分機器設備可以使用時，即開始建造第一艘巨型油輪。四艘巨型油輪中的前二艘先後於 1976 年 12 月 13 日及 1977 年 7 月 20 日交船，分別獲得新臺幣 260 萬元及新臺幣 2.4 億元之利潤。其後第三和第四艘巨型油輪由於能源危機的緣故，惠固公司與中船公司解約，中船公司獲得新臺幣 2.75 億元的賠償。[424]

在建廠預算方面，石川島公司的報告中估計為 1.1 億美元，經行政院以新臺幣和美元依據 40 比 1 的匯率下核定為新臺幣 44 億元，除了公司自籌的資本金外，其餘則向國內外銀行借款。但因能源危機導致物價上漲，1974 年 6 月 25 日第一次修正為新臺幣 72.947 億餘元。

〈臺灣造船股份有限公司六十四年度股東常會業務報告〉（1975 年 10 月 20 日）。
[422] 行政院經濟建設委員會，《十項建設重要評估》，頁 57。
[423] 行政院經濟建設委員會，《十項建設重要評估》，頁 400。
[424] 行政院經濟建設委員會，《十項建設重要評估》，頁 400、402、403。

1975 年 7 月 16 日第二次修正預算爲新臺幣 80.12 億餘元，同時增加基礎和護岸工程等項目。1976 年 1 月 30 日第三次修正預算爲新臺幣 83.93 億餘元，主要原因爲建廠設計及造船船塢部分工程之修訂，並增配工程設備等。隨著建廠預算的上修，1974 年中船公司第一次上修預算的同時，公司資本額也陸續調升至新臺幣 44 億元。但在此過程中，由於民股不願繼續增資，資金均由政府代墊，使得政府股權占 96%，民股占 4%，中船公司在政府股份過半的情形下，於 1977 年 7 月 1 日改爲國營。1976 年 6 月建廠工程完成，實際工程費爲新臺幣 83.49 億餘元，略低於最後修訂之建廠預算。❹

中船公司建廠完成後，即遭逢石油危機導致國際航業及造船業不景氣，使得公司業務受到影響。營運的第一年（1977 年）虧損新臺幣 6.7 億元，第二年（1978 年）虧損新臺幣 6.4 億餘元。至 1979 年 5 月底止，共虧損新臺幣 19.9 億餘元，其中利息支出高達 11 億元。累積虧損達新臺幣 33 億餘元，已超過該公司資本額新臺幣 56 億元的半數。又據該中船公司 1979 年 5 月份會計報表分析，該公司負債總額爲新臺幣 220 億元，其中建廠借款新臺幣 39 億元，其他造船及營運借款新臺幣 181 億元，負債比率（負債除以淨值）高達 633%，即負債爲淨值之 6.3 倍，顯示其資本結構至爲脆弱。❹

由於中船公司改組爲公營企業，政府鑑於臺灣具有兩家公營船廠，在效率及集中資源的考量下，1978 年 1 月 1 日將中船公司與臺船公司合併，原本中船公司改稱中船公司高雄總廠，位於基隆的臺船公

---

❹ 行政院經濟建設委員會，《十項建設重要評估》，頁 407。
❹ 行政院經濟建設委員會，《十項建設重要評估》，頁 404、405、407。

司改稱中船公司基隆總廠。(427)

(427)經濟部（函），受文者：中國造船公司、臺灣造船公司，主旨：貴兩公司合併請於66年12月底以前完成一切必要程序，合併應自67年元月1日起生效，請查照，經（66）國營38300，1977年12月16日，《本公司成立交代》，臺灣造船公司檔案，無檔號，藏於臺灣國際造船公司基隆總廠。

第六章
臺船公司的技術學習模式與政府政策

第一節　技術移轉的績效與限制

一、逐步地學習造船

　　如前所述，第三章曾提及臺船公司於 1950 年替臺灣省水產公司建造漁船為臺船公司造船揭開序端。引進國外造船技術則始於 1954 年與日本新潟船廠的技術合作，當時共建造 350 總噸鮪釣漁船 4 艘。此後臺船公司將廠房租賃給殷臺公司進行委外經營，藉由美國技術的引入，使得臺船公司一舉具備 36,000 噸船舶的製造能力。

　　1965 年起臺船公司由石川島公司引進技術後，1966 年配合實施緊急擴建計畫，表 6-1 顯示臺船公司的造船能量出現跳躍性的成長。在 1970 年四年擴建計畫結束後，臺船公司的造船產能持續上升至年產量 10 萬噸以上。

　　但就單艘船舶建造的噸位而言，表 6-2 顯示戰後初期臺船公司僅能建造各類的小型船舶。除了 100 噸拖網漁船建造 10 艘外，其餘所建造各式船舶的數目都不多。雖說在殷臺公司時期，曾經建造 36,000 噸油輪，真正大型系統化造船的開始，要至 1965 年與石川島公司技術合作後，才開始專業化生產。表 6-3 顯示臺船公司自 1966 年以降

表 6-1　臺船公司 1946 年至 1977 年造船及修船生產績效

單位：噸

年度	造船	修船	年度	造船	修船
1946 年 5 月至 12 月	0	84,414	1962	10,250	486,177
1947	0	90,754	1963	11,062	499,037
1948	0	124,108	1964	3,829	695,926
1949	0	348,568	1965	2,790	917,394
1950	346	356,399	1966	8,866	860,711
1951	508	275,475	1967	43,139	761,477
1952	328	368,858	1968	45,011	780,148
1953	290	378,284	1969	80,320	696,503
1954	865	282,004	1970	178,087	908,087
1955	897	388,882	1971	226,153	1,160,693
1956	941	396,028	1972	224,044	708,509
1957	1,042	262,635	1973	225,209	1,307,103
1958	18,684	184,060	1974	272,871	1,552,286
1959	30,688	176,400	1975	300,529	1,769,988
1960	24,150	238,389	1976	145,509	2,052,369
1961	4,509	534,958	1977	139,824	1,885,513

資料來源：1. 臺灣造船公司，《臺灣造船股份有限公司——中程發展計畫——自民國 61 年至 64 年》（基隆：臺灣造船公司：1972），頁 74。

2.〈臺灣造船有限公司業務資料〉（1955 年），《公司簡介》，臺灣造船公司檔案，檔號：01-01-01，藏於臺灣國際造船公司基隆總廠。

3. 臺灣造船股份有限公司計畫處，《臺灣造船股份有限公司 66 年度經營分析》。

4. 經濟部會計處，《經濟部所屬各事業會計資料》（1970-1977 年）（臺北：經濟部會計處編）。

開始生產 2 萬 8 千噸散裝貨輪、5 萬 8 千噸貨輪、10 萬噸油輪等三種船舶。

二、技術引進後的財務狀況

臺船公司於 1965 年起接受石川島公司的技術引進，對公司的經營有如何幫助，這點是評估此項技術合作效果的重要項目。由此當可瞭解臺船公司在技術引進過程中，擴建廠房所需資金的來源為何。

表 6-2　1954-1964 年臺船公司（包含殷臺公司）所建造主要船舶

類別	建造年份	艘數
50 呎平底交通船	1954	1
100 噸拖網漁船	1954-1956	10
100 噸拖輪	1956	1
350 噸鮪釣漁船	1956-1957	4
150 噸鮪釣漁船	1958	5
86 噸客貨兩用渡輪	1959	3
36,000 噸超級油輪	1959-1960	2
80 噸遊艇	1960	2
2,840 噸油輪	1961	2
12,500 噸快速貨輪	1962-1964	2

資料來源：〈臺灣造船公司概況簡報〉（1965 年）。

表 6-3　臺船公司引進石川島公司技術後主要建造的船舶
　　　　（1965-1977 年）

類別	最初建造年份	艘數
28,000 噸散裝貨輪	1966-	23
58,000 噸貨輪	1972-	3
100,000 噸油輪	1970-	8

資料來源：臺灣造船股份有限公司計畫處，《臺灣造船股份有限公司 66 年度經營分析》，頁 8-10。

　　由表 6-4 初步顯示臺船公司在技術合作期間的總收入、總支出和盈虧狀況。在總收入方面，1965 年起開始成長，1973 年以後更是大幅上升，此應該是石油危機導致的通貨膨脹造成名目金額的變大。在盈虧方面，1960 年轉虧為盈初期的虧損可能為處理殷臺公司遺留之債務所致，直至 1964 年以後才轉虧為盈。1970 年後因四年擴建計畫的完成，使得造船和修船能量皆大幅度提高。同出現在 1974 年後的盈餘大幅度提升，亦為通貨膨脹所造成。但隨著石油危機的發生，造船及修船的業務量減低，再加上原物料成本的上升等原因，於 1977 年的盈餘大幅度降低。

表 6-4　1962-1977 年臺船公司營業總收支及盈虧

單位：新臺幣千元

年度	總收入	總支出	盈虧
1962	26,058	26,081	-23
1963	81,817	83,029	-1,212
1964	93,802	93,069	733
1965	126,337	122,680	3,657
1966	145,090	139,874	5,216
1967	432,256	419,225	13,031
1968	438,342	427,775	10,567
1969	611,491	598,218	13,273
1970	977,663	959,810	17,853
1971	836,993	796,932	40,061
1972	842,287	801,968	40,319
1973	1,780,168	1,689,784	90,384
1974	2,668,976	2,520,562	148,414
1975	3,289,894	3,166,305	113,589
1976	2,468,650	2,302,267	166,382
1977	2,192,703	2,149,076	43,627

資料來源：整理自經濟部會計處，《經濟部所屬各事業會計資料》（1964-1977 年）（臺北：經濟部會計處編）。

　　如前所述，臺船公司與石川島公司簽訂技術合作契約後，接受石川島公司的提案，先後進行緊急擴建計畫（1966 年）與四年擴建計畫（1967-1970 年）。然而，造船業在性質上，屬於需要較多資金且獲利較慢的產業，因而通常會向外借款以募集投資所需資金。因而臺船公司除了本身內部資金外，如表 6-5 所示，臺船公司的舉債情形。所謂的資本支出，代表臺船公司的投資金額，臺船公司自 1965 年與石川島公司簽訂契約後，其後逐年的資本支出遞升，意味著該公司開始對所屬事業展開投資。其資金來源分為兩種，一種為自籌資金，另一種則為借款。

表 6-5　1962-1977 年臺船公司資本支出及資金來源

單位：新臺幣千元

年度	資本支出（C）=a+b+c+d+e+f	折舊準備 a	各項公積 b	增資 c	銀行長期借款 d	美援長期借款 e	其他 f
1962	643	643	0	0	0	0	0
1963	35,996	6,511	0	0	0	0	29,485
1964	8,286	2,524	5,762	0	0	0	0
1965	24,886	6,476	0	0	18,366	44	0
1966	40,764	8,033	799	0	48,182	15,200	8,550
1967	62,906	5,160	0	19,970	0	26,615	11,161
1968	226,178	11,406	751	104,231	105,534	0	4,256
1969	183,432	12,759	1,245	67,729	83,570	0	18,129
1970	132,706	23,912	0	0	108,794	0	0
1971	62,746	16,791	0	0	45,955	0	0
1972	68,174	23,030	0	0	45,144	0	0
1973	105,090	47,519	0	0	57,571	0	0
1974	372,413	45,078	0	100,000	227,335	0	0
1975	571,522	53,553	0	100,000	417,969	0	0
1976	836,767	104,459	0	100,000	632,308	0	0
1977	1,283,701	109,874	0	184,510	989,317	0	0

資料來源：整理自經濟部會計處，《經濟部所屬各事業會計資料》（1964-1977 年）
　　　　　（臺北：經濟部會計處編）。

　　首先，能夠由表 6-5 中瞭解，在自籌資金方面，臺船公司除了每年提列折舊準備金外，1966、1968、1969 年將盈餘轉做投資，以籌措四年擴建計畫所需之經費。另外，當時經由經濟部國營事業司的同意，在 1967-1969 年連續三年，由中央政府、臺灣省政府、臺灣銀行等股東透過增資的方式，支援臺船公司實施四年擴建計畫。❷⁸

　　再者，自 1965 年後，臺船公司開始進行大規模的長期借款，即

---

❷⁸ 臺灣造船公司，〈臺灣造船公司五十六年度第二次業務報告〉（1967 年 7 月），《五十六年度第二次經濟部所屬事業機構業務檢討會議資料》。

向臺灣銀行、交通銀行和土地銀行借款，以供作廠房擴建、造船器材等所需之款項。美援所提供長期借款，是來自行政院國際經濟合作發展委員會項目下的中美基金，[429]主要運用於緊急擴建計畫和四年擴建計畫。[430]而為對應與石川島公司進行技術合作中廠房擴充的四年擴建計畫，主要的資金來源則為日本政府於 1965 年繼美援結束後，與中華民國政府簽訂日圓貸款所提供的 317 萬 9,000 美元。[431]除此之外，石川島公司亦提供 50 萬美元的貸款給臺船公司。[432]

值得注意的是，由日本政府所獲得的日圓貸款契約限制資金的運用，僅能向日本購買商品設備、日籍技術顧問和工程人員薪資。[433]由此來看，臺船公司與石川島公司的技術移轉，除了在生產層面依賴日本，資金的相當部分也是經由政府得到日本政府的融資。這呼應了劉進慶所言，美援結束後的日圓貸款引入使得日本獨占資本對臺灣由戰後的輸出入貿易及民間投資延伸到公營事業體系。[434]換言之，此時身為公營企業的臺船公司，可謂戰後臺灣在原物料對日本的依賴下，進行代工與組裝的一個案例。

[429] 1965 年初，臺灣和美國雙方決定於美援中止後設置「中美經濟社會發展基金」（簡稱中美基金），將至 1965 年 6 月 30 日止的美援結餘款項，及之後將回收至美援特別帳戶的款項，轉入此一基金，繼續支持臺灣各項經濟和社會發展計畫用。因此中美基金被視為相對基金的延續。趙既昌，《美援的運用》，頁 56。

[430] 臺灣造船公司，〈臺灣造船公司五十六年度第二次業務報告〉（1967 年 7 月），《五十六年度第二次經濟部所屬事業機構業務檢討會議資料》。

[431] 外務省經濟協力局，《対中華民国経済協力調查報告書》（東京：外務省經濟協力局，1970），頁 99-1012。行政院國際經濟合作發展委員會，《行政院國際經濟合作發展委員會五十九年年報》（臺北：行政院國際經濟合作發展委員會，1971），頁 91-92。

[432] 〈臺灣造船股份有限公司五十九年度股東常會記錄〉（1970 年 9 月 30 日）。

[433] 〈日圓貸款辦法參考資料〉，《日圓貸款總卷》，行政院國際經濟合作發展委員會檔案，檔號：36-08-027-001，藏於中研院近代史研究所檔案館。

[434] 劉進慶，《臺灣戰後經濟分析》（臺北：人間出版社，1995 年），頁 370-373。

　　表 6-6 顯示臺船公司資產總值在 1966 年後呈現上升趨勢，主因為所購進設備和進行緊急擴建計畫等投資所造成。其後臺船公司於 1970 年代進行第二期擴充造船設備計畫（1971-1975 年），和擴充修船工程計畫第一階段（1972-1975 年），亦由表 6-6 可知，臺船公司的資產亦隨之增加。❹ 對應表 6-7，資本淨值與負債比一項，因與石川島公司技術合作而自 1966 年起開始提高，顯現出重工業發展需要長期投資而進行借款之通例。

表 6-6　1962-1977 年臺船公司資產總值、固定資產及資本淨值

單位：新臺幣千萬

年度	資產總值（A）	固定資產	資本淨值（C）	C/A（%）
1962	97,891	49,037	31,299	32.0
1963	189,631	77,186	30,184	15.9
1964	215,273	76,467	37,880	17.6
1965	240,412	92,330	38,241	15.9
1966	405,539	132,373	119,498	29.5
1967	770,126	187,419	239,655	31.1
1968	1,161,428	419,429	315,045	27.1
1969	1,900,220	587,237	384,104	20.2
1970	2,414,451	692,778	382,036	15.8
1971	3,465,800	729,806	429,589	12.4
1972	4,013,600	749,486	466,254	11.6
1973	4,515,120	785,918	653,522	14.5
1974	7,430,019	1,105,914	873,869	11.8
1975	7,300,907	1,618,309	1,261,729	17.3
1976	7,897,020	2,119,699	1,784,897	22.6
1977	13,688,294	2,189,867	1,797,305	13.1

資料來源：整理統計自經濟部會計處，《經濟部所屬各事業會計資料》（1964-1970 年）
　　　　　（臺北：經濟部會計處編）。

---

❹ 經濟部國營事業委員會，《經濟部國營事業委員會暨各事業六十四年年報》（臺北：國營事業委員會，1976），頁 154、158。

表 6-7　1962-1977 年臺船公司財務結構比率

年度	財務結構分析		
	流動資產與流動負債之比	資本淨值與資產總值之比	資本淨值與負債之比
1962	138.5	32	47
1963	125.1	15.9	18.9
1964	122.8	13.0	14.9
1965	118.9	15.9	18.9
1966	166.7	29.5	41.8
1967	138.7	31.1	45.2
1968	131.3	27.1	37.2
1969	100.5	20.2	25.3
1970	96.1	15.8	18.8
1971	119.3	12.4	14.2
1972	169.5	15.1	17.7
1973	149.93	14,5	16.9
1974	112.62	11.8	13.3
1975	97.22	17.3	20.9
1976	105.6	22.6	29.2
1977	120.01	13.3	15.3

資料來源：經濟部國營事業委員會，《經濟部國營事業委員會暨各事業五十八年年刊》（臺北：國營事業委員會，1970），頁151。經濟部國營事業委員會，《經濟部國營事業委員會暨各事業五十九年年刊》（臺北：國營事業委員會，1971），頁157。經濟部國營事業委員會，《經濟部國營事業委員會暨各事業六十一年年報》（臺北：國營事業委員會，1973），頁149。經濟部國營事業委員會，《經濟部國營事業委員會暨各事業六十四年年報》（臺北：國營事業委員會，1976），頁158。經濟部國營事業委員會，《經濟部國營事業委員會暨各事業六十六年年報》（臺北：國營事業委員會，1978），頁161-163。1973 年以後，由於年報中未提供指標，因此由當中的資產負債表計算得出。

表 6-8　1962-1977 年臺船公司經營分析比率

年度	盈餘狀況分析		
	盈餘與營業總收入之比（P/R）	盈餘與淨值之比	盈餘與固定資產之比
1962	-0.1	-0.1	-0.1
1963	-1.5	-3.9	-1.6
1964	0.8	1.9	1.0
1965	2.9	9.6	4.0

1966	3.6	4.4	3.9
1967	3.0	5.4	7.0
1968	2.3	3.5	2.6
1969	2.0	3.2	2.1
1970	1.8	4.6	2.6
1971	3.8	12.6	7.4
1972	4.6	12.0	9.5
1973	5.1	13.83	11.5
1974	5.6	13.98	13.4
1975	3.5	9.30	7.3
1976	6.7	9.32	7.8
1977	2.0	2.40	1.9

資料來源：經濟部國營事業委員會，《經濟部國營事業委員會暨各事業五十八年年刊》（臺北：國營事業委員會 1970），頁 152。經濟部國營事業委員會，《經濟部國營事業委員會暨各事業五十九年年刊》（臺北：國營事業委員會，1971），頁 158。經濟部國營事業委員會，《經濟部國營事業委員會暨各事業六十一年年報》（臺北：國營事業委員會，1973），頁 150。經濟部國營事業委員會，《經濟部國營事業委員會暨各事業六十四年年報》（臺北：國營事業委員會，1976），頁 158-160。經濟部國營事業委員會，《經濟部國營事業委員會暨各事業六十六年年報》（臺北：國營事業委員會，1978），頁 161-163。1973 年以後，由於年報中未提供指標，因此由當中的資產負債表計算得出。

　　由表 6-8 可知，臺船公司的經營狀況。首先就盈餘與營業總收入（P/R）而言。臺船公司的總收入，可分為營業收入和其他經由投資等獲得的收入兩部分，營業收入的特點在於能夠明確瞭解臺船公司經由生產部門所獲得的收入，由此可推知臺船公司經由技術引進後，獲利的變化情形，其數值越高代表公司的獲利能力越強。如表 6-8 所示，1966 年以後臺船公司的盈餘與營業總收入（P/R）逐漸提高，代表其獲利能力逐漸改善，1970 年四年擴建計畫竣工後，公司的獲利能力更上層樓。1975 年後由於石油危機導致通貨膨脹及對航運業的衝擊，不僅造船訂單減少，甚至被取消，船舶修理的業務也跟著降低，使得臺船公司的獲利能力降低。再者，如前所述，原物料的上漲使得成本

估算不易掌控，亦爲獲利能力降低的原因之一。❻

盈餘與淨值比，則代表股東權益的報酬率，表中顯示自 1965 年
以後至 1974 年都呈現穩定的成長，由此可判知臺船公司在與石川島
公司進行技術移轉後，獲利能力都有所改善。

表 6-9　1962-1977 年臺船公司的外匯收入

單位：美元

年度	外銷產品	勞務及其他	合計
1962	0	10,254	10,254
1963	16,894	4,165	21,059
1964	0	118,881	118,881
1965	0	154,639	154,639
1966	522,000	154,225	676,255
1967	684,638	365,931	1,050,568
1968	2,246,486	3,079,874	5,326,360
1969	2,201,559	1,094,252	3,295,811
1970	6,219,314	2,486,666	8,705,980
1971	13,017,988	7,283,550	20,301,538
1972	8,040,1321	3,330,873	11,371,005
1973	27,329,310	9,779,137	37,108,467
1974	32,944,435	14,762,566	47,707,001
1975	40,850,266	39,528,570	80,378,836
1976	23,645,376	10,753,471	176,418,272
1977	17,045,531	16,976,397	34,021,928

資料來源：整理自經濟部會計處，《經濟部所屬各事業會計資料》（1964-1977 年）（臺北：經濟
　　　　部會計處編）。

表 6-9 說明臺船公司引進技術後，其產品自 1966 年起能夠持續
進行外銷，賺取外匯，且金額並持續提高。造船業的外銷主要包含接
受國外造船與修船的訂單，當時臺船公司多以接受國外航商修船爲

❻〈臺灣造船股份有限公司六十四年度股東常會業務報告〉（1975 年 10 月 30 日）。

主，特點在於艘數不多，但噸位較高且修繕工程較浩大，因而產值也較為高。例如於 1972 年臺船公司共修理了 71 艘船舶，其中有 17 艘為外籍船舶，占總修船噸數的 32.7%，外銷修船產值則占總修船收入的 35%。[437]另外，於 1974 年時共修繕船舶 75 艘，其中外籍船舶為 16 艘，占總噸位的 18% 弱，但收入卻占修船營業總額的 69% 強。在造船外銷上，依據 1972 年經濟部國營事業委員會年報的紀錄，臺船公司曾接受希臘航商訂造 2 萬 8,000 噸貨輪二艘和列支敦士登航商訂購10 萬噸油輪一艘。[438]

總的來說，由上述的分析發現到 1965 年臺船公司引進石川島公司的技術後，不論是在造船、修船的生產面，或是在財務結構與經營績效面均獲得改善，獲利能力亦相對增加。[439]臺船公司與石川島公司的技術移轉合約，於 1970 年 5 月 7 日期滿，又再續簽訂五年的合約。[440]此續約的意義可說在於兩者就技術合作獲得彼此的肯定，也使得往後臺船公司的發展始終存有石川島技術的影子。

於技術合作的過程中，雖然臺船公司尚未充分具備生產船舶關鍵機具的能力，但卻能夠經由與石川島合作建造船舶的過程，學習到建造重型船舶的方式，奠定了技術學習的基礎。[441]

---

[437]〈臺灣造船股份有限公司六十一年度股東常會業務報告〉（1973 年 8 月）。

[438]《經濟部國營事業委員會暨各事業六十一年年報》（臺北：國營事業委員會，1973），頁 143。

[439]〈臺灣造船有限公司第六屆第十六次董監聯席會議記錄〉（1965 年 9 月），《臺船公司五十四年董監聯席會議記錄》，經濟部國營事業司檔案，檔號：35-25-20-003，藏於中研院近代史研究所檔案館。

[440]經濟部國營事業委員會，《經濟部國營事業委員會暨各事業五十九年年刊》（臺北：國營事業委員會：1971）。

[441]交通銀行，《臺灣的造船工業》（臺北：交通銀行，1975），頁 18。

三、技術的學習

戰後臺船公司的發展歷程中，在缺乏技術和研發能力的情況下，於 1950 年代導入國外技術前，主要是藉由小型漁船的設計與建造，逐步培養造船技術。其後藉由吸收國外的技術，逐漸具備大型造船能力。表 6-10 顯示戰後臺灣的造船自國外導入的技術分別來自美國和日本兩種系統，而其特性是從片段到系統，其後再進一步整合。

首先，1951 年臺船公司為臺灣省水產公司生產兩艘 75 噸漁船，船舶肋骨製造採用鋼材進行取代過去的木材。過去臺灣建造的木造漁船，船肋部分所用原料以挑選龍眼及相思樹等天然原料。但戰後大量的建造木造漁船使得原料供應出現短缺，臺船公司採用開發替代原料進行建造，在當時可說是臺灣漁船建造歷程的一個里程碑。在建造的過程中，由設計到建造全數由臺船公司的技術人員獨自完成，並未引進國外的技術。[442]

再者，1948 年臺船公司開始培訓焊接技術人員，[443] 其後於 1953 年自行設計 100 噸漁船時，採用分段電焊方法進行生產，建造特色除節省用料外，並能縮短工期。就生產流程而言，每一艘漁船共分為六段建造，先在工廠內焊接完成後，再用起重機吊至船臺上兩兩對焊。船舶的設計圖事先經由驗船協會核定，以確保漁船的品質符合規範性標準。臺船公司與生產傳統小型木漁船的造船廠相比較，可說是在原料和工法上獲得突破。[444]

---

[442] 張志禮，〈一年來的工程建設概況〉《臺灣工程界》7：7（1954 年 7 月），頁24。

[443] 劉鳳翰、王正華、程玉鳳訪問，《國史館口述歷史叢書（3）韋永寧先生訪談錄》，頁 26。

[444] 張志禮，〈一年來的工程建設概況〉《臺灣工程界》7：7（1954 年 7 月），頁24。

表 6-10　臺船公司因技術移轉而吸收造船新技術之過程

年份	1952-1957	1957-1962	1962-
技術合作／移轉	日本新潟船廠	美國殷格斯船廠	日本石川島船廠
建造船舶	350 噸漁船	36,000 噸級油輪	100,000 噸級油輪
建造期程	延誤	如期完工	如期完工
藍圖	全部由日本新潟船廠提供	購買基本設計圖 70 餘張，自立繪製細部施工圖。此外，另購買 T5 型油輪全部藍圖作為參考資料。	採用 Package Deal 的方式，全部由日本石川島船廠提供細部施工圖。
採購規範	日本新潟船廠提供	國內工程師自訂	無（Package Deal）
原料裝備的國外採購	國內工程師採購	國內工程師採購	日本石川島船廠提供
建造施工方法	國內工程師自訂	船廠總經理指導制定	日本石川島船廠提供
技術特性	片段	系統	整合

資料來源：《臺船與日本新潟廠技術合作卷》，經濟部國營事業司檔案，檔號：35-25-20 79，藏於中央研究院近代史研究所檔案館。《臺船與日本石川島公司合作案》，經濟部國營事業司檔案，檔號：35-25-20 76，藏於中央研究院近代史研究所檔案館。臺灣造船公司，《中國造船史》（基隆：臺灣造船公司，1972），頁 182-183。

　　1952 年臺船公司開始引進日本新潟船廠的造船技術生產 350 噸漁船時，當時臺船公司並不具備工程藍圖的繪製和訂立採購規範的能力，因此所需工程藍圖及採購規範皆由日本提供。然而，原料採購和施工方法則由國內工程師自行訂定。臺船公司與新潟鐵工所的技術合作，使其開始具備組建較大型船舶的能力。[445]

　　1957 年至 1962 年臺船公司租賃給殷臺公司，因經營者為美國籍經理，因此引入美國式的造船規章。藍圖以先購買基本設計圖，再自行繪製細部施工圖的方式建造。在採購規範和原料的裝備採購部分，則由國內工程師自行決定。在此同時，開始在生產設備進行擴充及改良。例如當時組合場的設立、冷作工場的擴充和薄鐵皮工場的興建，

---

[445]〈臺灣造船公司業務資料〉，臺船（44）總字第 2951 號，（1955 年 10 月 11 日），《公司簡介》，臺灣造船公司檔案，檔號：01-01-01，藏於臺灣國際造船公司基隆總廠。

可說是使造船廠設備向現代化演進的一個過程。[446] 由表 6-11 和 6-12 進行瞭解，若以殷臺公司時期建造的大型油輪，與先前臺船公司建造的 350 噸漁船在船體和用料規模皆獲得大幅度的成長。除此之外，並使臺船公司職員有機會瞭解大型船舶的建造方式，由事後的觀點來看，可說為 1960 年代臺船公司進行系統化造船前，先獲得學習從造「小船」到造「大船」的經驗。然而殷臺公司因管理及財務上的失當，使得最後以結束營業作為收場。換言之，從 1950 年代的臺船公司到殷臺公司的時期，廠房設備逐漸向大型化邁進，但由於訂單數目有限，依然無法朝系統化生產邁進。

1965 年後，臺船公司與石川島公司進行技術移轉，由於採取 Package Deal（以下簡稱 P/D）的方式，因而從藍圖、器材和製造工法乃至原料全數由石川島公司提供。之所以採用 P/D 的方式，主因在於日本認為當時臺灣的造船關聯工業產業技術能力不足，加上分批自國外採購容易因時效而不能配合，拖延造船進度。另一方面，臺船公司認為就當時公司的整體條件而言，若自行購料需要大量的週轉金，要有政府提供鉅額貸款才得以實現。但因臺船公司為公營事業，若採用自行購料需面對法律及行政制度的繁瑣程序，容易因行政效率及制度的限制，使得時間的延誤導致失去搶得市場的機會。反之，藉由與石川島公司 P/D 購料的方式，能夠由石川島公司直接向日本銀行貸款購料，亦免去尋求國內資金來源的困境。[447]

在生產線方面，臺船公司採用石川島公司提出的科學化方式造船，即將造船場所從堆料廠、下料間、型板間、小組合場、大組合場

---

[446] 吳大惠，〈臺船廿年〉，《臺船季刊 創刊號》（基隆：臺船季刊社）（1968 年 4 月），頁 31

[447] 吳剛毅，〈P/D 作業漫談〉《臺船季刊》1：5（基隆：臺船季刊社，1969 年 4 月），頁 114。

表 6-11　臺船公司 350 噸漁船與殷臺公司 36,000 噸油輪的主要尺寸
　　　　比較

項目	350 噸	36,000 噸
全長（公尺）	46.73	213.4
垂線間長（公尺）	41.6	205.9
型寬（公尺）	7.20	25.62
型深（公尺）	3.60	14.95
平均吃水（公尺）	3.10	11.13
主機馬力（匹）	750	20,000
航行速率（節）	11.6	18.4
續航力（浬）	10,600	18,000

資料來源：吳大惠，〈臺船廿年〉，《臺船季刊 創刊號》（基隆：臺船季刊社）（1968 年 4 月），
　　　　　頁 31-32。

表 6-12　臺船公司 350 噸漁船與殷臺公司 36,000 噸油輪的主要用料
　　　　比較

船舶用料	350 噸	36,000 噸
鋼板（噸）	188	8,730
型鋼（噸）	26	1,530
電銲條（噸）	7.32	270
管子（呎）	6,450	139,906
閥（只）	98	2,504
電線（ft）	4,650	108,078
鑄件（噸）	6.5	197

資料來源：吳大惠，〈臺船廿年〉，《臺船季刊 創刊號》（基隆：臺船季刊社）（1968 年 4 月），
　　　　　頁 32。

乃至船臺等依據生產線的順序重新進行整體規劃，輔以生產管制的加
強，使得在工作效率、成本的降低和施工速度方面皆獲得改善。**❹❹❽** 大
致上，臺船公司的生產模式在引入石川島公司的方式後，可以圖 6-1

---

❹❹❽ 中國造船工程學會，〈一年來的工程建設概況（造船工程）〉《工程》38：5（1965
年 5 月），頁 35。

圖 6-1　現代造船廠之生產流程

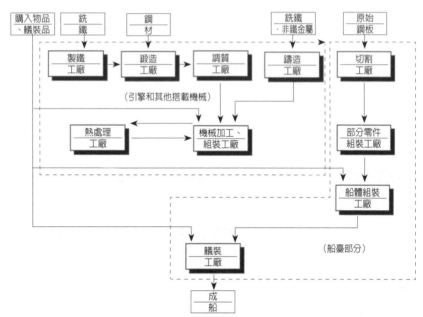

資料來源：石川島播磨重工業株式會社編，《IHI MAMMOTH TANKERS》，頁 12-26。轉引自溝
田誠吾，《造船中機械產業の企業システム（第二版）》（東京：青山書店，2004），
頁 11。

所示的生產流程體現。

　　另外，過去臺船公司造船主要利用修船用船塢，但建造新船的同
時，卻會對修船業務產生排擠。在經濟效益的考量下，臺船公司在
1965 年秋天完成 15,000 噸船臺，其後擴建工程於 1966 年 6 月竣工後，
始能夠容納 35,000 噸船舶的建造。廠房擴建所代表最重要的意義在
使臺船公司能將造船與修船的場所分離，才不致造成過去殷臺時期在
船塢空間有限下，因業務的承接而互相排擠。⁴⁴⁹

⁴⁴⁹ 張志禮，〈一年來工程建設概況〉，《工程》39：6（1966 年 6 月），頁 34-35。

　　造船技術的革新上，1962 年臺船公司收回殷臺公司後承接的兩艘 12,500 噸貨輪，仍採用傳統放樣方式造船，再加上缺乏嚴謹的生產管制，使得船舶自安放龍骨至交船共需 20 個月。自從導入石川島公司技術後，採用一比十的縮小放樣法，利用塑膠或鐵製樣帶代替過去的木製樣版，並使從過去需要較大的放樣間進步至僅需繪圖桌即可完成。放樣技術除了能節省空間外，其樣版製作與保存皆較過去容易。值得注意的是，臺船公司在生產流程方面，採用石川島公司的生產模式，從船體製造、組合、安裝到主機、副機的安裝及艤裝等每一個生產項目下皆繪製詳細工作圖，並將此項目所需用料數量及電焊長度進行計算和標明，作為工作人員施工的依據，並能夠減短工時。❹

　　在生產控制方面，先由工程師編列半個月至一個月的進度表，再交由領班排列每日進度表及準備所需材料和工具，使得生產進度能夠確立，因此往後建造的貨輪，自安放龍骨至交船僅需 8 個月即能竣工。❺

　　另外，於生產過程中，將過去採用傳統人工的方式改為電動方式施工。例如在焊接部分，則由自動電焊機進行取代傳統的手工電焊。每個工人能夠同時使用三臺自動電焊機，能夠提高生產效率。在鋼板切割部分，以火焰切割機取代過去的手工切割法。❻ 鋼料加工部分，則建立機械化運輸系統，採用生產線制度，經由滾筒運輸機、鏈條運輸機、盤型運輸機和臺車等建立，使得每噸鋼料自製造、組合、安裝，使得處理每公噸鋼材原本必須花費 135 單位工時，經由新系統的

---

❹ 張志禮，〈一年來工程建設概況〉，《工程》39：6（1966 年 6 月），頁 33。

❺ 同上註。

❻ 中國工程師學會總會，〈一年來工程建設概況〉，《工程》40：5（1967 年 5 月），頁 33。

採用後則降低到 90 工時。 [453]

　　臺船公司的員工在造船的流程中，經由日本籍技術人員的指導，以及海外受訓的方式，逐漸具備較有效率的生產技術。[454] 其中最值得注意的是，1966 年中國石油公司委託臺船公司建造四艘 10 萬噸油輪，由於對船舶需求在時效上的緊迫，且臺船公司當時進行四年擴建計畫，無法即時建造大型船舶作業，因此決定將第一艘油輪伏羲號和第二艘油輪軒轅號委託石川島公司進行生產。伏羲號興建的過程中，臺船公司共約派遣 80 名員工赴日本學習生產技術。因此自第三艘有巢號由臺船公司自行建造，曾赴石川島公司參與實際建造伏羲號的員工則作為臺船公司自行建造大型油輪的基礎。臺船公司員工藉由赴日本移地訓練的方式，實地參與日本船廠的現場造船經驗，使其員工造船的技術能夠更為落實。[455]

　　除此之外，當時船舶的基本設計則根據與石川島的技術合作契約，採用石川島公司的近似船型並按照中油公司所需加以修改，石川島公司並派遣顧問進駐臺船公司，對施工設計和備料施工進行指導。[456]

---

[453] 中國工程師學會總會，〈一年來工程建設概況〉，《工程》40：5（1967 年 5 月），頁 33。

[454] 王先登，《五十二年的歷程——獻身於我國防及造船工業》（自行出版，1994），頁 51。

[455] 王先登，《五十二年的歷程——獻身於我國防及造船工業》（自行出版，1994），頁 64。此外，筆者於 2006 年 11 月 6 日對曾任臺船公司船體工廠工務員後擔任至財團法人中國驗船中心總驗船師李後鑛先生的訪談中提到，當時中國石油公司委託臺船公司建造四艘 10 萬噸油輪，由於臺船公司內部進行廠房擴建計畫，又在交船時間的壓力下，因而第一艘伏羲號和第二艘軒轅號的興建於日本石川島相生船廠，當時將臺船公司整組工作人員從上自工程師下至技工等都赴日學習造船，每次受訓時間約為一個月。在經過多批輪番派遣赴日實習的過程，許多員工有機會赴日得實作技術，促使造船的技術更為落實。

[456] 王先登，《五十二年的歷程——獻身於我國防及造船工業》（自行出版，1994），頁 64。〈把握契機加速完成臺船的基本發展〉（1968 年 12 月），頁 4。

　　總的來說，臺船公司於 1960 年代中期後引入石川島的技術，分別於生產設備、生產流程和員工配置等生產和管理面進行改革。臺船公司因導入石川島公司的生產設備，不但縮短造船時間，所需的勞動成本也隨之降低。在原料方面，石川島公司以 P/D 的方式促使臺船公司能夠順利獲得資材，臺船公司才不致因自行購置造船物件不易，導致工期產生延遲。至於臺船公司在造船過程中所欠缺的設計能力，則由石川島公司提供協助。臺船公司藉由引進石川島公司技術所伴隨的內部組織調整和員工的移地訓練，加上石川島公司提供的造船資材與設計能力，即為將臺船公司的生產與管理模式轉化為與石川島公司一致。臺船公司在這時候能夠以較具備效率的方式進行修造船等各項業務之外，公司的經營也轉虧為盈。

四、技術的依賴與自製率的提升

　　臺船公司自 1960 年代起自石川島公司引進技術後，臺船公司本身亦對廠房進行擴建和藉由提升人力素質的方式，在獲取具備生產大噸位級船舶的能力過程中，逐漸降低成本。表 6-13 顯示臺船公司和石川島公司進行系統化生產 2 萬 8 千噸散裝貨輪，其生產器材於前兩艘全數由日本提供，因此自製率為 0%。但其後由於政府自製率政策的推動與造船周邊產業的逐漸發展，使得自製率逐漸提高，建造至第 20 艘同船型的船舶時，則提升至 25%。不言自明，其背後所代表的意義是臺船公司逐漸對國外器材依賴的降低。然而建造第 23 艘船舶時，由於臺船公司自有資金的缺乏，因而部分原料改採石川島的 P/D 方式進行供應，使得自製率降低。[457]

[457] 臺灣造船公司，《臺灣造船股份有限公司 66 年度經營分析》（基隆：臺灣造船公司計畫處，1978 年），頁 8。

表 6-13　建造 28,000 噸級散裝貨輪用器材國內自製率

貨幣單位：新臺幣千元

建造次序	船名	自製率(%)	耗工比率(%)	收入	總成本	損益	毛利率(%)	交船時間
1	銀翼	0	100.00	138,564	156,723	-18,159	-13	1967
2	永祥	0	92.50	139,200	155,117	-15,917	-11.4	1968
3	正義	4.90	92.00	142,833	150,536	-7,703	-5.4	1969
4	嘉利	7.03	87.70	154,000	151,908	2,091	1.35	1969
5	毅利	11.17	87.07	153,400	156,694	-3,294	-2.15	1970
6	瀛利	11.35	80.30	152,564	153,348	-983	-0.64	1970
7	臺康	10.97	73.50	160,745	156,297	4,447	2.77	1971
8	舟利	13.58	69.00	153,191	147,496	5,695	3.62	1971
9	鴻德	13.58	72.80	137,145	153,798	3,347	2.13	1971
10	利達	15.15	68.40	167,417	164,203	3,213	1.92	1972
11	航利	15.15	67.50	207,012	179,711	27,301	13.19	1972
12	塔瑙斯	15.49	74.70	206,152	201,780	4,371	2.12	1973
13	亞歷蘭達	15.15	72.00	190,232	188,148	2,084	1.10	1973
14	興安	16.99	70.90	198,391	189,075	9,315	4.69	1973
15	復瑞	17.88	73.00	200,391	206,712	-6,320	-3.15	1973
16	樂明	23.39	69.00	260,646	255,505	5,141	1.97	1974
17	安利	23.76	70.30	276,301	253,864	22,437	8.12	1974
18	吉星	23.76	65.10	261,703	242,253	19,450	7.43	1974
19	臺新	27.76	60.50	293,680	293,680	30,549	10.90	1975
20	儲利	25.19	65.70	342,525	300,014	5,488	12.42	1975
21	CAMERONA	25.19	72.60	342,140	313,980	7,900	8.23	1976
22	和利	25.19	65.86	324,461	302,900	21,561	6.65	1977
23	寶利	18.75	67.88	386,456	366,599	19,857	5.13	1977

資料來源：臺灣造船公司計畫處，《臺灣造船股份有限公司 66 年度經營分析》（基隆：臺灣造船公司計畫處，1978）。〈臺灣造船股份有限公司第四屆第六次董監聯席會議業務報告〉（1974 年 9 月 20 日）。〈臺灣造船股份有限公司第四屆第七次董監聯席會議業務報告〉（1975 年 1 月 24 日）。〈臺灣造船股份有限公司第四屆第十一次董監聯席會議業務報告〉（1976 年 1 月 23 日）。〈臺灣造船股份有限公司第四屆第十三次董監聯席會議業務報告〉（1976 年 5 月 28 日）。顧大凱，〈臺灣之造船工業〉，《臺灣銀行季刊》26：1（1975 年 3 月），頁 104-105。

　　若以勞動成本而言，臺船公司隨著同型船舶的興建過程，每艘船舶建造所需要的耗工比率能夠發現獲得明顯的下降。以 1967 年所生產的第一艘船銀翼號為基準，大約至生產第七艘船舶之後，所需的耗工比率僅需要最初的 60-70% 即可完成。由這方面或能觀察出臺船公司藉由系統化生產同型船舶，能夠經由做中學的方式，降低勞動成本。

　　另一方面，若就單艘 2 萬 8 千噸級船舶建造的獲利程度而言，前三艘船舶建造的收益皆為虧損，其可能原因為開始建造新船所需耗費的勞工成本較高，另一方面亦可能在於較低的自製率，使得造船物料仰賴日本整批進口，致使較高的成本。但其後隨著自製率的提高，以及耗工比率的降低，使得生產 2 萬 8 千噸船舶的獲利能力稍微獲得改善。

　　表 6-14 顯示以臺船公司自行建造的第一艘 10 萬噸油輪有巢號為

表 6-14　建造 100,000 噸級油輪船用器材國內自製率

建造次序	船名	耗工比率(%)	自製率(%)	收入	總成本	損益	毛利率(%)	交船時間
1	有巢號	100.00	0.81	349,690	348,827	863	0.25	1970
2	神農號	84.49	2.71	349,912	338,141	11,771	3.36	1971
3	嫘祖號	82.49	4.90	425,029	380,236	44,793	10.54	1972
4	祥運號	79.49	4.90	509,122	471,439	37,682	7.40	1974
5	泰晤士榮耀號	80.08	12.00	600,529	539,563	26,682	4.49	1974
6	愛能號	74.19	17.24	607,112	524,511	82,601	13.61	1975
7	華運號	73.20	20.10	763,096	643,573	119,523	15.66	1976
8	巴西友誼號	74.03	19.12	639,524	549,270	90,254	14.11	1977

資料來源：臺灣造船公司計畫處，《臺灣造船股份有限公司 66 年度經營分析》（基隆：臺灣造船公司計畫處，1978 年）。〈臺灣造船股份有限公司第四屆第八次董監聯席會議業務報告〉（1975 年 4 月 28 日）。〈臺灣造船股份有限公司第四屆第十二次董監聯席會議業務報告〉（1976 年 3 月 26 日）。顧大凱，〈臺灣之造船工業〉，《臺灣銀行季刊》26：1（1975 年 3 月），頁 104-105。

基準，往後興建船舶所需工時比率明顯降低，其所代表的意涵爲建造船舶的過程，所需的勞動成本隨著得造船經驗的增加而逐漸降低。就造船零件的自製率而言，表 6-14 顯示國內廠商所提供的自製率逐漸提高，惟至 1977 年底臺船公司生產第八艘 10 萬噸油輪巴西友誼號時，自製率約仍僅爲 20% 左右。但總的來說，自製率並無法如同其他產業大幅度提升的主要原因在於國內造船相關產業發展程度的不足。不過，隨著自製率的提升和耗工比率的降低，亦能夠看到建造 10 萬噸船舶的毛利因而獲得改善。

雖然經濟部自 1970 年起希望臺船公司能夠提高船用器材的自製率，但至 1973 年止臺船公司僅能生產艤裝品、甲板機械等船用器材。就當時一艘船舶建造所需器材而言，主機加上鋼板占所需成本約 50%，至 1978 年臺船公司與中國造船公司合併爲止，國內無法自行生產造船用鋼板和主機，仍須仰賴自國外進口。[458] 其餘船用器材方面，臺船公司的策略是藉由扶植衛星工廠，作爲造船器材的供應廠商。但是大型工廠因發展機械的投入成本較高，又要經由政府招標採購之程序，在無法確保長期獲得臺船公司訂單的情況下，並不願意與臺船公司合作。結果，願意與臺船公司合作者多爲規模較小的工廠，產品品質因而不易掌控。況且，船東對於選擇船用器材，具有最終選擇的權力，要如何使船東願意接受本國生產的船用器材，成爲臺船公司所需面對的課題。[459]

---

[458] 臺灣造船公司，〈因應國際物資短缺如何調整營運方針及促進國內造船器材之自足〉，《經濟部所屬事業機構六十三年度第一次業務檢討會議》（1974 年 2 月），頁 5。〈行政院對經濟部所屬事業機構五十八年度工作考核對臺灣造船公司事項辦理情形報告〉，《五十九年度業務檢討》，臺灣造船公司檔案，無檔號，藏於臺灣國際造船公司基隆總廠。

[459] 臺灣造船公司，〈因應國際物資短缺如何調整營運方針及促進國內造船器材之自足〉，《經濟部所屬事業機構六十三年度第一次業務檢討會議》（1974 年 2 月），

表 6-15　臺船公司業務銷售分配（1968-1977 年）

單位：新臺幣千元

年份	造船	修船	製機	合計
1968	214,866 （52.96%）	156,232 （38.51%）	34,621 （8.53%）	405,719
1969	386,364 （67.63%）	130,880 （22.91%）	54,028 （9.46%）	571,272
1970	759,987 （85.15%）	94,978 （10.64%）	37,533 （4.21%）	892,498
1971	1,047,214 （77.79%）	261,849 （19.45%）	37,107 （2.76%）	1,346,170
1972	1,235,928 （81.94%）	251,193 （16.65%）	21,180 （1.41%）	1,508,301
1973	1,223,778 （75.10%）	374,399 （22.98%）	31,412 （1.92%）	1,629,589
1974	1,695,029 （69.53%）	723,918 （29.69%）	19,058 （0.78%）	2,438,005
1975	2,298,537 （75.27%）	646,912 （21.19%）	107,992 （3.54%）	3,053,441
1976	1,781,527 （79.23%）	288,793 （12.84%）	178,335 （7.93%）	2,248,665
1977	1,276,625 （67.36%）	250,839 （13.24%）	357,562 （19.40%）	1,895,027

資料來源：臺灣造船公司計畫處，《臺灣造船股份有限公司 66 年度經營分析》（基隆：臺灣造船公司計畫處，1978）。

表 6-15 所示，自 1968 年以後至 1977 年與中船公司合併的時點為止，臺船公司銷售主要來源皆大幅度集中在造船部分，修船和製機為輔助。換言之，臺船公司的主軸皆集中在造船事業上。前述表 6-4 顯示臺船公司引進石川島公司的技術後收益獲得了改善。但對照表 6-16，卻發現在造船、修船、製機三部分，以每公噸的單位成本和單位定價，計算每單位獲利率，可知於初期每單位的造船獲利率為負值，代表處於虧損的狀況。這個狀況除了 1970、1972、1974-1976 年的每單位造船獲利率為正外，其餘皆屬虧損狀況。換言之，1960 年

表 6-16　臺船公司各部門每公噸成本、單位售價與獲利率比較表

貨幣單位：新臺幣千元（A、B）

年度	造船			修船			製機		
	A	B	C	A	B	C	A	B	C
1964	4,352.17	3,679.75	-18%	66.04	73.88	11%	9,292.02	8,091.06	-15%
1965	7,171.66	5,373.39	-33%	60.41	71.82	16%	7,185.39	6,665.80	-8%
1966	7,164.39	5,140.00	-39%	78.33	99.90	22%	5,286.49	5,350.82	1%
1967	7,014.90	6,306.64	-11%	93.25	116.32	20%	12,463.78	17,539.94	29%
1968	8,443.53	7,200.47	-17%	91.02	102.96	12%	24,731.31	27,998.62	12%
1969	5,178.70	4,810.33	-8%	107.91	115.47	7%	23,404.96	26,845.86	13%
1970	4,703.39	4,810.33	2%	127.55	115.47	-10%	26,445.98	26,845.86	1%
1971	4,642.98	4,613.39	-1%	214.93	213.82	-1%	8,101.40	8,631.76	6%
1972	5,226.87	5,369.38	3%	190.01	171.01	-11%	5,819.54	5,981.66	3%
1973	5,621.22	5,433.97	-3%	225.06	232.93	3%	4,723.36	6,043.56	22%
1974	6,074.20	6,211.82	2%	442.06	466.35	5%	21,501.74	17,400.11	-24%
1975	7,157.29	7,684.31	7%	429.22	363.35	-18%	7,810.14	11,229.21	30%
1976	11,478.83	11,915.82	4%	122.52	140.71	13%	45,878.14	68,892.97	33%
1977	10,041.51	9,130.23	-10%	108.13	133.03	19%	47,092.21	135,043.69	65%

資料說明：A→單位總成本；B→單位售價；C→獲利率。

資料來源：整理自經濟部會計處，《經濟部所屬各事業會計資料》（1964-1977 年）（臺北：經濟部會計處）。

代後臺船公司雖然將業務重心放在造船部門的獲利來源，多是仰賴修船和製機方面的銷售用來支撐造船事業的發展。縱使臺船公司的造船部門與殷臺時期一樣處於虧損狀況，但臺船公司藉由修船和造機部門的獲利彌補造船部門的虧損，與殷臺公司初期放棄修船和造機部門的經營策略有所區別。

第二節　從造船教育的開展到研發的起始

大體上，臺船公司自 1965 年引入日本石川島公司的技術後，先由日本單方面進行原料的供應，然後於臺灣進行組裝的工作。總的來

說，從船舶的設計乃至原物料的提供，以所謂的 P/D 方式依賴於日本。

然而，臺船公司自 1960 年代後期即開始思索如何於技術上逐漸脫離對國外的依賴，其具體行動為 1960 年代末期於臺灣大學設立船模試驗槽，1970 年更進一步擴充為臺大造船研究所和造船學系的設立。另外，臺灣的造船業的設計能力，要至 1970 年代前期由臺船公司開始進行船舶設計，然後至 1976 年聯合船舶設計中心的成立，臺灣才有專門設計船舶的法人組織。以下將探討臺灣造船技術自 1970 年代起，如何逐漸進行自主化的成長。惟先就船模試驗槽的成立過程及臺船公司自 1970 年代起進行的船舶設計與聯合船舶設計中心的創設予以討論前，必須留意的是，戰後臺灣造船教育其實自 1950 年代末期即開始由海事專科學校成立造船科起，經由正規的教育體制進行造船人才的養成。故本部分先就海事專科學校造船科的成立進行討論，其後則針對臺灣大學船模試驗室和船舶設計的發展進行探討。

一、海事專科學校造船工程科的成立

如前所述，臺船公司在成立初期以資源委員會為主體的職員為其高階造船人才，此外亦經由作中學的方式，自行培養若干的技術人才，但嚴格來說，臺灣的造船人才從 1950 年代末期海事專科學校造船工程科的設立論起。[460] 該校不但是戰後初期臺灣最重要的海事教育單位，其造船工程科的成立也與當時臺灣造船事業的發展有著密切之關連。

戰後初期臺灣的海事教育原本僅有基隆水產職業學校，[461] 其功能

[460] 魏兆歆，《海洋論說集（四）》（臺北：黎明文化事業公司，1985），頁 138。
[461] 基隆水產職業學校在日治時期為臺北州立基隆水產學校，戰後更名為基隆水產學

在於培育基層的水產技術人員。[462]當時臺灣省第一任交通處處長嚴家淦，採納基隆港務局局長徐人壽和其下所轄港務長唐桐蓀[463]之建議，[464]於基隆成立臺灣商船學校，並任命曾擔任吳淞商船學校校長，時任交通處航務管理局局長徐祖藩爲校長，但因師資延聘不易，以至於未能著手籌備。[465]

1950 年間，由曾任職交通部長的俞飛鵬舉辦航業人員講習會，之後再組織全國航業人員聯誼會，臺灣航運公司運務部經理唐桐蓀和王鶴等 20 餘人於聯誼會中，再度提案促請政府成立臺灣商船學校，並積極進行組校運動，但因聯誼會的解散，使得創校工作再次中挫。1950 年冬天，考試院舉辦第一次河海航行人員特種考試，由盧毓駿擔任典試委員長，典試委員爲前交通部航政司長王洸、[466]臺灣省政府交通處處長侯家源[467]、基隆港務局局長徐人壽、基隆港務局港務長唐

校，下設漁撈、輪機、製造、養殖、水產經營等五科，並附設水產技藝訓練班。胡曉伯，〈十年來之基隆水產職業學校〉，慶祝第十屆航海節基隆區籌備委員會編，《基隆海洋事業十年》（基隆：基隆輪船商業同業公會，1964），頁 286。

[462] 史振鼎編，《臺灣省立海事專科學校概況》（基隆：臺灣省立海事專科學校，1955），頁 5。

[463] 唐桐蓀，生卒年不詳，上海市人，吳淞商船學校駕駛科畢業，曾任基隆港務局港務長、各海輪大二副、英商怡隆洋行神福、神佑、神光等輪大副、中國內河航運公司南充辦理處副主任。章子惠編，《臺灣時人誌》（臺北：國光出版社，1947）。

[464] 臺灣省政府人事處，《臺灣省各機關職員錄》（臺北：臺灣省政府人事處，1947），頁 29、334、335。

[465] 唐桐蓀，〈海事專科學校發起經過〉（1963 年 6 月），《百忍文存》（臺北：中華民國船長公會，1976），頁 175。

[466] 王洸（1906-1979），江蘇省武進縣人，北京交通大學管理科畢業，曾任國防設計委員會航政組主任研究員、長江區航政局局長、交通部航政司司長。1951 年來臺後擔任交通部設計委員會委員、臺灣航業公司董事長。劉紹唐編，〈民國人物小傳—王洸（1906-1979）〉，《傳記文學》35:6，頁 143-144。

[467] 侯家源（1896-1957），江蘇省吳縣人，交通大學唐山工學院畢業，留學美國康乃爾大學取得土木工程碩士。返國後任教於交通大學，其後服務於鐵路界，先後擔

桐蓀、高雄港務局局長王國華❹、高雄港務局技正宋建勛等 6 人，❹
委員會通過籌設商船學校的決議，並獲得考選部長馬國琳的支持，由
考試院將此決議函發相關部會。另外，1951 年度第一次典試委員會
在高雄舉行時，進一步達成將商船學校擴大為海事學校的決議，計畫
設立駕駛、輪機、造船、漁撈、築港等五科。❹

　當時教育部長程天放❹和交通部長賀衷寒❹對海事學校的設立雖
表贊同，但限於預算無法即刻予以支持。此後，王鶴及唐桐蓀既感政

任交際鐵路工程司兼段長、浙贛鐵路局副局長兼總工程師、湘黔鐵路工程局長兼
總工程師。戰後擔任行政工程計畫團團長及浙贛鐵路局長兼總工程師，1950 年
來臺後擔任臺灣省政府顧問、國防部軍事工程總處處長。劉紹唐編，〈民國人物
小傳——侯家源（1896-1957）〉，《傳記文學》27:2，頁 102。

❹ 王國華（1900-1973），陝西省榆林縣人，畢業於北京清華大學、美國科羅拉多大
學、美國芝加哥大學碩士，返回中國後任職於上海滬江大學。其後轉任官界，先
後擔任浙江省建設廳長秘書、交通部總務司司長、交通部驛運管理處處長、物資
供應委員會駐美採購團團長。戰後擔任交通部顧問，1947 年來臺擔任臺灣航業公
司總經理，1950 年轉任高雄港港務局局長，1958 年轉任交通部國際合作小組委
員會主任及電信總局顧問。劉紹唐編，〈民國人物小傳——王國華
（1900-1973）〉，《傳記文學》43:6，頁 138-139，

❹ 臺灣省政府人事處，《臺灣各機關職員錄》（臺北：臺灣省政府人事處，1950），
頁 172、327、328。王洸，《我的公教寫作生活》（自行出版，1977），頁 81。

❹ 唐桐蓀，〈海事專科學校發起經過〉（1963 年 6 月），《百忍文存》（臺北：中華
民國船長公會，1976），頁 175。

❹ 程天放（1899-1967），江西省新建縣人，畢業於上海復旦大學，畢業後留學美國
伊利諾大學和芝加哥大學。並轉學至加拿大多倫多大學，獲得政治學博士。返國
後擔任江西省政府委員兼教育廳廳長、浙江大學校長、中央政治學校教務主任、
駐德國大使、四川大學校長、中央政治學校教育長兼國防最高委員會常務委員。
戰後擔任立法委員、中央宣傳部長，來臺後擔任教育部長及考試院副院長。劉紹
唐編，〈民國人物小傳——程天放（1899-1967）〉，《傳記文學》28:2，頁
105-106。

❹ 賀衷寒（1899-1972），湖南省岳陽縣人，黃埔陸軍軍官學校第一期畢業，其後留
學蘇聯莫斯科福朗嗣陸軍大學。曾任南京中央陸軍軍官學校第六、七期學生總隊
長、軍事委員會政治訓練處處長、行政院國家總動員會議人力組主任。戰後擔任
社會部政務次長，1950 年來臺灣後擔任交通部部長、國策顧問、行政院政務委
員。劉紹唐編，〈民國人物小傳——賀衷寒（1899-1972）〉，《傳記文學》34:5，
頁 143-144。

府經費困難，一時不易促成海事學校的設立，故至左營會見當時海軍總司令馬紀壯[473]和副總司令黎玉璽[474]，提出在海軍官校內兼設商船學系的構想，卻因體制關係無法如願。[475]

　　直到 1951 年底，水產界人士袁淦向行政院院長陳誠書面建議成立海事學院或於臺灣大學內附設專修班培養商船水產港務人才，海事學院的創設才正式獲得行政院長陳誠同意，並由交通部和教育部辦理。[476]

　　1952 年春天，行政院召集教育部、交通部、臺灣省政府及省屬教育廳、招商局協商，獲得於基隆設立專科學校的決議，以培育高級海事技術人才及初級水產職業教育之師資。[477]同年秋天，招商局董事長俞飛鵬率團赴日本進行航業考察，其中包含航業教育一項，交由王鶴負責。同年 12 月，王氏向行政院長陳誠報告，提出訓練海事人才的重要性，並獲得認可。[478]此後，俞飛鵬提出若政府無編列預算，可由中華民國輪船商業同業公會全國聯合會出資辦理海事學校之規劃，並即刻對校地選擇、經費、設備和課程達成決議。其中，在輪機和造船

---

[473] 馬紀壯（1912-1998），籍貫不詳，畢業於海軍青島學校第三期，海軍出身，曾任至聯勤總司令、國防部副部長、中國鋼鐵公司董事長。戴寶村，《臺灣全志》（南投：國史館臺灣文獻館，2004）。張守真主訪，《中鋼推手趙耀東先生口述歷史》（高雄：高雄市文獻委員會，2001）。

[474] 黎玉璽（1912-2003），四川省達縣人，畢業於電雷學校，曾任海軍總司令。張力訪問，《黎玉璽先生訪問記錄》（臺北：中央研究院近代史研究所，1991）。

[475] 唐桐蓀，〈海事專科學校發起經過〉（1963 年 6 月），《百忍文存》，頁 176。

[476] 唐桐蓀，〈海事專科學校發起經過〉（1963 年 6 月），《百忍文存》，頁 176。

[477] 史振鼎編，《臺灣省立海事專科學校概況》（基隆：臺灣省立海事專科學校，1955），頁 5。

[478] 唐桐蓀，〈海事專科學校發起經過〉（1963 年 6 月），《百忍文存》，頁 176。中華民國輪船商業同業公會全國聯合會日本航業考察團，《日本航業政策報告書》（1952 年 12 月），頁 2-3。

兩科課程的設計，委託當時臺船公司協理齊熙執行。❹⁷⁹

1953 年 6 月，經臺灣省政府教育廳的認可，海事專科學校籌備處成立，以三年學制為基礎，初期設立駕駛、輪機、漁撈三科，並規劃日後增設製造、養殖、造船、港務、管理等五科。❹⁸⁰ 創校初期所需之經費，獲得臺灣省政府提撥 30 萬元、交通部 5 萬元、基隆市政府補助 15 萬元，共計 50 萬元。除此之外，交通部將所拆解之年達輪❹⁸¹ 器材，提交海事專科學校使用。❹⁸²

同年 8 月，美國國外業務總署駐華分署教育組白朗（H. Brown）博士與海事專科學校籌備處主任戴行悌❹⁸³ 會晤，允諾在 1953 會計年度預算額內撥助相對基金新臺幣 20 萬元用作實習教室的擴充，另撥 1 萬美元充購圖書與儀器。美援的資金援助於 1954 年 3 月獲得批准，因此同年 6 月海事專科學校開始興建實習教室，並於同年 10 月竣工。❹⁸⁴

海事專科學校乃至後來的海洋學院，因偏重實務系統，故除校內課程的修習外，特別注重實習項目，學則第八章明訂學生除修習規定

---

❹⁷⁹ 唐桐蓀，〈海事專科學校發起經過〉（1963 年 6 月），《百忍文存》，頁 176-177。

❹⁸⁰ 史振鼎編，《臺灣省立海事專科學校概況》，頁 6。

❹⁸¹ 年達輪為中華人民共和國所屬的輪船，1952 年 10 月 25 日經由香港起義來臺灣，其前身為三北公司的 2,200 噸「偉東輪」，於 1926 年建造，1950 年後改稱為年達輪，並行駛於青島和上海之間，載運棉紗及戰略物資。其船舶來臺灣後交由交通部接管，1953 年由於船齡過高，政府決定拆解拍賣。〈年達輪抵高雄，高市各界齊集碼頭，熱烈歡迎來歸義士〉（1952 年 12 月 23 日），《中央日報》，第四版。〈年達輪逾齡 已決定拍賣 政府保障船員生活〉（1953 年 6 月 14 日），《中央日報》，第三版。

❹⁸² 史振鼎編，《臺灣省立海事專科學校概況》，頁 7。

❹⁸³ 戴行悌（1916-1991），浙江省鄞縣人，浙江省水產學校畢業，日本千葉縣水產漁具班進修，曾任國立乍浦水產學校校長、浙江省漁會理事長、高雄高級水產職校校長及省立海事專科學校校長。胡興華，《臺灣早期漁業人物誌》，頁 16-17。

❹⁸⁴ 史振鼎編，《臺灣省立海事專科學校概況》，頁 7-8。

科目外，必須於寒暑假及第三學年在校外相當場所實習，實習時間規定 12 個月。[485]

至於造船工程科的成立，可追溯至 1957 年 2 月，臺船公司將廠房租賃予殷臺公司，開始建造 36,000 噸油輪爲契機。殷臺公司的設立對於工程教育而言，可說是提供臺灣造船教育一個極佳的實習場所。[486] 海事專科學校向殷臺公司提出建教合作的計畫，在獲得同意後，於 1959 年設立四年制造船工程科。[487]

造船工程科成立目的，是爲了培養造船和驗船人才。因此於課程的安排，前三年半應修學分爲 155 個，修習科目包含主要必修科目、共同必修科目、選修科目三類，共計 38 門課。[488] 第一學年以共同必修課及部分基本科學科目爲主，作爲進修專業科目之基礎。此外，另加上造船學課程的修習，介紹造船概況。第二學年造船原理靜力部分，主要爲基本科學，如流體力學、應用力學、材料學、機構學等科目講授。第三年與第四年上學期除船體結構原理設計學及造船原理動力部分等主要科目外，同時講授船具學、輪機學、船廠管理等科目。第四年第二學期則分發至造船公司實習，當時則與殷臺公司訂有合約，因此聘請殷臺公司具備豐富實務經驗之工程人員到校擔任教學指導，講授新式儀器設備及應用方法。[489]

---

[485] 史振鼎編，《臺灣省立海事專科學校概況》，頁 34。

[486] 張達禮，〈往事前塵〉，《國立海洋大學造船系四十週年系慶專刊》（基隆：國立海洋大學造船工程學系，1998），頁 4。

[487] 臺灣省立海事專科學校出版組，《海專概況》（基隆：臺灣省立海事專科學校，1959），頁 62。

[488] 臺灣省立海事專科學校出版組，《海專概況》（基隆：臺灣省立海事專科學校，1959），頁 62。

[489] 臺灣省立海事專科學校編，《海專概況》（基隆：臺灣省立海事專科學校，1962），頁 33。

　　至於實習課程部分，主要分為四大課題，分別為船廠組織及執掌、生產計畫及管制系統、設計、生產製造（包括船體、船機和電工三部門）。[490]值得注意的是，實習分數由實習基本成績、實習機構考核成績、實習心得報告書成績、實習月報表成績、實習日記成績五個部分組成，分別占30%、30%、20%、5%、15%。[491]

　　1964年6月18日隨著海事專科學校改制為臺灣省立海洋學院，造船工程科亦改名為造船工程系。[492]

　　如前所述，海事專科學校創立初期因本身師資的缺乏和建教合作的協議，部分由殷臺公司及往後的臺船公司職員給予教學上的支援。如第一任系主任齊熙，[493]畢業於德國但澤工業大學，過去於中國曾擔任上海中央造船公司籌備處工程師並兼任交通部航海及航運署技術顧問，1948年至1957年曾先後擔任臺船公司總工程師和協理，1957年至1960年擔任殷臺公司總工程師兼生產處經理的同時，於1959年至1960年間兼任造船科主任。[494]

[490]臺灣省立海事專科學校編，《海專概況》（基隆：臺灣省立海事專科學校，1962），頁33。

[491]臺灣省立海事專科學校出版組，《海專概況》（基隆：臺灣省立海事專科學校，1959），頁88。

[492]王偉輝，〈四十年來的偉大與漂亮〉，《國立海洋大學造船系四十週年系慶專刊》（基隆：國立海洋大學造船工程學系，1998），頁2。

[493]齊熙（1909-1995），河北省高縣人，德國但澤工業大學造船工程博士，1946年返國參加中央造船公司籌備工作，並兼任上海航政局顧問。1948年後赴臺灣臺船公司先後歷經總工程師和協理等職務，1955年擔任中國驗船協會代理首席驗船師。1947年殷臺公司成立後擔任總工程師兼生產處經理。1960年兼任海事專科學校造船工程系主任。1963年赴美國西雅圖，擔任Puget Sound Bridge & Dry Corp規劃工程師。1965年起改任西雅圖洛奇船公司之主要造船工程師，參加建造各型艦艇工作。1973年返回臺灣參加十大建設，擔任中國造船公司執行副總經理。1978年公司改為國營後擔任董事兼高級顧問，1982年退休返回美國定居。劉紹唐編，〈民國人物小傳—齊熙（1909-1995）〉，《傳記文學》27:5，頁134-135。

[494]《國立海洋大學造船系四十週年系慶專刊》（基隆：國立海洋大學造船工程學系，

　　其後擔任系主任的翁家騋[495]畢業於美國麻省理工學院，曾擔任江南造船所少校工程師，1949 年曾任職於臺灣造船公司副工程師，其後又再任職於海軍造船廠廠長和海軍機校造船系教授，1960 年至 1963 年擔任造船科主任。[496]

　　除此之外，1960 年 9 月到職的王金鰲和曾之雄，以及 1967 年 9 月到職的張則戩，皆為同濟大學畢業。[497]王金鰲和曾之雄曾擔任中央造船公司籌備處工務員，1949 年於臺船公司擔任工務員。[498]在殷臺公司時期，張則戩擔任主任工程師職務，曾之雄則擔任工程師職務。[499]

　　總的來說，早期至海洋學院任教的殷臺公司職員，多數為具備造船實務經驗的工程師，對戰後臺灣造船教育的發展初期，在尚未具備科班學院派培養出來的師資的情況下，扮演承先啓後的角色。

　　再者，當時課程的安排由於師資多為同濟大學和交通大學畢業，因此受到其教育系統影響，甚至連部分當時所用之教科書皆沿用過去

1998），頁 14。

[495] 翁家騋（1916- ），江蘇省興化縣人，美國麻省理工學院造船系畢業，曾任軍事委員會中尉附員、江南造船廠上尉工程師、臺船公司副工程師、海軍駐日監修組少校副組長、海軍第三造船所少校工程師。史振鼎編，《臺灣省立海事專科學校概況》，頁 163。

[496]《國立海洋大學造船系四十週年系慶專刊》（基隆：國立海洋大學造船工程學系，1998），頁 14。

[497]《國立海洋大學造船系四十週年系慶專刊》（基隆：國立海洋大學造船工程學系，1998），頁 16。〈資源委員會臺灣省政府 1949 年臺灣造船公司各級職員名冊〉，臺灣造船公司檔案，《公司簡介》，檔號：01-01-01，藏於臺灣國際造船公司基隆總廠。

[498]〈資源委員會中央造船公司籌備處資源委員會臺灣省政府臺灣造船有限公司會呈，事由：為本職員薛楚書等 41 人調赴本公司工作檢附清冊至請鑒核備案由〉（1948 年 6 月 3 日），《臺船公司：調用職員案、赴國外考察人員》（1946-1952 年），資源委員會檔案，檔號：24-15-04 3-（3），藏於中央研究院近代史研究所檔案館。

[499]〈殷格斯臺灣造船股份有限公司職員移交名冊〉，《殷臺公司移交清冊 人事》，臺灣造船公司檔案，無檔號，藏於臺灣國際造船公司基隆總廠。

大陸時期的教科書，或可說是亦受到中國大陸經驗的傳承與延續。⑩

二、臺灣大學船模試驗室的設立

戰後臺船公司雖然至1960年代後開始具備建造大型船舶的能力，由於臺灣本身欠缺船模試驗設備，使得在船舶設計部分無法經由試驗進行驗證而獲得技術提升。換言之，由於國內缺乏試驗槽的設備，不僅限制國內研發環境的發展，亦使得臺船公司必須持續依賴國外船舶設計等相關資料。

1967年8月，中國造船工程學會船模試驗室籌建小組委員，擬定建造小型船模及其他流體動力學等試驗設備之計畫草案。其後復經國家安全會議科學發展指導委員會於1968年7月召集中國造船工程學會、中國驗船學會、國立臺灣大學、臺船公司等相關人員進行討論後，爲解決研究人員不足之難題，並且希望能於大學培養更多專業技術人員，決議將船槽設於臺灣大學。⑩

臺船公司總經理王先登指出船模試驗爲造船設計最關鍵部分，其

---

⑩ 依據現任海洋大學系統工程暨造船學系系主任王偉輝教授於《船史研究第9期》中提到，在1960年代當時造船系的學生的重要參考用書籍之一《船之阻力》，爲過去上海交通大學辛一心教授於1950年之前的重要著作之一。即使後來辛一心教授留在中國大陸，但其過去的著作亦對海洋學院造船工程科的學生在專業學習上的影響甚大，引自辛元歐編，《船史研究第9期》（上海：中國造船工程學會船史研究會，1996），頁162。另外，筆者亦於2007年5月1日對海洋大學王偉輝教授進行訪談，王偉輝教授爲1970年畢業於海洋學院造船工程科，其後於系上擔任助教、講師、副教授、教授及系主任，對系上初期師資及沿革發展有相當程度的瞭解，其指出早期造船工程科創系時，在課程和制度的規劃上多數參照過去同濟大學時代的規劃，且初期師資部分也爲過去上海交通大學和同濟大學畢業校友，因此由此部分或可提出戰後臺灣造船教育的興起受到中國經驗的影響。

⑩ 陳學信，〈船模試驗室籌建概要〉，《中國造船工程學會第十六屆年會會刊，1968年11月11日》，頁18。汪新之、陳信宏、郭純伶，〈系史簡介〉，《臺大造船與海工──二十週年系慶紀念特刊》（臺北：臺灣大學造船及海洋工程學系，1996），頁6。

重要性在於工程師依據船舶的設計圖樣，製成模型後在水槽內進行各種情況的試驗，再經由驗船協會的認證，才能將船舶設計圖付諸生產。[502]建立船模試驗室所需的經費由國家科學委員會配合政府訂立的12年「科學發展總計畫」提供預算。[503]除了造船實務界的工程人員外，並由美國聘請陳學信回臺灣主持試驗室的規劃。[504]

惟船模試驗室的建造，原本規劃興建 20 至 50 呎長的船模大型試驗槽，雖其功用較小型船槽為多，效能亦較佳，但由於建造及維持費用過鉅，籌措不易。並考慮到大型船槽在當時臺灣使用的經濟價值不高，故決定先建造 5 呎長的標準小型船模試驗室。此船模實驗室的功能以研究教學為主，兼做部分船舶測量，此船槽約寬 3 米，水深 5 呎，槽長 80 米，不過船槽之寬度及深度在施工時儘量加大保留餘地，以為日後延長之用。[505]

臺灣大學船舶實驗室由 1968 年開始興建，於 1972 年落成使用。[506]啟用初期由於船模試驗槽規模較小，對 10 萬噸船舶進行的試驗結果不夠精確，臺船公司亦提出興建大型船模試驗槽的構想。[507]結果是於 1974 年將船槽擴充至長為 150 公尺，直徑 25 公尺。該項擴建的竣

[502]〈國家科學委員會支持國內造船模試驗〉，《聯合報》（1968 年 9 月 6 日），第二版。

[503]〈國家科學委員會支持國內造船模試驗〉，《聯合報》（1968 年 9 月 6 日），第二版。〈致力科學技術發展 政府擬訂計畫〉，《聯合報》（1968 年 9 月 24 日），第一版。

[504]汪新之、陳信宏、郭純伶，〈系史簡介〉，《臺大造船與海工──二十週年系慶紀念特刊》（臺北：臺灣大學造船及海洋工程學系，1996），頁 6。

[505]陳學信，〈船模試驗室籌建概要〉《中國造船工程學會第十六屆年會會刊，1968 年 11 月 11 日》，頁 18。

[506]汪新之、陳信宏、郭純伶，〈系史簡介〉，《臺大造船與海工──二十週年系慶紀念特刊》，頁 6。

[507]臺灣造船公司，〈臺灣造船公司五十六年度第二次業務報告〉（1967 年 7 月），《經濟部所屬事業機構五十六年度第二次業務檢討會議資料》。

工對臺灣造船業發展而言，使得進行數千噸至數十萬噸大型船舶試驗得以實現。❺⁰⁸

　　另一方面，臺灣大學機械工程研究所配合船舶實驗室的落成，成立造船組培育船舶設計所需的人才，再擴充人力編制，1973 年更由汪群從籌畫設立臺灣大學造船研究所。研究所設立後，又歷經兩年的籌備，於 1976 年設立大學部。❺⁰⁹ 由於臺灣大學本身並不具備造船領域的師資，因此造船研究所多由其他單位進行支援及借調師資。例如創所所長汪群從是由中央研究院物理學研究所所合聘；戴堯天亦與中央研究院合聘；陳義男則與機械系合聘；李常聲是由海軍所調派；陳生平則由中正理工學院借調。❺¹⁰

　　隨著船模試驗室的落成，臺船公司於 1970 年代開始擺脫過去船舶設計圖幾乎全數仰賴自國外，而逐漸自行進行船舶設計的開發。臺船公司此時的設計技術能力，除了船舶的基本設計部分需要依賴國外的支援外，在細部設計和施工設計部分，已經能夠自行作業。1973年臺船公司開始進行 2 萬 6,700 噸散裝貨輪、海域油礦鑽探船和 1,500匹馬力拖船的基本設計，再請石川島公司進行模擬試驗外，亦同時交由當時設置於臺灣大學的船模研究室進行試驗，❺¹¹ 當時臺灣大學對臺灣造船設計能力的成長程度，藉由針對當時貨櫃船的設計的模擬結果，已與石川島公司的模擬結果十分接近。❺¹²

---

❺⁰⁸〈船模試驗室 接近完工階段〉（1968 年 9 月 24 日），《經濟日報》，第四版。

❺⁰⁹ 汪新之、陳信宏、郭純伶，〈系史簡介〉，《臺大造船與海工——二十週年系慶紀念特刊》（臺北：臺灣大學造船及海洋工程學系，1996），頁 6、13。

❺¹⁰ 汪新之、陳信宏、郭純伶，〈系史簡介〉，《臺大造船與海工——二十週年系慶紀念特刊》（臺北：臺灣大學造船及海洋工程學系，1996），頁 8、12-13。

❺¹¹ 臺灣造船公司，〈臺灣造船公司五十六年度第二次業務報告〉（1967 年 7 月），《經濟部所屬事業機構五十六年度第二次業務檢討會議資料》。

❺¹² 王偉輝，"Analysis Example by Using the Developed Computer Program "Warship"",

　　要言之，臺灣在 1970 年代，由於船模試驗槽的興建，使得船舶設計的能力逐漸提升。另一方面，臺灣大學造船研究所的設立，培育出來的人才，多偏重於船舶設計及試驗方面，與 1950 年代後期設立的海洋學院造船工程科較為注重實務，彼此是有所區別的。

三、臺船公司船舶設計的開始

　　臺船公司於 1960 年代於公司組織便設有船舶設計處，但卻因設備的缺乏及人力吃緊，無法盡全力進行設計工作。[513] 1970 年代臺灣大學船模試驗室竣工後，臺船公司以 1972 年承接鑽探船的改裝工程起，開始大規模展開船舶設計工作。其後，臺船公司又承接海軍 3,400 噸客貨船和西德補給船之設計，惟基本設計仍由船東提供，或是委請國外設計。[514]

　　在此同時，臺船公司針對船舶設計人才的培養，自 1968 年至 1972 年 6 月，共派遣 38 名員工分別至日本與西德接受訓練。其中，1971 年赴日本石川島公司學習者有 10 名，1972 年 6 月赴日本學習者又有 4 名，是經由中日文化經濟協會[515]與行政院國際經濟合作發展委員會辦理甄選，其出國所需經費由日本國際技術協力協會負擔。此

王偉輝，《船舶結構設計》（基隆：海洋大學造船工程學系，1992），頁 624-630。〈王偉輝先生訪談記錄〉（2007 年 5 月 1 日）。

[513] 臺灣造船公司，〈加速造船施工進度及降低成本之報告〉（1969 年 3 月），《經濟部所屬事業機構五十八年度第一次業務檢討會議資料（二）》，頁 4。

[514] 中國造船股份有限公司基隆總廠設計組，六十七年度年終檢討資料〈中國造船股份有限公司基隆總廠六十七年度年終檢討資料專題檢討：2. 如何提高設計能力 設計組〉（1978 年 8 月 3 日）。

[515] 中日文化經濟協會於 1952 年成立，主要是促進臺灣與日本兩國間的文化、教育、經濟交流，除出版介紹中日文化書籍外，亦有交換教授講學和技術人員培訓等計畫。中華民國民眾團體活動中心，《中華民國五十年來民眾團體》，頁 301-304。

外，中德文化經濟協會❺❻於 1972 年出資提供 4 名職員赴西德學習設計。臺船公司亦自行負擔費用派遣 3 名員工赴歐洲和美國學習船舶設計。❺❼

依據當時出國實習考察資料，可知 1971 年赴日本研修的 10 名臺船公司機械工程師，有 5 位畢業於海洋學院造船工程系，或可說明當時海洋學院的畢業生在臺船公司所扮演承先啟後的角色。另外，10 名職員的平均年齡約在 30 歲左右，受訓期間為 8 個月。❺❽ 1972 年赴日本學習的 4 名機械工程師，亦皆海洋學院造船工程系畢業，年齡分布於 26-34 歲，受訓時間為 10 個月。❺❾

1975 年臺船公司與石川島公司技術合作的契約期滿後，於再次續約的內容中，除了增加生產管制合理化與現代化項目之外，更著重船舶基本設計能力的培養與建立。其所代表的意涵為，臺船公司意圖由 1960 年代的生產裝配面，進一步提升到船舶設計。❻⓿

臺船公司於同年開始進行 2 萬 8,000 噸船舶的改裝設計。由表 6-13 所示，此類船舶為臺船公司引進石川島公司技術以來，大量生產之船型。臺船公司一方面重新書寫船舶說明書，對船體結構、艤裝配備和

❺❻中德文化經濟協會前身為中德文化協會，1933 年由朱家驊成立於南京，1964 年更名為中德文化經濟協會。〈中德文化協會，決議更改名稱〉（1964 年 10 月 31 日），《中央日報》，第四版。中德文化經濟協會網站：http://www.cdkwv.org.tw/。

❺❼〈臺灣造船股份有限公司第三屆第五次董監聯席會議記錄〉（1972 年 6 月 7 日）。

❺❽〈為通知赴日研習人員結果請 查照辦理保送手續並見復由〉（1971 年 1 月 16 日），中日文化經濟協會（函），字號（60）會總字第 001 號，《出國考察實習 59-60 年度》，臺灣造船公司檔案，無檔號，藏於臺灣國際造船公司基隆總廠。

❺❾〈臺灣造船股份有限公司工程師黃魁杰等十二員赴日研修造船技術日程表〉（1972 年 4 月 22 日），船（61）人發字第 1530 號，《出國考察實習 61 年度 13-26》，臺灣造船公司檔案，無檔號，藏於臺灣國際造船公司基隆總廠。

❻⓿〈臺灣造船股份有限公司第四屆第八次董監事聯席會議業務報告〉（1975 年 4 月 25 日）。

輪機配置重新設計,並且委託臺灣大學船模試驗室進行試驗。此外,又進行海域補給船的船體計算,以及在結構、儀表和輪電方面的設計,並且將其研發成果應用於當時所建造的三艘船舶。㉑

1977年,臺船公司完成2萬9,000噸多用途船舶的基本設計,其特點在於擺脫過去船舶設計圖均需購自國外,從船型、性能、基本船體結構、艤裝、輪機及電機設計,由臺船公司與其後將提及的聯合船舶發展設計中心共同設計,在船模試驗方面,除交由臺灣大學船模試驗室進行外,另外委託西德漢堡船舶試驗室再次進行確認。至於詳細設計及施工設計細部圖,也完全由臺船公司自行設計。㉒

大致上而言,至1978年臺船公司與高雄的中國造船公司合併時,臺船公司能生產的船舶樣式共有11種,其中能自行設計4種,分別為3,400噸客貨船、60噸吊桿船、2萬8,900噸多用途船、8,500噸貨櫃船。㉓

四、聯合船舶設計發展中心的設立

1969年3月,臺船公司於經濟部所屬事業機構五十八年度第一次業務檢討會議時,即提出希望能藉由整合臺灣與造船工業有關之學術機關及社團,集中具備造船設計技術人員,組成船舶設計社團組織。而在執行方式上,希望能夠仿照美國造船的分工方式,以委託研究學習船舶設計,最後目標則是希望能從事船體之基本設計。臺船公司對

㉑ 經濟部國營事業委員會,《經濟部國營事業委員會暨各事業六十四年年報》(臺北:國營事業委員會,1976),頁155。
㉒ 經濟部國營事業委員會,《經濟部國營事業委員會暨各事業六十六年年報》(臺北:國營事業委員會,1978),頁155-156。
㉓ 中國造船股份有限公司基隆總廠設計組,〈六十七年度年終檢討資料 中國造船股份有限公司基隆總廠六十七年度年終檢討資料專題檢討:2.如何提高設計能力 設計組〉(1978年8月3日)。

此船舶設計單位的設立，願意提供人力及經費上的支援，以促使船舶設計工作能夠逐漸開展。❷④

1974 年 3 月間，由旅美學人所組成之造船工程學社向行政院院長蔣經國提出臺灣的造船工業應引進國外技術，以奠定自行設計船舶基礎之建言。這項建言經由行政院交經濟部轉飭中國造船公司等研究具體方案。同年 7 月，在「近代工程技術討論會」暨「國家建設研究會」，達成設立全國性之船舶中心的具體結論。❷⑤

1974 年 8 月，原臺船公司總經理王先登轉任中國造船公司總經理，經濟部指派負責推動船舶設計中心之籌設。同年 12 月 11 日，由經濟部、交通部和國防部共同召開「財團法人聯合船舶設計發展中心」發起人會議，並邀請中國造船公司、臺船公司、中國石油公司、海軍總部、中國驗船協會、臺灣機械公司、招商局輪船公司、基隆港務局、高雄港務局單位爲捐助人。會議中除研擬捐助章程草案外，並邀請厲汝尚❷⑥擔任該船舶設計中心籌備處召集人。1975 年 2 月 27 日，由經濟部主持「財團法人聯合船舶設計發展中心」捐助人預備會議，確定各捐助單位認捐金額、董事名額分配、初期業務項目等事宜。❷⑦

1975 年 3 月 10 日，聯合船舶設計發展中心籌備處成立，原本預定於同年 7 月正式成立。但因能源危機的衝擊，全世界航運及造船業

---

❷④ 臺灣造船公司，〈加速造船施工進度及降低成本之報告〉（1969 年 3 月），《經濟部所屬事業機構五十八年度第一次業務檢討會議資料（二）》，頁 4。
❷⑤ 〈財團法人聯合船舶設計發展中心成立大會會議資料〉（1976 年 7 月 1 日），頁 3。
❷⑥ 厲汝尚（1915-2007），江蘇省六合縣人，畢業於國立西北工學院土木系，其後赴英國深造取得倫敦大學帝國學院工學博士。1948 年 7 月來臺灣，任職於臺船公司，同年 9 月轉任高雄軋鋼廠先後擔任主任及廠長。1952 年至 1978 年進入中國驗船協會服務，擔任至總驗船師。1981-1988 年擔任聯合船舶設計發展中心執行長。鄧運連、陳生平，〈悼念前理事長厲汝尚博士〉，《中國造船暨輪機工程師學會》63，頁 1-11。
❷⑦ 〈財團法人聯合船舶設計發展中心成立大會會議資料〉（1976 年 7 月 1 日），頁 3。

正處於不景氣，致使船舶設計中心籌備處先期洽談之 2 萬 8 千噸散裝貨船改裝、3 萬噸級多目標輪之研究、鑽探平臺與國外設計機構之技術合作等，均因而無法實現，結果船舶設計中心的成立日程一再延後。[528]

相對之下，巴西、南韓、印度等地造船業則利用此能源危機時期，在政府輔導下成立船舶設計機構，以配合造船工業之發展。因此船舶設計中心籌備處設法與美國 George Sharp、Mcmullen、Hydronautics，挪威 SRS、SRI、Norcontrol，瑞典 SSCC 等船舶設計機構及日本石川島、佐野安等造船廠和船舶設計機構洽談船舶設計之技術合作事宜。但展開船舶設計工作必須先有對象，作為船舶設計中心成立後之第一艘設計船型，經徵詢國內外航商與造船廠，認為 2 萬8,000 噸級及 5 萬 7,000 噸級散裝貨輪為未來航運最需要者，對此進行改良設計，以便提供臺船公司爭取造船訂單。然而卻因臺船公司無法預撥設計費用，使得此項政策中挫。[529]

1975 年 8 月，經濟部對聯合船舶設計發展中心籌備處提出在造船業不景氣時，仍應以設計整船為主要業務，否則無設立必要。成立之初期，可以縮小規模，由原計畫每年設計二種船型改為每年一種之指示。聯合船舶設計發展中心於是邀集中國造船公司和臺船公司，就其正與船東進行洽談之多用途貨輪與散裝船擇一為第一艘設計船型。但因船東要求交船緊迫，無法考慮委交該中心設計，且在未獲取訂單前亦無法做具體確定，故又未獲結論。[530]

一般而言，由於船舶設計工作需花費較長的時間，而造船公司在

---

[528] 〈財團法人聯合船舶設計發展中心成立大會會議資料〉（1976 年 7 月 1 日），頁 4。
[529] 〈財團法人聯合船舶設計發展中心成立大會會議資料〉（1976 年 7 月 1 日），頁 4。
[530] 〈財團法人聯合船舶設計發展中心成立大會會議資料〉（1976 年 7 月 1 日），頁 5。

報價時又必須預先提供必要之船圖、說明書及可以供作估價之表報等，方能與船東協商造價及交船時間。但聯合船舶設計發展中心籌備處於草創初期無法達成這些要求，因此為開拓造船設計工作起見，必須於一年前，就往後的航運發展趨勢進行船型設計，並繪製若干主要圖說，滿足船舶合約設計之標準，提供船東進行選擇。倘獲認定再進行其詳細設計及施工圖，如此可在人力、財力和時效獲得經濟價值。船舶中心籌備處依循經濟部前項指示以每年設計一種船型為目標，再度邀請中國造船公司及臺船公司以上述作法暫以研究發展項目提出預算，所擬定計畫以三年為期限，每年中國造船公司與臺船公司各自支付新臺幣 750 萬元，先行撥付船舶設計中心籌備處。換言之，聯合船舶設計發展中心籌備處在初期即獲得 4500 萬元，於三年之內得以進行三種船型的設計，以供航商選擇採用。在當時成本效益的規劃中，如造船公司獲得其中一艘船之訂單，即可全部或部分收回此項成本，不僅造船公司能夠獲利，船舶設計中心亦能藉由訂單的取得發展船舶整體的設計。[531]

此項方案最終由聯合船舶設計發展中心籌備處提出，獲得經濟部的支持，並於 1976 年 1 月同意在三年期間內，由中國造船公司及臺船公司兩公司以研究發展之科目支付給船舶設計中心進行所需之研究經費。[532] 在獲得經費之後，聯合船舶設計發展中心於同年 7 月 1 日正式成立。[533]

聯合船舶設計發展中心後，政府於 1976 年提出「國輪國運、國

---

[531]〈財團法人聯合船舶設計發展中心成立大會會議資料〉（1976 年 7 月 1 日），頁 5-6。

[532]〈財團法人聯合船舶設計發展中心成立大會會議資料〉（1976 年 7 月 1 日），頁 6。

[533]〈船舶設計中心昨成立 將分三階段開展業務〉，《經濟日報》（1976 年 7 月 2 日），第二版。

輪國造、國輪國修」政策，⑤ 又於 1977 年提出「貿易、航業與造船
相互配合實施方案」，⑤ 使得造船公司的船舶訂造的業務量提升，亦
使得船舶設計中心有機會進行各項船型的設計。⑤

　　在實績方面，1977 年 4 月，聯合船舶設計發展中心完成第一艘
6,100 噸級木材船的設計，並獲得 20 餘艘的訂單，委託中國造船公司
建造。此外，亦與臺船公司共同設計 2 萬 8,900 噸多目標功能船。⑤

第三節　政府政策的援助與受限

一、設備的擴充與資金的來源

　　1965 年臺船公司與石川島公司簽訂技術移轉合約後，石川島公司
建議臺船公司進行緊急擴建計畫和四年擴建計畫，目的在使臺船公司
造船和修船能量擴大。這項工程可謂爲戰後臺船公司最大的擴建計
畫，其所需資金則由政府支援。

　　1966 年的緊急擴建計畫所需經費爲新臺幣 2,000 萬元，由行政院
國際經濟合作發展委員會項目下的中美基金提供。⑤ 緊急擴建計畫最
主要部分在於利用一年的時間將原本載重 15,200 噸的造船臺擴建爲
32,000 噸級。⑤

⑤謝君韜，《海洋開發政策論》（臺北：幼獅文化事業公司，1977），頁 252-253。
⑤黃玉霜，〈國輪國造、國貨國運〉，許雪姬編，《臺灣歷史辭典》（臺北：行政院
　文化建設委員會，2004），頁 722。
⑤〈財團法人聯合船舶設計發展中心成立大會會議資料〉（1976 年 7 月 1 日），頁 6。
⑤〈財團法人聯合船舶設計發展中心成立週年業務報告〉（1977 年 7 月 1 日）。
⑤臺灣造船公司，〈臺灣造船公司五十六年度第二次檢討會議專題報告：如何加速
　事業成長及輔導發展衛星工廠配合經建計畫〉（1967 年 7 月），《經濟部所屬事業
　機構六十二年度第二次業務檢討會議資料》。
⑤經濟部，〈臺灣之造船工業〉，《經濟參考資料》1973：5〈經濟部：1973 年 10
　月 28 日〉，頁 8-9。

　　1967 年至 1970 年的四年擴建計畫，其資金來源分爲國內和國外部分。國內資金主要經由中央政府、臺灣省政府、臺灣銀行和民股增資，國外部分則由 1965 年由臺灣和日本政府簽訂的日圓貸款提供。[540]四年擴建計畫主要的貢獻是將單艘造船能量提升至 13 萬噸，年修船產能則提升至 130 萬噸。[541]

　　其後，臺船公司於 1971 年 7 月開始進行第二期四年擴建計畫，其主要包括 10 萬噸船塢的延伸及擴大廠房區域，以因應臺船公司更大規模的造船及修船需求。[542]當時所需經費預計爲新臺幣 4 億 7,000 萬元，政府提供了 2 億元的資金，其餘部分則由臺船公司自行貸款籌措。[543]

　　10 萬噸船塢的延長工程於 1972 年 11 月開始施工，原本預計於 1974 年 5 月底完成。然而，此項工程卻涉及收購鄰近華南造船廠及海軍網場的土地及水域徵收問題，又因華南造船廠[544]索價過高，導致工程進度延滯。[545]而臺船公司與華南造船廠的協商歷經兩年多未能獲得共識，最後經濟部指示更改航道工程設計，改用軍事用地，1974 年

---

[540]臺灣造船公司，〈臺灣造船公司五十八年度業務檢討報告〉（1970 年 2 月），頁 12，《經濟部所屬事業機構五十九年度第一次業務檢討會議綜合檢討會議資料》。

[541]〈臺灣造船公司五十六年度第二次業務報告〉（1967 年 7 月），《經濟部所屬事業機構五十六年度第二次業務檢討會議資料》。〈臺灣造船公司六十一年度第二次業務報告〉（1972 年 7 月），《經濟部所屬事業機構五十六年度第二次業務檢討會議資料》。

[542]〈臺灣造船股份有限公司六十一年度股東常會議程〉（1972 年 11 月）。〈經濟部所屬事業機構六十一年度第二次業務檢討會議〉（1972 年 7 月）。

[543]〈經濟部所屬事業機構六十一年度第二次業務檢討會議〉（1972 年 7 月）。

[544]華南造船廠於 1922 年成立，負責人爲楊英，位於基隆和平島，以生產木造漁船爲主。臺灣省政府建設廳，《臺灣省民營工廠名冊（上）》（臺北：臺灣省政府建設廳，1953），頁 162-164。

[545]〈經濟部所屬事業機構六十一年度第二次業務檢討會議〉（1972 年 7 月）。

2 月獲得海軍總部的同意後，解決土地問題。⑤⑥

二、造船的補貼和融資政策

　　1972 年中東戰爭爆發導致能源危機前的世界造船市場，由於持續第二次世界大戰後的全球性的經濟繁榮所帶來航運業的蓬勃發展，及對船舶需求的上升，使得臺船公司船舶訂購的業務量亦因此蒸蒸日上。⑤⑦然而，由於訂造船舶所需資金龐大，故船廠對船東多會給予優厚的資金融通和貸款優惠。當時主要造船國家的貸款資金，多經政府進行政策性支持，給予融資和利息上的優待。

　　行政院雖於 1961 年頒布「臺船公司承造國內外航商新船資金融通及國外器材保證及政府貼補辦法」，給予臺船公司 5% 的補貼，但並非常態性的政策，臺船公司必須在與船東簽訂合約前，逐案向政府申請。但由於手續複雜，公文往返常達半年以上，導致合約無法及時簽訂，加上國外器材價格因無法準時簽訂導致成本波動，對新船的承攬影響甚大，使得臺船公司經常因時間延誤而導致虧損。⑤⑧同時期世界主要造船國家對船廠的補貼政策，美國政府高達 55%，澳洲政府為 33%，法國政府為 17%，遠超過政府對臺船公司的 5%。⑤⑨

　　在造船的利率和融資優惠方面，1960 年代國外船舶買家所提供的

---

⑤⑥〈臺灣造船股份有限公司第四屆第三次董監事聯席會議業務報告〉（1974 年 3 月）。

⑤⑦臺灣造船公司，〈國際造船趨勢及臺灣地區造船工業之展望〉（1974 年 9 月），頁 2，《經濟部所屬事業機構六十三年度第二次業務檢討會議資料（一）》。

⑤⑧張兆喜，〈造船補助政策之研究〉（私立中國文化大學海洋研究所航運組未發表之碩士論文，1981 年 7 月），頁 111-112。臺灣造船公司，〈加速造船能力問題之研究〉《經濟部所屬事業機構五十九年度第一次業務檢討會議分組檢討會資料》（1970 年 2 月），頁 4。

⑤⑨臺灣造船公司，〈加速造船能力問題之研究〉《經濟部所屬事業機構五十九年度第一次業務檢討會議分組檢討會資料》（1970 年 2 月），頁 3。

長期低利貸款，年息有低至 4% 至 4.75% 之情形，然而政府所提供的貸款利率高達 6%，1960 年代末期更調高至 7.2%。因而使得船東情願向國外造船公司訂購，這對臺船公司的業務爭取而言，顯然缺乏競爭力。(550)

若再就船舶建造的成本而言，所需資材包含主機、副機、鋼鐵材料等均須由國外進口，因此成本較日本等先進造船國家來得高。再加上器材的包裝、裝卸、海運、保險及倉儲等費用成本亦占船舶造價的 12%。在此之下，臺船公司對於造船成本降低方面，在當時國內造船零件自製率程度的受限下，僅能以減少工時的方式進行。(551)

具體而言，臺船公司由於成本難以壓低，曾向政府要求造價 15% 的補貼，但僅獲得前述的 5%。政府指示其餘 10% 的造價差額應由臺船公司與船東共同負擔，但船東因此情願選擇國外船舶而不願意向臺船公司購買，使得臺船公司必須獨自負擔 10% 的造船成本，因而造成造船部門虧損。臺船公司爲降低成本，在造船成本器材約占 70% 以上，人工成本約占 30% 的情形下，僅能靠降低人工成本與提高工效來稍微降低造船總成本，這也是臺船公司在造船方面的獲利程度受到侷限的原因之一。(552)

在融資方面，1960 年代政府僅對臺船公司船價中的 30% 勞務費用提供貸款，其餘 70% 的材料費用則由石川島公司引薦向日本進出口銀行借款。(553) 但 1972 年 11 月臺灣與日本斷絕外交關係後，日本進

(550) 臺灣造船公司，〈加速造船能力問題之研究〉《經濟部所屬事業機構五十九年度第一次業務檢討會議分組檢討會資料》（1970 年 2 月），頁 3。

(551)〈臺灣造船股份有限公司遵照部長指示研擬改進措施報告〉，《五十九年度業務檢討》，藏於臺灣國際造船公司基隆總廠。

(552)〈臺灣造船股份有限公司遵照部長指示研擬改進措施報告〉，《五十九年度業務檢討》，藏於臺灣國際造船公司基隆總廠。

(553) 臺灣造船公司，〈加速造船施工進度及降低成本之報告〉（1969 年 3 月），頁 8，

出口銀行對於造船器材不再以分期付款方式融貸，臺船公司僅能改採
現金交易為原則。[554]加上當時全球性航業不景氣，世界各船廠多採取
降價和低利分期付款方式爭取造船訂單，但臺船公司卻要求船東現金
交易，勢必無法與國外造船業者競爭。表 6-17 顯示 1976 年日本、韓
國的造船廠和臺灣的臺船公司相較，可看出政府並沒有提供較為優惠
的長期低利造船資金和融資，無法與其相競爭。

表 6-17　1976 年日本、韓國和臺灣造船政策的比較

國家	船東自籌船價比率	政府銀行融資比率	償付期間	利率
日本	20%	80%	7 年（14 期）	8-8.5%
南韓	15%	85%	8-13 年	7.5-8%
臺灣（臺船公司）	30%	進口器材向國外融資分期付款者約占船價 40%	5 年（10 期）	11-13%

資料來源：《臺灣造船股份有限公司第四屆第十二次董監聯席會議業務報告》（1976 年 3 月 26
日），頁 13-14。

　　再者，中船公司於 1976 年 6 月完成建廠後，在全球性的石油危
機下，政府為協助中船公司和臺船公司取得造船業務，提出「國輪國
運，國輪國造，國輪國修」政策，及在六年經建計畫下提出「貿易、
航業與造船配合實施方案」，推動分期造船政策。[555]第一期的造船計
畫，雖說共獲得貨櫃船 8 艘和多用途船 6 艘的訂單，[556]但其中 13 艘
為公營招商局和臺灣航業公司所訂購，民間企業僅中國航運公司委建

《經濟部所屬事業機構五十八年度第一次業務檢討會議資料（二）》。

[554]臺灣造船公司，〈經濟部所屬事業機構六十二年度第二次業務檢討會議〉（1973
年 8 月）頁 3-4，《經濟部所屬事業機構六十二年第二次業務檢討會議資料
（一）》。

[555]行政院經濟建設委員會，《十項建設重要評估》，頁 400、402、403。交通年鑑編
輯委員會，《中華民國六十八年交通年鑑》（臺北：交通部交通研究所，1980），
頁 553。

[556]交通年鑑編輯委員會，《中華民國六十八年交通年鑑》，頁 553-554。

一艘。換言之，訂單多來自於公營事業，無法獲得民營企業更多的購買。其背後的原因可能在於六年經建造船計畫，雖規定新船的建造必須逐案向政府申請，並由政府指定銀行融資，融資利率爲 8.5%，超過部分則由政府補助。然而，政府給予融資的部分僅限於國內直接支付新臺幣之部分資金，不包含向國外購料部分，且亦不包含船東自備款部分，因此實際的補貼有限，不足以充分鼓勵船東之訂購意願。❺❺

在此同時，政府對於造船計畫外的國輪及外國航商的委託建造，亦缺乏具體的融資辦法。結果必須依靠造船廠自行洽請國內外銀行融貸，且由於缺乏固定合作的融資機關，使得融資利率變動有時高達16.2%。換言之，由於政府並未有明確且完善造船產業政策，使得1970 年代末期以降，臺灣的造船業無法吸引更多的國內訂單，以擴大規模進一步降低成本，因而難以與國際造船業競爭。❺❺

三、國營事業體制的侷限性
（一）經營業務的受限與自主投資的權限

1948 年臺船公司成立後，最初由資源委員會和臺灣省政府合營，之後因資源委員會改組，轉由經濟部國營事業作爲臺船公司的上屬單位。主管公營事業的國營事業司，有時爲避免各事業單位因爭奪業務互相競爭，而對其業務及發展進行分配與限制，這對公營事業的發展而言，明確造成限制。再者，公營企業在面臨重大決策時，並不具備決策權限，必須經由主管單位同意後才能執行，臺船公司亦不例外。

由於臺船公司除了修船和造船業務，亦承接機械之生產及其他公營事業工程。另一方面，臺灣機械公司以生產機械設備爲主，生產小

---

❺❺ 行政院經濟建設委員會，《十項建設重要評估》，頁 434。
❺❺ 行政院經濟建設委員會，《十項建設重要評估》，頁 434。

型船舶爲輔，並也承接公營事業工程，因而造成臺船公司和臺機公司曾因承攬臺灣電力公司業務發生衝突。[559] 因此在 1955 年 1 月，經濟部對臺船公司和臺灣機械公司進行業務上的劃分，將臺灣糖業公司、臺灣電力公司、公路局和鐵路局的業務交由臺機公司負責；其他經濟部掌理各單位業務則以斗六爲界，以北歸臺船公司負責，以南交由臺灣機械公司承接。在造船業務方面，將鋼船製造交給臺灣機械公司負責。此外，柴油機部分，以臺灣機械公司負責生產爲原則，並兼顧造船公司技術改良，若臺灣機械公司和臺船公司雙方需與日本技術合作，則允許同時進行。但爲避免兩公司業務衝突，臺船公司在兩年內只能夠製造 200、250、300 馬力或更高性能的柴油機，不過生產總馬力每年以不超過 1,500 馬力爲原則，並且以船用引擎爲主。至於陸上用引擎，交由臺機公司優先發展。[560]

　　經濟部的政策，原是謀求公營事業專業化及分工之考量，但卻限制臺船公司事業多角化經營及使生產規模化的可能性，導致其業務發展無法具備彈性調整能力。例如 1970 年代的兩次石油危機導致全球船舶市場的需求下降，當時日本和南韓重要造船企業的因應策略是進行企業內上下游事業內的整合或多角化的經營。

　　當時日本三菱重工業株式會社於 1978 年公布「船舶改善特別對策」，將過去造船主導的經營轉型爲以陸上機械和機械設備爲主的經營型態，其具體作法爲停止橫濱和廣島兩造船所的造船業務，將其轉

---

[559] 此部分可參照許毓良，〈光復初期臺灣的造船業（1945-1955）——以臺船公司爲例的討論〉，《臺灣文獻》57：2，頁 211。

[560] 經濟部令，受文者：臺灣造船公司，〈事由：令頒發業務劃分原則仰遵辦由〉（1955 年 1 月 13 日），引自〈臺灣造船有限公司第四屆第二次董監會議報告及提要〉（1955 年 2 月）附件一，《李國鼎先生贈送資料影印本 國營事業類（十一）臺灣造船公司歷次董監事聯席會議記錄及有關資料》，藏於臺灣大學圖書館臺灣特藏區。

變爲鋼鐵製造。⁵⁶¹ 與臺船公司合作的石川島公司於 1974 年 12 月進行組織調整，原有造船轉變爲船舶、機械、重型機械、化學機械、能源機械、航空宇宙、海外等七個部門，並且成功開發海洋科學事業，設立海洋作業工作站及海上作業船等。⁵⁶²

南韓的現代造船公司在 1978 年第二次石油危機時，鑒於過去船用主機主要由日本進口，加上日本的引擎製造商對於國外船廠的售價高出日本船廠許多。因此決定投入大筆資金在船用引擎工業，進行造船業的整合。⁵⁶³

然而 1970 年代政府所推動的船用原動機計畫則是由經濟部國營事業司交由臺機公司進行研發和生產，在國營事業體制的受限下，使得臺船公司無法進行多角化的經營或上下游的整合。⁵⁶⁴

再者，公營事業在經營過程中，其經營高層本身是否具備決定投資等重大決策權力，也是其是否能持續成長的條件之一。早在 1955 年，經濟部爲落實和公營事業之間的權責劃分，制訂〈經濟部與所屬各公司董事會暨與經理人權責劃分表〉，但實行成效有限。1965 年 5 月經濟部公營事業企業化委員會成立權責劃分研究組，制訂〈經濟部與所屬各公司董事會暨與經理人權責劃分辦法〉，並於同年 11 月開始試行。據當時的規劃，經濟部作爲國營事業的管理機關，對所轄各公司之經營方針、計畫及管理政策暨各項標準，進行原則性之決定，並監督及考核各事業績效。執行方法主要分爲：第一類爲必須交由經濟

---

561 山下幸夫，《海運・造船業と国際市場》（東京：日本經濟評論社，1993），頁 189。

562 山下幸夫，《海運・造船業と国際市場》，頁 191-192。

563 Amsden A., *Asia's Next Giant: South Korea and Late Industrialization*（New York：Oxford University Press , 1989）.pp179-180。

564〈臺灣造船股份有限公司六十六年度經營目標與現況簡報〉（1976 年 5 月 5 日）。

部核定或核轉事項，下屬公司要獲得經濟部核准後，才能執行。第二類爲交由經濟部備查，不需由經濟部同意，便能自行執行之事項。❻❺

這種的制度設計，可說是限制了公營事業的決策能力。換句話說，公營企業在轉投資、經營方針、專案資本支出計畫、結購外匯及年度所需外匯等業務，需取得經濟部核准；另外，公司債之發行、長期借款及向國外銀行借款、與國外技術合作者，則需由經濟部核定。❻❻ 由此可知，當時的臺船公司並不具備足夠的自主性，在重要的增資和投資方面，需要經濟部同意。技術的選擇上也需要經濟部的決定，有時會因政治因素影響經濟上的決策，拖延時效性。❻❼ 總的來說，公營事業臺船公司受到制度的約束，無法即時配合市場的變化進行即刻的調整，使其在組織調整和經營策略備受限制。

---

❻❺〈經濟部與所屬各公司董事會暨經理人權責劃分辦法 附錄：國營事業管理法〉（1966 年 12 月 16 日經濟部經臺（55）公企字第 29291 號令修正公布，經濟部國營事業企業化委員會印），頁 1-2。

❻❻〈經濟部與所屬各公司董事會暨經理人權責劃分辦法 附錄：國營事業管理法〉（1966 年 12 月 16 日經濟部經臺（55）公企字第 29291 號令修正公布，經濟部國營事業企業化委員會印），頁 3-5。

❻❼ 1963 年 7 月間臺船公司與石川島株式會社和三菱重工業株式會社進行技術移轉的談判時，因同年 8 月日本售予中國大陸一批維尼龍工廠設備，即所謂的「維尼龍工廠事件」，和 9 月發生中國大陸油壓機訪問團翻譯員周鴻慶在日本叛逃，即所謂「周鴻慶事件」，使得臺灣與日本的外交關係趨於緊張，同年年底臺灣政府召回駐日本大使，1964 年 1 月並宣布停止和日本之間的貿易往來和抵制日貨，直到同年 5 月吉田茂提出「第二次吉田書簡」後，臺灣與日本關係才逐漸好轉。上述臺灣和日本兩國間的政治糾紛，使得臺船公司和兩間公司的技術合作協商，一度處於停頓的狀況，直至同年 8 月才得以繼續協商，終於 10 月選擇和石川島合作並簽訂技術合作合約草案。〈臺船公司與石川島播磨重工業株式會社及三菱重工業公司商談技術合作之經過〉（1965 年 5 月）《李國鼎先生贈送資料影印本 國營事業類（十一）臺灣造船公司歷次董監事聯席會議記錄及有關資料》，藏於臺灣大學圖書館臺灣特藏區。張群，《我與日本七十年》（臺北：中日關係研究會，1980），頁 183-196。李邦傑編，《二十年來中日關係大事記》（臺北：中日關係研究會，1972），頁 77-85。

（二）薪資的限制與人才的外流

由於臺船公司屬於經濟部管理的公營事業，因此員工給付的薪資亦受到 1949 年政府公布的國營事業管理法第十四條「國營事業應撙節開支，其人員待遇及福利，應由行政院規定標準，不得爲標準以外之開支」的規範。❺❻❽ 但在 1960 年代，隨著臺灣工業化的發展，民營企業對技術人才的需求提升，因而願意對原本服務於公營企業的員工，付出更多的薪資來聘請至民營企業。

在職員方面，如本章第一節所述，1962 年殷臺公司將經營權交回經濟部後，臺船公司職員的薪資由先前外商體制下的高薪資，回復到依循國營體制下的薪資水準。雖說在交接後一段時間，曾比照殷臺時期的敘薪制度，其後臺船公司爲防止職員外流，於 1964 年 1 月擬訂「雇用特種契約技術人員辦法」，參照當時各航業公司一般工程師薪資的三分之二敘薪，此政策卻遲至 1966 年 1 月才經由經濟部核准實施，月薪上限爲 6,000 元。其後所核定的薪資制度並未持續隨著航業的調薪幅度而增加，至 1968 年，特種契約人員待遇的月薪 6,000 元上限，已不及各航業公司一般工程師月薪的半數。換言之，臺船公司由於無法靈活調整薪資，使其資深職員選擇轉赴民營企業任職。❺❻❾

再者，臺船公司工人薪資水準，以 1968 年臺灣省政府勞工統計報告可知，當時機械業平均每日工資爲 86 元，但同期臺船公司成年

---

❺❻❽〈國營事業管理法〉，《經濟法規彙編》（臺北：經濟部，1966），頁 837。

❺❻❾〈經濟部五十七年度第一次業務檢討會議臺灣造船有限公司業務報告〉（1968 年 1 月），《五十七年度業務檢討》，藏於臺灣國際造船公司基隆總廠。另外，若以當時臺船公司在修造船舶的學經歷上，於航業界具有甲乙種大管、二管、三管輪和輪機長資格，當時由交通部經營的招商局薪資而言，擔任三管輪待遇已超過臺船公司 10 職等主管工程師以上薪資，若以外國航運公司而言，待遇則可與主任工程師相比擬，其薪資差距頗大的原因，因而造成職員的大量流失。〈經濟部五十七年度第二次業務檢討會議臺灣造船股份有限公司業務報告〉（1968 年 7 月），《五十七年度業務檢討》，藏於臺灣國際造船公司基隆總廠。

技工尚不到 80 元，使得技術員工多流向航運界發展，其待遇因而比原工作增加一至三倍。❺⓪ 依據 1968 年臺船公司的統計，全年新進工人爲 936 名，離職爲 549 名，但新進人員多爲生手或藝徒，離職者卻爲熟練技工。再者，1965-1968 年的 4 年中，外流的技工累積高達 1,900 餘人，這對 1960 年代起開始發展造船業務的臺船公司而言，熟練技工的減少，對其業務發展可謂爲衝擊。❺①

除此之外，經濟部國營事業體制對職員和工人的差別敘薪方式與年資的不對稱性亦有商榷之處，依據 1967 年政府修訂的「經濟部所屬事業機構分類及評價職位薪給表修訂案」，將經濟部下屬公營事業職員分爲 15 職等，工人則依據「經濟部所屬事業評價職位薪給表」分爲 12 職等。❺② 其缺陷在於到達最高位階 12 職等的工人，其工資所得僅相當於 6 職等的職員，但分類 6 職等的職員相當於大學畢業半年便能取得的職位。即資深的技工其所獲得薪資僅相當於大學畢業進入臺船公司半年的新進職員，其造成資深技工情願轉往私營部門工作的情形便不難理解。❺③

總的來說，臺船公司引進石川島公司的技術後，雖說在單艘造船噸位方面是有所提升，但整體而言，當時由臺船公司所建造的每一艘

---

❺⓪〈經濟部所屬事業機構五十八年度第一次業務檢討會議臺灣造船公司五十七年度業務檢討報告〉（1969 年 3 月），《五十七年度業務檢討》，臺灣造船公司檔案，無檔號，藏於臺灣國際造船公司基隆總廠。

❺①〈經濟部所屬事業機構五十八年度第一次業務檢討會議臺灣造船公司五十七年度業務檢討報告〉（1969 年 3 月），《五十七年度業務檢討》，臺灣造船公司檔案，無檔號，藏於臺灣國際造船公司基隆總廠。

❺②〈經濟部所屬事業機構分類及評價職位薪給表修訂一案令〉（1967 年 2 月 20 日經臺（56）人字第 03806 號令），《臺灣造船有限公司人事法規章則彙編（列入交代）》，藏於臺灣國際造船公司基隆總廠。

❺③〈經濟部所屬事業機構五十八年度第一次業務檢討會議臺灣造船公司五十七年度業務檢討報告〉（1969 年 3 月），《五十七年度業務檢討》，臺灣造船公司檔案，無檔號，藏於臺灣國際造船公司基隆總廠。

船舶，其零件的自製率僅達 20% 左右，其餘部分必須仰賴進口。至 1970 年代的臺船公司，僅停留在運用廉價的勞動力，自國外進口多數的原物料進行船舶組裝的工作。另外，國營企業的經營體質亦不易使其有充分的力量靈活應對。

第四節　技術學習、政府政策與商業經營

如前所述，臺船公司在 1960 年代後開始系統性的生產貨輪及油輪，在造船實績上看起來似乎獲得較爲成功的成就，但就自製率而言，多數的零組件及技術依然無法擺脫對先進國家的依賴。臺船公司所具備的只有勞動成本低廉的優勢。此外，政府並未如同其他國家提供國內造船較優惠的資金和利率融通政策，使其無法吸引更多的國外客戶，使得造船產量提升，而進一步發揮規模經濟的優勢。另一方面，政府並未在 1960 年代引進日本技術的當下，同時對造船工業進行上下游整合。因此在 1970 年代日本與臺灣斷絕外交關係後，日本對臺船公司購買造船原物料不再提供資金融通的優惠；其後又由於石油危機下，日本原料供應商爲了保護本國造船業，提高零件外銷價格，使得臺灣造船業在市場的價格競爭上失去競爭力。

相較同屬於東亞新興工業化國家的南韓，其在 1960 年代初期南韓的造船發展能力遠落後於臺灣。[574] 1961 年朴正熙推動革命取得政權後，在 1967 年起的第二期五年經濟開發計畫，以「產業構造的近代化和推進自立經濟的確立」爲基本目標，其中包括對鋼鐵、機械、化

---

[574] 1962 年臺灣的造船實績爲 12,683 噸，南韓爲 4,636 噸。且當時南韓能夠建造最大的船舶僅爲 200 噸。祖父江利衛，〈需要サイドからみた韓國造船業の國際船舶市場への參入要因〉《アジア經濟》39（2），頁 22。整理自經濟部統計部編，《中華民國臺灣工業生產統計月報》。

學工業的提升。⑰ 在造船業方面，於 1967 年公布造船獎勵法，特點在於將船舶安全法、造船會社營業規定法、造船金融法規三者合而爲一，其將租稅減免、關稅乃至技術的開發等環節，全數由政府法規明訂支援及規範項目。在造船補貼方面，不分國內和國外船東一律給予優惠。政府除了對法規和資金的援助外，對於船舶建造資材的規範和船型的設計等，亦進行規範。1961 年起南韓政府並在商工部下設立造船工業審議委員會，負責造船相關業務。船舶設計部分，由商工部委託大韓造船學會負責。⑯ 大致上，南韓的發展策略是在 1960 年代同時對造船等周邊產業進行整體性的規劃與提升。

　　另一方面，南韓最重要的造船公司爲 1970 年 6 月成立的現代重工，其廠房於 1973 年 12 月竣工。⑰ 當時因南韓國內航運業的不振，多以自國外購買二手船使用，因此現代重工船舶在初期即把銷售對象鎖定於以中東爲主的國際市場。換言之，在此機會下現代重工獲得了國際市場網絡的開拓，使得在 1970 年代中東地區國家向現代重工訂購 25 艘船舶。⑱ 再者，現代重工在成立初期即於公司內部成立設計部門，並自 1978 年起，於集團內部進行船舶引擎的生產，進行產業升級。⑲

⑰ 小玉敏彦，《韓國工業化と企業集團——韓國企業の社會的特質》（東京：株式會社學文社，1995），頁 51。

⑯ 石崎菜生，〈韓國の重化學工業と「財閥」——朴正熙政權期の造船產業を事例として〉，東茂生編，《發展途上國の國家と經濟》（東京：アジア經濟研究所，2000），頁 27-29。

⑰ 水野順子，〈韓国における造船產業の急速な発展〉《アジア経済》24（12），頁 57。

⑱ 祖父江利衛，〈需要サイドからみた韓國造船業の國際船舶市場への參入要因〉《アジア経済》39（2），頁 39-40。

⑲ Amsden Alice, *Asia's Next Giant: South Korea and Late Industrialization*（New York ：Oxford University Press，1989），p289-279

　　總的來說，南韓的造船業一方面在政府的產業政策積極支持下，又加上在起始點即以放眼國際市場為目標，產能自 1974 年起大幅度地超越臺灣，其後並成為全球前三大造船國。[580]

　　但就戰後臺灣發展造船業的歷史軌跡而言，雖說臺船公司在 1960年代後期即開始進行大規模的發展，但訂單多以國內市場為主，在商業市場上的經營策略與南韓的發展模式相較，是具有侷限性的。在技術的學習上，研發設計要至 1970 年代末期才開始進行。而較為關鍵的船用主機，經濟部國營事業委員會則委派臺灣機械公司負責研發，要至 1980 年年底才正式生產船用大型低速柴油機。[581] 在船舶艙口蓋部分，亦由 1970 年代末期合併後的中船公司進行研發生產，至 1980年起亦能夠於國內生產。[582] 至 1983 年為止，臺灣造船業的自製率已經提升至 80%，遠超越 1977 年的 20%。[583] 換言之，臺灣的造船能力發展速度雖較為遲緩，但最終依然能夠獲得技術上的提升，只是到達的時間已為臺船公司與中船公司合併的 1980 年代以後。

　　臺灣造船的發展的策略，可說是先藉由進口生產所需原料以代工的方式從生產中學習經驗，降低組裝時所需要的勞動成本。在此同時，並經由教育體系和派遣公司員工出國受訓的方式提升培育資本。此外，由於發展造船業需要較大的資本，投資期限較長。以商業交易

---

[580] 1974 年臺灣造船業的產能為 355,743 噸，南韓為 561,870 噸。韓國產業銀行（1979），頁 31。整理自經濟部統計部編，《中華民國臺灣工業生產統計月報》（歷年）。石崎菜生，〈韓國の重化學工業と「財閥」—朴正熙政權期の造船產業を事例として〉，東茂生編，《發展途上國の國家と經濟》（東京：アジア經濟研究所，2000），頁 31。

[581] 經濟部國營事業委員會，《中華民國六十九年度經濟部國營事業委員會暨各事業年報》（臺北：經濟部國營事業司，1981），頁 105-106。

[582] 同上註，頁 111。

[583] 魏兆歆，《海洋論說集（四）》，頁 32。

的角度來看，由於造船交易的金額鉅大，通常船東多以分期付款方式購買，但臺灣政府相對於國外主要造船國家並沒有提供船東較爲優渥的融資和貸款政策，不容易吸引較多的國外客戶購買。因此針對造船產業的商業經營而言，政府產業政策的支持與否，扮演極爲重要的角色。同爲後進國家的南韓，由於政府在商業政策上提供優惠，使其能夠在缺乏國內市場下，成功地打入國際市場。而臺灣由於政府沒有在造船的商業政策上提供優惠，使得臺灣造船界的訂單無法進一步提高，享受規模經濟的優勢。

政府不願意支持造船的可能原因，可能爲當時政府決策官員的重點爲生產體系的建立，銷售多數仰賴中國石油公司和招商局等公營企業訂單，並不熟悉造船業的國際市場銷售與競爭情形。要言之，早期公營的臺船公司可說是在政府的保護下進行營運，以提供臺灣島內的船舶需求爲主。然而，以大規模造船爲目標的中國造船公司成立後，政府仍僅關心如何提高造船的自製率和研發等生產體系，並未藉由相關政策的推動，進一步增強臺灣造船業在國際市場的行銷管道。最後在 1970 年代後造船業市場長期蕭條，再加上臺灣市場有限，無法進一步獲得成長。

總的來說，1960 年代臺船公司引進石川島公司的技術後，藉由同類型船舶的大量生產，先提升船舶組配的效率。1970 年代的十大建設規劃成立的中國鋼鐵公司竣工後，造船所需的鋼板能夠由臺灣島內自行提供。此外，臺灣機械公司也開始研製大型船舶使用的柴油主機。在設計方面，隨著聯合船舶設計發展中心的成立，也使得臺灣能夠集中造船業的人力專門進行船舶設計。總的來說，臺灣的造船業在技術學習上於 1980 年代初期才逐漸獲得成熟。但在商業層面上，由 1960 年代起政府並未建立對船東有利的購買條件，使得造船市場侷限於國內，無法如同韓國造船業發展的模式，將商業上發展的成熟度

進一步提升。因此 1970 年代末期後,臺灣造船業無法具備參與國際
造船市場的訂單,造成其成長的中挫及發展的困境。

第七章
結論

　　過去有關臺灣工業化及產業發展的探討，在方法上多以日治時代及戰後兩時期區分，分別探討各時期的發展。本研究以造船業的發展作為案例，自日治時代至戰後進行連續性的考察。首先觀察日治時代造船產業在臺灣的出現與發展，接著探討戰後初期政權更迭下的臺灣船渠的接收與復員，再針對 1950 年以後至 1978 年政府藉由引進外國資金與技術，發展造船業的歷程進行說明。

　　日治時代臺灣最重要的造船會社為臺灣船渠，不過其規模及造船實績相較於日本國內及殖民地朝鮮都較為小。其原因當在於整個日本帝國區位，朝鮮所處區位作為日本、滿洲國和中國占領區的中繼點，故其航運及造船業的發展皆比臺灣來得重要。因而在日本帝國區位上的劣勢和工業發展的比較利益下，臺灣並未出現大規模的造船事業。

　　戰後初期臺船公司在重建的同時，面臨了通貨膨脹的壓力，使得業務擴展和資金的需求出現困難。在 1950 年以前政府僅提供創業經費，其他幾乎未給予任何的援助。此一狀況要至中華民國政府撤退臺灣後，臺船公司藉由臺灣銀行及美援提供的修船貸款，用來提供航運界作為修船所需資金之貸款外，臺船公司亦因而獲得修船業務，這可視為戰後政府開始在政策上支持臺灣造船業發展的起點。其次，政府

配合漁業的發展，促使臺船公司引入日本技術發展漁船生產，同時派遣技術人員赴日，學習造船技術。

大致上，戰後初期臺灣造船業的技術可說是中國和日本兩系統的混合，在職員方面以中國爲主的資源委員會成員作爲銜接，工人方面則以日治時期臺灣的工人作爲戰後日本經驗的「連續性」。戰後臺灣造船業「大陸經驗」的移植，有其不得不然的歷史因素。在造船人才的育成方面，由於日治時代乃至戰後初期，臺灣缺乏造船教育的專門學校及科系，因而戰後初期主要是仰賴資源委員會成員填補造船相關人才。1950 年代臺船公司獲得美援貸款和教育部普通司的援助，成立藝徒訓練班培養造船所需之基本工人，1952 年再與臺灣大學機械系建教合作培養造船公司所需技術人才，而此爲 1950 年代臺灣造船人才培育的起點。

1950 年代後期的殷臺公司，與海事專科學校協議以建教合作的方式成立造船工程科，可謂爲戰後臺灣成立造船專門系所的初始。初期造船教育的師資，部分是具備豐富實務經驗的臺船公司職員，由於其過去所受到的造船教育來自同濟大學和交通大學，因此可說是中國大陸經驗的傳承與延續。

作爲一個現代造船公司的業務項目，包含造船、修船和製機等三部分。綜觀戰後臺船公司的發展，初期未具備製造大船的能力，僅以修船和製造機械作爲主要業務。臺船公司於 1957 年將廠房租給美國殷格斯公司生產 36,000 噸的自由號和信仰號之後，才開始具備較大噸位的造船能力，殷臺公司因財務運作欠缺穩當，1962 年將經營權歸還經濟部。總結在殷臺時期，政府原本希望藉由臺船公司的委外經營發展臺灣的造船產業，卻因資金與經營策略的失當，再加上當時臺灣產業發展的程度未能配合而歸於失敗。

此後，要至 1965 年臺船公司與石川島公司進行技術合作，開始

進行有系統性的造船事業，並派遣技術人員赴日受訓，提升人力資源素質，才有更進一步的發展。臺船公司與石川島公司的技術移轉，使臺船公司有能力生產大型船舶，加上臺船公司同時進行造船、修船、製機等三項業務，使得臺船公司的獲利能力得到了改善。在造船方面具備建造 10 萬噸級船舶之能力；修船方面則因船塢設備的擴充，使得修船實績提升。

惟 1960 年代臺船公司雖獲得較為成功的成就，但就自製率而言，同時期多數的零組件及技術依然無法擺脫對先進國家的依賴。臺船公司所具備的只有勞動成本低廉的優勢。對於臺灣造船業的發展，政府早在 1960 年代後期即提出在南部設置大造船廠的議案。1970 年代，臺灣雖有中船公司和臺船公司兩所較具生產規模的造船公司，但政府卻未能推動產業升級，並提供造船業較為優惠的資金和利率融通政策，增加臺灣造船業在國際市場的競爭力。這也是臺灣造船業於 1960 年代大量生產後，因政府未能提出相關配套措施，以致無法進一步降低成本及發揮規模經濟之優勢。1970 年代，臺灣造船業在歷經兩次石油危機後，在訂單萎縮下而陷入中挫。

戰後臺灣因民間資本積累不夠，且大型企業多由國家經營的情況下，政府產業政策的支持與否，顯得更為重要。就臺船公司的技術移轉而言，船體組配方面，自 1960 年代後期與石川島公司合作後，因大量生產的條件達成，使得技術漸趨成熟並進一步降低成本；資材生產方面，1980 年代初期因臺灣已具備造船舶主機和鋼板能力，使得零組件生產技術漸趨成熟；船舶設計方面，則遲至 1970 年代末期才具備較高階的基本設計能力。要言之，臺船公司整體的生產技術至 1980 年左右達到較為成熟的水準，但公司的經營狀況因政府未能即時推動產業政策進行垂直整合，並建構良好的交易平臺下而受到侷限，導致臺灣造船業無法進一步成長。

　　總的來說，本研究具體地以臺灣的造船業發展，作爲後進國家工業化發展的個案研究。主要爲臺船公司如何在戰後繼承殖民地時代的造船廠，如何藉由引入國外的技術進行發展，並且在技術引進的過程中同時提升人力資源的水準，用來作爲技術學習的因應。再者，政府是否能夠於適當的時機推動產業政策，則攸關其產業是否能夠進一步獲得長期發展。至於 1970 年代末期中船公司的成立與發展和臺灣與南韓造船業發展的進一步比較，則作爲未來進一步研究的主題。另外，位於中國東北的大連造船廠，則是始於 1898 年帝俄時代的修理工廠，其後並先後經由南滿洲鐵道株式會社和大連船渠株式會社，戰後中華人民共和國成立後，又引入蘇聯的生產技術進行造船事業。此部分在未來亦可作爲臺灣和中國於兩岸造船業發展下的一個比較研究議題。

附表

附表一　1930（昭和5）年臺灣造船業工廠

會社名稱	地點	經營者	公司成立時間	主要產品	職工數目
基隆船渠株式會社	基隆	近江時五郎	1919 年	造船、礦山用機械	200
合資會社山村造船鐵工所	基隆	山村為平	1900 年	造船	7
臺灣倉庫株式會社造船工場	基隆	三卷俊夫	1920 年	造船	6
岡崎造船所	基隆	岡崎榮太郎	1922 年	造船	9
山本造船所	基隆	田尻興八郎	1929 年	造船	10
峠造船所	基隆	峠數登	1922 年	造船	110
荒本造船鐵工所	基隆	荒本孝三郎	1917 年	造船	13
名田造船所	基隆	名田為吉	1923 年	造船	7
大内造船所	基隆	大内十郎	1917 年	造船	7
久野造船所	基隆	久野佐八	1921 年	造船	10
辻造船所	基隆	辻為藏	1932 年	造船	5
福島造船所	蘇澳	福島舜	1917 年	造船	3
蘇澳名田造船所分工場	蘇澳	高畑源七	1917 年	造船	4
蘇澳岡崎造船分工場	蘇澳	岡崎隆太郎	1925 年	造船	2
臺南造船所工場	臺南	山口萬次郎	1928 年	造船	5
富重造船鐵工場	高雄	富重年一	1919 年	造船	55
龜澤造船所	高雄	龜澤松太郎	1913 年	造船	30
光井造船鐵工場	高雄	光井寬一	1925 年	造船	8
廣島造船所	高雄	高垣阪次	1924 年	造船	9
臺灣倉庫株式會社修理工場	高雄	三卷俊夫	1921 年	造船	14

資料來源：臺灣總督府殖產局，《工場名簿（昭和 5 年）》（臺北：臺灣總督府殖產局，1932），
　　　　　頁 23-24。

附表二　1935（昭和 10）年臺灣造船工廠

會社名稱	地點	代表者	公司成立時間	主要業務	職工數目
基隆船渠株式會社	基隆	近江時五郎	1919 年	船舶製造及修理	354
名田造船所	基隆	名田為吉	1923 年	造船及修理	16
河島造船所	基隆	河島繁市	1926 年	造船及修理	3
井手本造船所	基隆	井本手マキ	1931 年	造船及修理	4
大内造船所	基隆	大内重郎	1927 年	造船及修理	7
荒本造船所	基隆	荒本正	1917 年	造船及修理	17
峠造船所濱町	基隆	峠數登	1922 年	造船及修理	8
久野造船所	基隆	久野佐八	1921 年	造船及修理	6
岡崎造船鐵工所	基隆	岡崎榮太郎	1922 年	造船及修理	8
峠造船所社寮町	基隆	峠友太郎	1926 年	造船及修理	4
臺灣倉庫株式會社造船工場	基隆	三卷俊夫	1920 年	造船及修理	5
合資會社山村造船鐵工所	基隆	山村為平	1910 年	造船及修理	-
福島造船所	蘇澳	福島舜	1927 年	日本形發動機付漁船	5
中町造船所	蘇澳	中町喜之江	1925 年	日本形發動機付漁船	4
名田造船所分工場	蘇澳	高畑源太郎	1927 年	日本形發動機付漁船	5
臺南造船所	臺南	山口萬次郎	1928 年	船舶修理	8
富重造船鐵工場	高雄	富重年一	1919 年	發動機船	106
臺灣倉庫株式會社修理工場	高雄	三卷俊夫	1921 年	船舶修理	9
廣島造船所	高雄	高垣阪次	1924 年	船舶修理	22
振豐造船工場	高雄	曾強	1934 年	船舶新造	4
金義成造船所	高雄	許媽成	1932 年	船舶修理	19
萩原造船所	高雄	萩原重太郎	1931 年	船舶新造	48
光井造船工場	高雄	光井寬一	1928 年	船舶修理	16
龜澤造船鐵工場	高雄	龜澤松太郎	1913 年	船舶修理	26
川越造船所	臺東	川越富吉	1934 年	漁船修繕	1

資料來源：臺灣總督府殖產局，《工場名簿（昭和 10 年）》（臺北：臺灣總督府殖產局，1937），頁 15-16。

附表三　1936（昭和11）年臺灣造船工廠

會社名稱	地點	代表者	公司成立時間	主要業務	職工數目
基隆船渠株式會社	基隆	近江時五郎	1919 年	船舶	306
臺灣倉庫株式會社造船工場	基隆	三卷俊夫	1920 年	造船及修理	6
名田造船所	基隆	名田為吉	1923 年	造船及修理	20
合資會社山村造船鐵工所	基隆	山村為平	1900 年	造船及修理	7
濱崎造船所	基隆	濱崎浦太	1926 年	造船及修理	14
大内造船所	基隆	大内重郎	1927 年	造船及修理	9
荒本造船所	基隆	荒本正	1917 年	造船及修理	17
丸共造船所	基隆	米滿喜市	1931 年	造船及修理	10
峠造船所濱町	基隆	峠數登	1922 年	造船及修理	8
久野造船所	基隆	久野佐八	1921 年	造船及修理	9
岡崎造船鐵工所	基隆	岡崎榮太郎	1922 年	造船及修理	7
峠造船所	基隆	峠友太郎	1926 年	造船及修理	8
山本造船所	基隆	山本喜代次郎	1935 年	造船及修理	16
山口造船所	蘇澳	山口三吉	1925 年	日本形石油發動機漁船	6
高畑造船所	蘇澳	高畑源太郎	1927 年	日本形發動機付漁船	6
福島造船所	蘇澳	福島舜	1927 年	日本形發動機付漁船	7
須田造船所	臺南	須田義次郎	1914 年	漁船	24
富重造船鐵工場	高雄	富重年一	1919 年	船舶新造及修理	118
光井造船所	高雄	光井寬一	1928 年	團平船漁船（發動機付）	9
萩原造船鐵工所	高雄	萩原重太郎	1931 年	團平船漁船（發動機付）	26
龜澤造船鐵工場	高雄	龜澤松太郎	1913 年	團平船漁船（發動機付）	28
振豐造船工場	高雄	曾強	1934 年	發動機付漁船	8
廣島造船所	高雄	高垣阪次	1924 年	發動機付漁船	20
臺灣倉庫株式會社修理工場	高雄	三卷俊夫	1921 年	團平船及發動機付船舶修理	13
川越造船所	臺東	川越富吉	1934 年	漁船修繕	2

資料來源：臺灣總督府殖產局，《工場名簿（昭和 11 年）》（臺北：臺灣總督府殖產局，昭和 13 年），頁 17-18。

附表四　1953 年臺灣省造船業民營工廠

廠名	地點	代表人	設立時間	資本額（新臺幣元）	主要產品	員工人數
華南工業股份有限公司鐵工廠	基隆	陳進發	1935 年	30,000	柴油機	42
新光鐵工廠	基隆	宋棟樑	1951 年	15,000	輪船修理	10
蘇澳造船股份有限公司	宜蘭	顏欽賢	1943 年	100,000	木造船	60
增福造船廠	宜蘭	何福	1947 年	20,000	木造船	25
龍通鐵工廠	新竹	許文通	1952 年	5,000	漁船修理	3
大東華鐵工廠	屏東	周萬來	1946 年	30,000	漁船修理	4
華南造船廠	基隆	楊英	1922 年	45,000	木造船	102
隆發造船工廠	基隆	陳清文	1914 年	3,000	木造船	7
國欽造船廠	基隆	褚國欽	1946 年	10,000	木造船	5
進興造船廠	基隆	劉生進	1946 年	5,000	木造船	3
丸秀造船工廠	基隆	褚清秀	1947 年	30,000	漁船修理	5
金龍造船工廠	基隆	廖金龍	1947 年	30,000	漁船修理	6
東發造船工廠	基隆	吳清虎	1948 年	3,000	漁船修理	3
協同造船工廠	基隆	洪水金	1948 年	25,000	漁船新造及修理	7
天成鐵工廠	基隆	黃木盛	1947 年	20,000	漁船修理	18
國華鐵工廠第二工廠	基隆	楊秋金	1948 年	11,000	漁船修理	12
隆興鐵工廠	基隆	邱顯海	1951 年	10,000	漁船修理	14
南光鐵工廠	基隆	陳錫州	1952 年	15,000	漁船修理	18
基隆鐵工廠	基隆	白敬忠	1921 年	2,000	漁船修理	7
新振豐造船廠	高雄	曾強	1921 年	3,500	漁船修理	7
新高造船廠	高雄	劉萬詞	1952 年	10,000	漁船修理	2
海進造船廠	高雄	孫天剩	1951 年	6,000	漁船製造	13
林盛造船廠	高雄	孫草	1951 年	1,300	漁船修理	2
天二造船廠	高雄	潘江漢	1950 年	5,000	漁船製造	10
開洋造船廠	高雄	盧再添	1947 年	3,000	漁船修理	5
竹茂造船廠	高雄	陳生行	1947 年	5,000	漁船修理	12
夏華造船廠	高雄	夏標	1946 年	3,000	漁船製造	9
興臺造船廠	高雄	廖永和	1946 年	4,000	漁船製造	4
陳還造船廠	高雄	陳還	1932 年	10,000	漁船修理	6
三吉造船廠	高雄	許丁拿	1950 年	6,000	漁船製造	7
平利造船廠	高雄	張曲	1945 年	4,000	漁船修理	3
金明發造船工廠	高雄	葉媽右	1951 年	20,000	漁船製造	4
明華造船工廠	高雄	呂明壽	1947 年	3,500	漁船製造	17
高雄市漁會造船廠	高雄	陳生苞	1946 年	5,000	漁船製造	5

資料來源：臺灣省政府建設廳，《臺灣省民營工廠名冊（上）》（臺北：臺灣省政府建設廳，1953），頁 162-164。

附表五　戰後初期負責接收臺灣船渠株式會社的外省籍員工

姓名	原服務機關名稱	原職稱	調用後之職稱	報到日期	1949 年 7 月時在臺船公司擔任主管職務	1950 年
陳霞山	資蜀鋼鐵廠	工務員	課長	1946 年 4 月 1 日		
胡鑫瑞	資蜀鋼鐵廠	課員	助理工程師	1946 年 4 月 15 日		
尚恩榮	資蜀鋼鐵廠	工務員	工程師	1946 年 4 月 15 日		
翁惠慶	資蜀鋼鐵廠	副工程師	副工程師	1946 年 4 月 15 日		1947 年 1 月 16 日轉調臺灣機械公司，擔任臺灣機械公司秘書兼文書課長，1950 年 1 月轉任業務處副處長。
于一鵬	資蜀鋼鐵廠	副工程師	副工程師	1946 年 4 月 15 日		原任臺灣機械公司工程處兼一般機械組主任，1950 年 1 月轉任工程師兼設計組主任
施彥博	資蜀鋼鐵廠	工程師	工程師	1946 年 5 月 12 日		
李正芳	資蜀鋼鐵廠	課員	課員	1946 年 5 月 12 日		原任臺灣機械公司高雄機器廠副管理師兼材料庫主任，1950 年 3 月轉任副管理師兼材料組主任
施茂材	資蜀鋼鐵廠	專員	專員	1946 年 5 月 12 日		
王慶方	中央機器廠	工程師	副廠長	1946 年 5 月 17 日	廠務處製機工場主任	機械工場主任
彭耀森	中央機器廠	課長	會計部主任	1946 年 5 月 17 日		
杜同文	中央機器廠	第七廠總務課課長	課長	1946 年 5 月 17 日		副工程師
黃伯華	中央機器廠	助理工程師	副工程師	1946 年 5 月 17 日		
關昭	中央機器廠	課員	副管理師	1946 年 5 月 17 日		
譚申福	中央機器廠	工務員	助理工程師	1946 年 5 月 17 日		原任臺灣機械公司副工程師兼高雄機器廠第三分廠主任，1950 年 3 月轉任副工程師兼氧氣工場主任
王家寵	中央機器廠	甲種實習生	工務員	1946 年 5 月 17 日		
袁鉅追	中央機器廠	甲種實習生	工務員	1946 年 5 月 17 日		

姓名	原服務機關名稱	原職稱	調用後之職稱	報到日期	1949 年 7 月時在臺船公司擔任主管職務	1950 年
郭宗泰	資蜀鋼鐵廠	工務員	工務員	1946 年 5 月 17 日		
王煥瀛	中央機器廠	甲種實習生	工務員	1946 年 5 月 25 日		
徐修治	中央機器廠	助理工程師	助理工程師	1946 年 6 月 18 日		
傅偉	中央機器廠	事務員	副管理師	1946 年 6 月 18 日		
陳志炘	資蜀鋼鐵廠	工程師兼修配廠主任	副廠長	1946 年 6 月 18 日		原任臺灣機械公司主任秘書兼高雄機器廠廠長，1950 年 3 月轉任主任秘書兼高雄鑄造廠廠長
王傑源	資蜀鋼鐵廠	課員	課長	1946 年 6 月 18 日		
馮敬棠	資蜀鋼鐵廠	事務員	管理員	1946 年 6 月 18 日		
祝琳淑	資蜀鋼鐵廠	事務員	事務員	1946 年 6 月 18 日		
林萬驥	雲南鋼鐵廠	工務員	工務員	1946 年 6 月 18 日		
許安民	資源委員會	技士	副工程師	1946 年 6 月 19 日		
馬延貴	資蜀鋼鐵廠	書記	管理員	1946 年 6 月 19 日		
顧季煦	資蜀鋼鐵廠	秘書	暫代財務室主任	1946 年 7 月 22 日		人事組組長
董慶邦	資蜀鋼鐵廠	課員	副管理師	1946 年 7 月 22 日		
黃敦慈	中央機器廠	助理工程師	副工程師	1946 年 7 月 22 日		
胡家琛	中央機器廠	助理工程師	助理工程師	1946 年 7 月 22 日		
周金桂	中央機器廠	助理工程師	助理工程師	1946 年 7 月 22 日		
胡升澤	中央機器廠	會計處成本課課員	助理管理師	1946 年 7 月 22 日		帳務組副組長兼代理組長
李藹芬	動力油料廠	助理工程師	助理工程師	1946 年 7 月 22 日		
陳斌	資渝鋼鐵廠	事務員	工務員	1946 年 8 月 8 日		

姓名	原服務機關名稱	原職稱	調用後之職稱	報到日期	1949年7月時在臺船公司擔任主管職務	1950年
熊琳	江西東船廠	工程師	工程師	1946年9月28日		
沈瓏	資源委員會運務處	課長	未定	1946年10月5日		

資料來源：資源委員會臺灣省行政長官公署臺灣機械造船股份有限公司，機械（卅五）秘發，1946年10月26日。事由：填報調用後方廠礦員工調查表由。《臺船公司：調用職員案、赴國外考察人員》（35-41年），檔號：25-15-04 3-（3）。

《中華民國史檔案資料彙編第五輯第三編　財政經濟（五）》（南京：江蘇古籍出版社，2000）頁165。

〈資源委員會所屬閩台區事業概況〉（1949年7月），資源委員會資蜀鋼鐵廠呈〈孫特派員冊請調用接收東北機車工廠人員即將集中上海後命請予分別指復以便遵調〉，蜀渝總（卅四）發字第190號，1945年11月23日《資蜀鋼鐵廠 人事案》，檔號：24-13-15 1-（2），1945-1946年。

資源委員會中央機器廠。機（卅三）總字第15782號，〈為甲乙種實習生郭衍涔等十二員實習程序完畢成績優良擬與錄用乞　鑒核由〉1944年4月27日，《中央機器廠：呈送實習期滿委派工作及實習報告案》檔號：24-15-02 3-（2）。

資源委員會中央機器廠呈，機（卅四）總字第17027號，〈呈請升任杜同文為本廠第七廠總務課課長由〉1945年3月13日《中央機器廠：任命案》檔號：24-15-02 2-（2）。

凌鶴勛《交通大學旅臺同學錄》（臺北：交通大學臺灣同學會，1961年4月）

附表六　1948 年調任至臺船公司之中央造船公司籌辦處職員至 1950 年升任至主管者名單

姓名	原任職稱	調任職稱	1950 年 6 月
劉曾适	工程師	正工程師	工程師
齊熙	工程師	工程師	廠務處長
路松青	工程師	工程師	工務部分主任
黃仲詢	管理師	管理師	總經理室秘書
喻血輪	管理師	管理師	總經理室秘書
顧晉吉	副工程師	工程師	船舶工場主任及冷作組組長
金又民	副工程師	工程師	監驗部分主任及外勤組組長
劉敏誠	副工程師	副工程師	鍛工組組長及購運組組長
杜壽俊	副管理師	管理師	營業組組長
陸琪	副管理師	副管理師	出納組組長
任關根	副管理師	副管理師	審核組組長
屈廣樑	助理管理師	助理管理師	庶務組組長
黃任坤	工務員	助理工程師	木工組副組長

資料來源：1. 資源委員會臺灣造船公司檔案，〈臺船公司：調用職員案、赴國外考察人員（1946-1952 年）〉，檔號：24-15-04 3-（3），「資源委員會中央造船公司籌備處資源委員會臺灣省政府臺灣造船有限公司會呈，事由：為本職員薛楚書等 41 人調赴本公司工作檢附清冊至請鑒核備案由」（1948 年 6 月 3 日）。
2. 中國第二歷史檔案館編，《中華民國史檔案資料彙編第五輯第三編　財政經濟（五）》，〈資源委員會所屬閩臺區事業概況〉（1949 年 7 月），頁 165。
3. 資源委員會臺灣造船公司檔案，〈臺船公司：人事任命〉，檔號：24-15-04 3-（1），「臺灣造船公司 39 年職員名冊」（1950 年 6 月）。
4. 資源委員會中央造船公司籌備處檔案，〈中央造船公司籌備處：人事〉，檔號：24-15-05 1-（2）（臺北：中央研究院近代史研究所藏），資源委員會中央造船公司籌備處代電，資船（卅七）字第 03161 號，1948 年 5 月 18 日，「事由：為選用大學畢業生實習期滿亟應正式派任檢送職員新任月報表暨實習報告等件呈請 鑒核備案由」。

附表七　1949 年夏季臺船公司部分職員職務分類表
（一）工程技術職

1、正工程師（共 2 名）

姓名	籍貫	學歷	姓名	籍貫	學歷
齊熙	河北	德國但澤大學造船博士	劉曾适	江蘇	交通大學機械系畢業

2、工程師（共 10 名）

姓名	籍貫	學歷	姓名	籍貫	學歷
王慶方	江蘇	中央大學機械系	傅宗祺	福建	海軍學校輪機科
路松青	安徽	中央大學工學院機械系	袁國瑞	江蘇	交通大學機械系、經濟部派美實習兩年
金又民	浙江	同濟大學造船系	齊世基	河北	武漢大學機械系、美國實習兩年
顧晉吉	江蘇	同濟大學造船系	樓景湖	浙江	德國 Bingen 工業專門學校
魏嗣鎮	四川	同濟大學附設機師科	周輔視	山東	國立北洋大學土木科

3、副工程師（共 12 名）

姓名	籍貫	學歷	姓名	籍貫	學歷
韋永寧	南京	同濟大學機械系	黃伯華	湖北	河南第四區工業職業學校
劉敏誠	江蘇	中央大學機械系留美實習一年	梁立桂	浙江	浙江省立寧波高等職業學校
杜同文	江蘇	江蘇省立蘇州工業學校機械系	黃德用	臺灣	臺北甲種工業學校
張家肥	浙江	浙江大學高工機械系	林明傑	臺灣	臺北工業學校機械科
林緝誠	福建	海軍學校輪機科	陸以楚	江蘇	美國普渡大學研究院肄業
張火爐	臺灣	日本大阪高等海員學校及通信省高等海員學校畢業	翁家騋	江蘇	美國麻省理工學院造船系

4、助理工程師（共 20 名）

姓名	籍貫	學歷	姓名	籍貫	學歷
周金桂	江蘇	不詳	蔡行敦	湖南	湖南省立工業專校建築系
侯國光	南京	武漢大學礦冶系	經寶生	南京	同濟大學造船系
吳大惠	浙江	中央大學工學士	黃任坤	廣東	中正大學土木系
林錦城	臺灣	臺北工業學校	吳廈源	江蘇	國立西南聯合大學工學士
薩本興	福建	福建高工機械系	高登科	山東	湖北省立第三中學校土木工程系
王煥瀛	山東	交通大學工學士	王啓潤	浙江	交通大學輪機系
楊文生	臺灣	基隆第一公學校	傅振標	河北	私塾學校肄業

姓名	籍貫	學歷	姓名	籍貫	學歷
郭樹楠	湖南	廣西大學礦冶系	李根馨	江蘇	國立西南聯合大學機械系
袁鉅追	浙江	交通大學電機系	王金鰲	江蘇	同濟大學機械造船系
陳孔榕	福建	省立福州高級中學	林德經	福建	福建省工業學校

5、工務員（共 31 名）

姓名	籍貫	學歷	姓名	籍貫	學歷
汪大順	臺灣	大日本工業學院機械科校外生	何志剛	江蘇	交通大學造船系
劉嬰	臺灣	基隆壽國民學校	黃秀華	福建	廈門大學電機系
洪文道	浙江	大公職業學校機械科	楊勤翻	福建	上海大公職業學校高等機械科
任立志	福建	馬尾藝術學校	張申	江蘇	國立中正大學機電系
林來發	臺灣	基隆壽國民學校	余傳昌	臺灣	臺北省立學校
楊紹年	廣東	北平市立高工廠技土木科	陳廣業	江蘇	廈門大學機電工程系
羅貞華	廣東	同濟大學造船系	詹招財	臺灣	臺灣工業學校機械科
曾之雄	廣西	同濟大學造船系	余裕才	江蘇	中正大學電機系
魏兆桓	廣東	同濟大學造船系	潘克夷	福建	福建馬公勤工高工學校船工商標科
王國金	江蘇	中央大學機械系	林福	臺灣	省立花蓮港工校
張則戳	浙江	交通大學造船系	陳天富	臺灣	日本所澤準備學校
孫兆民	安徽	同濟大學機械系	王進來	臺灣	基隆第一公學校
羅育安	廣東	同濟大學造船系	傅力行	湖南	唐山工學院礦冶系
武達仁	浙江	交通大學造船系	田瑤林	山東	私塾學校肄業
張道明	廣東	同濟大學造船系	吳邦基	臺灣	岐章飛行學校
周幼松	湖南	交通大學造船系			

6、助理工務員（共 8 名）

姓名	籍貫	學歷	姓名	籍貫	學歷
許三川	臺灣	臺灣船渠株式會社養成所	陳泗川	臺灣	馬公海軍養成所
褚明堂	臺灣	臺灣船渠株式會社養成所	廖裕卿	臺灣	臺灣省立臺中工業職業學校
周金水	臺灣	臺灣船渠株式會社養成所	張民旗	臺灣	南開工業學校
汪錫華	臺灣	臺灣總督府工業技術養成所	蕭啓昌	臺灣	馬公海軍工作部養成所

（二）管理技術職

1、高階主管（共 5 名）

職稱	姓名	籍貫	學歷	職稱	姓名	籍貫
總經理	周茂柏	湖北	同濟大學機械系畢業 德國斯特力大學機械系畢業	秘書	喻血輪	湖北
協理	李國鼎	南京	中央大學物理系畢業 英國劍橋大學畢業	秘書	黃仲恂	湖北
協理	蔡同嶼	浙江	光華大學會計系畢業			

2、管理師（共 6 名）

姓名	籍貫	學歷	姓名	籍貫	學歷
顧季煦	浙江	天津南開大學	楊慶燮	福建	復旦大學社會系
任松藩	福建	上海法政學院碩士	王乃棟	浙江	天津南開大學經濟系
余樹華	浙江	杭州之江大學文學士 中央政治學校人事班畢業	杜壽俊	廣東	金陵大學文學士赴美實習一年

3、副管理師（共 9 名）

姓名	籍貫	學歷	姓名	籍貫	學歷
楊韌	福建	福建法政專科學校法律本科	萬人俊	湖北	武昌中華大學文學院政經系
徐保成	江蘇	福建法政專科學校法律本科	王力傳	臺灣	日本早稻田大學肄業
任關根	江蘇	國立上海商學院會計系	王文鋒	河北	重慶大學會計統計系
陸琪	南京	金陵大學文科肄業	譚燁予	浙江	浙江財務專科學校
劉濟華	河北	蘇州東興大學法學士			

4、助理管理師（共 14 名）

姓名	籍貫	學歷	姓名	籍貫	學歷
屈廣樑	廣州	九江聖約翰大學	姚兆基	江蘇	立信會計專科學校
胡升澤	安徽	西南聯合大學經濟系	李福桂	臺灣	臺北商業學校
關昭	福建	福州格致中學	陳鍾文	福建	協和大學肄業
周以杜	江蘇	北平市立高商會計科	陳家衝	湖北	武昌文華高中
馬廷貴	上海	滬江大學會計系	鄧述翻	湖北	金陵大學農業經濟學士
彭望林	湖南	湖南大學經濟系	賀治亞	江西	國立西南大學商學系畢業
李酉山	河北	北平市立師範學校語文組	陳治平	湖北	江蘇中學畢業

5、管理員（共27名）

姓名	籍貫	學歷	姓名	籍貫	學歷
江阿海	臺灣	基隆商業專修學校	王錦鏞	湖北	東北葫蘆島航業學校輪機班
黃澤	四川	成都中學	陳佛藝	浙江	時代中學畢業
張申如	上海	中華中學	劭木柯	臺灣	臺北成淵中學
簡振順	臺灣	臺北市中華中學	何金城	臺灣	臺北中學
黃秀琳	臺灣	日本大阪商科學校	吳真	福建	福建協和師範學校
李白生	江蘇	上海商學院會計系	吳忠賢	江蘇	復旦附中
李清琳	臺灣	基隆專修學校商科	范敏祺	臺灣	宜蘭農林職業學校
毛暢然	湖南	湖南惠民計政學校	盧安卿	浙江	大同大學經濟系肄業
張慶忠	廣東	福建育華高級中學	蔡添壽	臺灣	基隆壽公學校
杜同春	江蘇	正本中學肄業	何筱濱	臺灣	基隆志修學校
黃順德	臺灣	臺北成淵中學	尹佩軍	浙江	立信會計專科學校肄業
王慶藩	江蘇	宿遷縣立師範中學	王國鈞	江蘇	香港皇仁書院肄業
吳西平	臺灣	臺北市立中學	鄭志剛	天津	天津工商學院商學院肄業
羅春塗	臺灣	基隆壽國民學校			

6、助理管理員（共20名）

姓名	籍貫	學歷	姓名	籍貫	學歷
張子明	山東	高苑縣立高級小學校	李福	臺灣	農業試驗場甲科生
薛培英	福建	福州私立三山中學	林萬全	臺灣	基隆商業專修學校
周連水	臺灣	臺北市事務養成所	林英木	臺灣	基隆寶國民學校
丁瀛	大連	大連市立中學	李昌時	臺灣	新莊農民學校
梁俊亭	山東	實業初級中學	王清香	臺灣	瑞芳公學校
陳隆	臺灣	西表高級小學校	關勳	遼寧	福州省第一中學校
胡彪	安徽	望江縣中學	張毅	河北	河北省立警察訓練所
謝渭河	臺灣	省立臺北職業學校	林鉦	臺灣	基隆商工校專修科
陳寶蓮	臺灣	臺北州立高等女學校	林水旺	臺灣	北屯國民學校高等科
詹阿文	臺灣	三重工業學校	張泗妹	臺灣	臺灣鐵道養成所護士畢業

（三）其他

1、甲種實習生（共 13 名）

姓名	籍貫	學歷	姓名	籍貫	學歷
黃漢潔	廣東	中山大學機械工程系	方小胤	四川	交通大學造船系
任志城	江蘇	浙江大學機械系	臧建一	山東	同濟大學機械系
林三網	浙江	交通大學機械系	田立勝	廣東	同濟大學機械系
孫以鈞	安徽	交通大學機械系	周家驪	四川	同濟大學機械系
王福壽	浙江	浙江大學機械系	周昌言	湖北	武漢大學機械系
周朝卿	河南	同濟大學機械系	周志繼	江蘇	交通大學機械系
蔡作儒	浙江	交通大學造船系			

資料來源：藏於（臺灣國際造船公司基隆總廠），《公司簡介》，臺灣造船公司檔案，檔號：01-01-01，〈臺灣造船有限公司 1949 年夏季職員錄〉。

附表八 《臺船公司大事紀》

年代	公司沿革	技術發展	教育與研發	世界大事與政府政策
1919 年	基隆船渠株式會社成立。			
1929 年				經濟大恐慌。
1931 年				九一八事變，日本進入準戰期。
1932 年				滿洲國成立。
1933 年		臺北州委託基隆船渠建造自動艇一艘時，有別於過去錨釘式的組裝，而改採電氣焊接的方式接合。		
1934 年	臺灣銀行加入投資，成為基隆船渠最大的股東。	接受臺灣電力株式會社委託，建造供當時皇室於日月潭使用之遊艇。		
1937 年	4 月，基隆船渠召開臨時股東會議，達成公司於同年 5 月 31 日解散的決議。 6 月，臺灣船渠株式會社成立。			中日戰爭爆發。
1941 年				珍珠港事變。
1943 年	社寮島工場交由海軍管理，基隆工場則由陸軍和海軍共同管理。			
1945 年				8 月 15 日，第二次世界大戰結束。
1946 年	5 月 1 日，臺灣機械造船公司正式合併臺灣船渠、臺灣鐵工所和東光興業株式會社而成立。	5 月高雄機器廠已經局部復工，7 月基隆造船廠恢復生產。		
1948 年	臺灣機械造船公司改組成為臺灣機械公司及臺灣造船公司。			8 月，政府頒布財政經濟緊急處分令。
1949 年		聘請美國驗船協會及英國勞合驗船協會驗船師來臺。		6 月 15 日，臺灣省政府公布「臺灣省幣制改革方案」。
1950 年				政府撤退來臺、美援機制啟動。
1951 年	修船貸款（臺灣銀行、美援）。	建造 75 噸鋼木合質遠洋鮪釣漁船。 中國驗船協會成立。	工人訓練計畫。	
1952 年			與臺灣大學機械系建教合作。	

年代	公司沿革	技術發展	教育與研發	世界大事與政府政策
1953 年		建造 100 噸級漁船。	藝徒訓練班成立。海事專科學校籌備處成立。	
1954 年		2 月，與日本石川島公司簽訂技術合作契約。6 月，與日本新潟鐵工所簽訂技術合作契約。		
1955 年		建造 350 噸級鮪釣漁船。		
1957 年	出租給殷臺公司。			
1959 年		36,000 噸油輪竣工。	海事專科學校造船工程科成立。	
1962 年	經濟部重新經營臺船公司。			
1964 年			海事專科學校改制為臺灣省立海洋學院，造船工程科亦改名為造船工程系。	
1965 年	緊急擴建計畫（中美基金）	選擇與石川島公司技術合作。		美援停止，日圓貸款簽訂。
1967 年	四年擴建計畫（增資、日圓貸款）。	第一艘 28,000 噸貨船竣工	中國造船工程學會擬定建造小型船模及計畫草案。	
1968 年			船模試驗槽開始興建於臺灣大學。	
1970 年		第一艘 10 萬噸油輪竣工。		政府決定於高雄成立大造船廠。
1972 年		因承接鑽探船的改裝工程，開始展開船舶設計工作。	船模試驗槽竣工。	
1973 年		進行 2 萬 6,700 噸散裝貨輪、海域油礦鑽探和 1,500 匹馬力拖船的基本設計。	臺灣大學設立造船研究所。	第一次石油危機。政府宣布「十大建設」計畫。
1974 年		臺船公司與中船公司簽訂「人力計畫及支援協議書」。		
1975 年			聯合船舶設計發展中心籌備處成立。	
1976 年	中船公司的建廠完成。		臺灣大學設立造船學系（大學部）。聯合船舶設計發展中心正式成立。	政府提出「國輪國運、國輪國造、國輪國修」政策。

年代	公司沿革	技術發展	教育與研發	世界大事與政府政策
1977 年		完成 2 萬 9,000 噸多途用船舶的基本設計。	聯合船舶設計發展中心完成第一艘 6,100 噸級木材船的設計。	中船公司公營化。
1978 年	臺船公司與中船公司合併。	與高雄的中國造船公司合併時，臺船公司能生產 11 種船舶。		

資料來源：根據本研究整理。

徵引書目

中文部分

（一）報紙
《中央日報》
《中國時報》
《臺灣日日新報》
《聯合報》

（二）營業報告書
基隆船渠株式會社營業報告書
　　〈第參回營業報告書（自大正 9 年 12 月 1 日至大正 10 年 11 月 30 日）〉。
　　〈第四回營業報告書（自大正 10 年 12 月 1 日至大正 11 年 11 月 30 日）〉。
　　〈第五回營業報告書（自大正 11 年 12 月 1 日至大正 12 年 11 月 30 日）〉。
　　〈第六回營業報告書（自大正 12 年 12 月 1 日至大正 13 年 11 月 30 日）〉。

〈第七回營業報告書（自大正 13 年 12 月 1 日至大正 14 年 11 月 30 日）〉。

〈第九回營業報告書（自大正 15 年 12 月 1 日至昭和 2 年 11 月 30 日）〉。

〈第十回營業報告書（自昭和 2 年 12 月至昭和 3 年 5 月上半期）〉。

〈第十一回營業報告書（自昭和 3 年 6 月至昭和 3 年 11 月下半期）〉。

〈第十二回營業報告書（自昭和 3 年 12 月至昭和 4 年 5 月上半期）〉。

〈第十三回營業報告書（自昭和 4 年 6 月至昭和 4 年 11 月下半期）〉。

〈第十四回營業報告書（自昭和 4 年 12 月至昭和 5 年 5 月上半期）〉。

〈第十五回營業報告書（自昭和 5 年 6 月至昭和 5 年 11 月下半期）〉。

〈第十六回營業報告書（自昭和 5 年 12 月至昭和 6 年 5 月上半期）〉。

〈第十七回營業報告書（自昭和 6 年 6 月至昭和 6 年 11 月下半期）〉。

〈第十八回營業報告書（自昭和 6 年 12 月至昭和 7 年 5 月上半期）〉。

〈第十九回營業報告書（自昭和 7 年 6 月至昭和 7 年 11 月下半期）〉。

〈第二十回營業報告書（自昭和 7 年 12 月至昭和 8 年 5 月上半期）〉。

〈第二十一回營業報告書（自昭和 8 年 6 月至昭和 8 年 11 月下半期）〉。

〈第二十二回營業報告書（自昭和 8 年 12 月至昭和 9 年 5 月上半期）〉。

〈第二十三回營業報告書（自昭和 9 年 6 月至昭和 9 年 11 月下半期）〉。

〈第二十四回營業報告書（自昭和 9 年 12 月至昭和 10 年 5 月上半期）〉。

〈第二十五回營業報告書（自昭和 10 年 6 月至昭和 10 年 11 月下半期）〉。

〈第二十六回營業報告書（自昭和 10 年 12 月至昭和 11 年 5 月上半期）〉。

〈第二十七回營業報告書（自昭和 11 年 6 月至昭和 11 年 11 月下半期）〉。

〈第二十八回營業報告書（自昭和 11 年 12 月至昭和 12 年 5 月上半期）〉。

臺灣船渠株式會社營業報告書

〈第壹期營業報告書（自昭和 12 年 6 月 1 日至 12 月 31 日）〉。
〈第貳期營業報告書（自昭和 13 年 1 月 1 日至 6 月 30 日）〉。
〈第參期營業報告書（自昭和 13 年 7 月 1 日至 12 月 31 日）〉。
〈第四期營業報告書（自昭和 14 年 1 月 1 日至 6 月 30 日）〉。
〈第六期營業報告書（自昭和 15 年 1 月 1 日至 6 月 30 日）〉。
〈第七期營業報告書（自昭和 15 年 7 月 1 日至 12 月 31 日）〉。
〈第八期營業報告書（自昭和 16 年 1 月 1 日至 6 月 30 日）〉。
〈第九期營業報告書（自昭和 16 年 7 月 1 日至 12 月 31 日）〉。
〈第拾期營業報告書（自昭和 17 年 1 月 1 日至 6 月 30 日）〉。

〈第拾壹期營業報告書（自昭和 17 年 7 月 1 日至 12 月 31 日)〉。

〈第拾貳期營業報告書（自昭和 18 年 1 月 1 日至 6 月 30 日)〉。

〈第拾參期營業報告書（自昭和 18 年 7 月 1 日至 12 月 31 日)〉。

（三）政府出版品

不著撰人

1948 〈臺灣造船有限公司組織規程〉（1948 年 7 月 1 日會令公布)，《資源委員會公報》15（2）:31。

中央信託局臺灣分行

1950 《臺灣省現行金融貿易法規彙編》。臺北：中央信託局臺灣分行。

中華民國駐日代表團及歸還物資接收委員會

1949 《在日辦理賠償歸還工作綜述》。出版地不詳：中華民國駐日代表團及歸還物資接收委員會。

外務省經濟協力局

1970 《对中華民国経済協力調査報告書》。東京：外務省經濟協力局。

行政院經濟建設委員會

1979 《十項重要建設評估》。臺北：行政院經濟建設委員會。

行政院國際經濟合作發展委員會

1964 《美援運用成果檢討叢書之二　美援貸款概況》。臺北：行政院國際經濟合作發展委員會。

交通年鑑編輯委員會（編）

1980 《中華民國六十八年交通年鑑》。臺北，交通部交通研究所。

持株會社整理委員會

1951　《日本財團とその解體》。東京：持株會社整理委員會。

經濟部

1954　《經濟參考資料彙編（續集）》。臺北：經濟部。

1958　《經濟部四十六年度業務檢討報告》。臺北：經濟部。

1966　《經濟法規彙編》。臺北：經濟部。

1971　《廿五年來之經濟部所屬國營事業》。臺北：經濟部國營事業委員會。

1971　《經濟參考資料叢書　中華民國第一期臺灣經濟建設四年計畫》。臺北：經濟部。

經濟部國營事業委員會

1970　《經濟部國營事業委員會暨各事業五十八年年刊》。臺北：經濟部國營事業委員會。

1971　《經濟部國營事業委員會暨各事業五十九年年刊》。臺北：經濟部國營事業委員會。

1973　《經濟部國營事業委員會暨各事業六十一年年刊》。臺北：經濟部國營事業委員會。

1976　《經濟部國營事業委員會暨各事業六十四年年刊》。臺北：經濟部國營事業委員會。

1970　《經濟部所屬事業機構五十九年度第一次業務檢討會會議資料（一）》。臺北：經濟部國營事業委員會。

1967　《經濟部所屬事業機構五十六年度第二次業務檢討會議資料》。臺北：經濟部國營事業委員會。

1969　《經濟部所屬事業機構五十八年度第一次業務檢討會議資料（二）》。臺北：經濟部國營事業委員會。

1970　《經濟部所屬事業機構五十九年度第一次業務檢討會議分組檢討會資料》。臺北：經濟部國營事業委員會。

1970 《經濟部所屬事業機構五十九年度第二次業務檢討會議綜合檢討會議資料》。臺北：經濟部國營事業委員會。

1973 《經濟部所屬事業機構六十二年第二次業務檢討會議資料（一）》。臺北：經濟部國營事業委員會。

1974 《經濟部所屬事業機構六十三年度第一次業務檢討會議》。臺北：經濟部國營事業委員會。

1974 《經濟部所屬事業機構六十三年度第二次業務檢討會議資料（一）》。臺北：經濟部國營事業委員會。

經濟部統計處

歷年 《中華民國臺灣工業生產統計月報》。臺北：經濟部統計處編。

經濟部會計處

1970 《經濟部所屬各事業會計資料》。臺北：經濟部會計處編。

1971 《經濟部所屬各事業會計資料》。臺北：經濟部會計處編。

1972 《經濟部所屬各事業會計資料》。臺北：經濟部會計處編。

1973 《經濟部所屬各事業會計資料》。臺北：經濟部會計處編。

1974 《經濟部所屬各事業會計資料》。臺北：經濟部會計處編。

1975 《經濟部所屬各事業會計資料》。臺北：經濟部會計處編。

1976 《經濟部所屬各事業會計資料》。臺北：經濟部會計處編。

1977 《經濟部所屬各事業會計資料》。臺北：經濟部會計處編。

臺灣省行政長官公署統計室

1946 《臺灣省統計要覽第一期——接收一年來施政情形專號》。臺北：臺灣省行政長官公署。

臺灣省政府人事處

1947 《臺灣省各機關職員錄》。臺北：臺灣省政府人事處。

1950 《臺灣省各機關職員錄》。臺北：臺灣省政府人事處。

臺灣省政府生產事業管理委員會、臺灣省政府

　　1949　《公營工礦事業》。臺北：臺灣省政府。

臺灣省政府建設廳

　　1947　《臺灣公營工礦企業概況》。臺北：臺灣省政府建設廳。

　　1953　《臺灣省民營工廠名冊（上）》。臺北：臺灣省政府建設
　　　　　廳。

臺灣造船公司

　　1972　《臺灣造船股份有限公司——中程發展計畫——自民國 61
　　　　　年至 64 年》。基隆：臺灣造船公司。

　　1972　《中國造船史》。基隆：臺灣造船公司。

（四）政府檔案

財政部國有財產局檔案

　　〈臺灣船渠株式會社清算狀況報告書〉，檔號：275-0294。臺北：
　　國史館藏。

李國鼎先生贈送資料影印本

　　〈國營事業類（十一）　臺灣造船公司歷次董監事聯席會議記錄及
　　有關資料〉臺北：臺灣大學圖書館。

　　〈國營事業類（十二）　殷臺公司租賃臺船公司船廠案虧損處理〉
　　臺北：臺灣大學圖書館。

經濟部國營事業司檔案

　　〈造船公司第四屆董監事聯席會議記錄〉，檔號：35-25-20-001。
　　臺北：中央研究院近代史研究所藏。

資源委員會中央造船公司籌備處檔案

　　〈中央造船公司籌備處：人事〉，檔號：24-15-05 1-（2）。臺北：
　　中央研究院近代史研究所藏。

資源委員會資蜀鋼鐵廠檔案

〈資蜀鋼鐵廠人事案〉，檔號：24-13-15 1-（2）。臺北：中央研究院近代史研究所藏。

資源委員會臺灣造船公司檔案

〈臺船公司：會議記錄〉，檔號：24-15-04 2-（1）。臺北：中央研究院近代史研究所藏。

〈臺船公司：人事任命〉，檔號：24-15-04 3-（1）。臺北：中央研究院近代史研究所藏。

〈臺船公司：調用職員案、赴國外考察人員（1946-1952年）〉，檔號：24-15-04 3-（3）。臺北：中央研究院近代史研究所藏。

〈臺船公司：資本調整明細表、資產重估價明細表〉，檔號：24-15-04 5-（1）。臺北：中央研究院近代史研究所藏。

〈臺船公司：工作報告〉，檔號：24-15-04 6-（1）。臺北：中央研究院近代史研究所藏。

〈臺船公司：卅七年度總報告、事業述要、業務報告〉，檔號：24-15-04 6-（2）。臺北：中央研究院近代史研究所藏。

〈業務調查表、產量、器材材料調查表、會議記錄〉，檔號：24-15-04 7-（2）。臺北：中央研究院近代史研究所藏。

資源委員會檔案

〈臺灣區接收日資企業單位名單清冊〉，檔號：18-36f 2-（1）。臺北：中央研究院近代史研究所藏。

臺灣國際造船公司基隆總廠檔案

〈公司簡介〉，檔號：01-01-01。臺灣國際造船公司基隆總廠藏。

〈接收臺灣船渠株式會社清冊〉，無檔號。臺灣國際造船公司基隆總廠藏。

〈臺灣機械造船公司移交清冊 37年〉，無檔號。臺灣國際造船

公司基隆總廠藏。

〈業務檢討 46-49〉，檔號：00-04-00-01。臺灣國際造船公司基隆總廠藏。

〈殷臺公司移交 人事〉，無檔號。臺灣國際造船公司基隆總廠藏。

〈殷臺公司租賃臺船經過〉，檔號：0046/303030/1。臺灣國際造船公司基隆總廠藏。

〈殷臺公司移交〉，檔號：0046/303260/1。臺灣國際造船公司基隆總廠藏。

〈經濟部與所屬各公司董事會暨經理人權責劃分辦法　附錄：國營事業管理法〉，無檔號。臺灣國際造船公司基隆總廠藏。

〈臺灣造船股份有限公司第四屆第十二次董監聯席會議業務報告〉（1976 年 3 月 26 日），無檔號。臺灣國際造船公司基隆總廠藏。

〈臺灣造船股份有限公司六十六年度經營目標與現況簡報〉，無檔號。臺灣國際造船公司基隆總廠藏。

行政院經濟安定委員會檔案

　　〈立法院審查第二期臺灣經濟建設四年計畫〉，檔號：31-01-07-006。臺北：中央研究院近代史研究所藏。

行政院國際經濟合作發展委員會檔案

　　〈日圓貸款總卷〉，檔號：36-08-027-003。臺北：中央研究院近代史研究所藏。

　　〈臺灣電力公司──輸配電工程計畫、下達見水力發電工程〉，檔號：36-08-041-001。臺北：中央研究院近代史研究所藏。

經濟部國營事業司檔案

　　〈造船公司第四屆董監聯席會議記錄（一）〉，檔號：35-25-20001。臺北：中央研究院近代史研究所藏。

〈臺船與日本新潟廠技術合作卷〉，檔號：35-25-20 79。臺北：中央研究院近代史研究所藏。

〈造船公司四十五年度會計年報〉，檔號：35-25-20 19。臺北：中央研究院近代史研究所藏。

〈臺船與日本石川島公司合作案〉，檔號：35-25-20 76。臺北：中央研究院近代史研究所藏。

〈臺船與日本三菱公司合作案〉，檔號：35-25-20 78。臺北：中央研究院近代史研究所藏。

〈日本石川島重工業株式會社與三菱造船公司擬與造船公司恢復舊約〉，檔號：35-25-20 77。臺北：中央研究院近代史研究所藏。

〈臺灣造船公司：資料總目錄（組織、管理、財物、業務、其他等）〉，檔號：35-25-01a-094-001。臺北：中央研究院近代史研究所藏。

〈臺船公司五十四年董監聯席會議記錄〉，檔號：35-25-20-003。臺北：中央研究院近代史研究所藏。

〈臺灣糖業公司五十七年度公司會議報告資料〉，檔號：35-25-14 113。臺北：中央研究院近代史研究所藏。

〈臺船與美股格斯公司租賃契約附件（二）〉，經濟部國營事業司檔案，檔號：35-25-20　73。臺北：中央研究院近代史研究所藏。

財團法人聯合船舶設計發展中心資料

〈財團法人聯合船舶設計發展中心成立大會會議資料〉（1976 年 7 月 1 日）。

〈財團法人聯合船舶設計發展中心成立週年業務報告〉（1977 年 7 月 1 日）。

（五）史料重刊

中國第二歷史檔案館（編）

2000 《中華民國史檔案資料彙編第五輯第三編財政經濟（四)》。南京：江蘇古籍出版社。

2000 《中華民國史檔案資料彙編第五輯第三編財政經濟（五)》。南京：江蘇古籍出版社。

何鳳嬌（編）

1990 《政府接收臺灣史料彙編 上冊》。臺北：國史館。

河原功（編）

1997 《臺灣協會所藏臺灣引揚・留用紀錄第 5 卷》。東京：ゆまに書房。

周琇環（編）

1995 《臺灣光復後美援史料　第一冊 軍協計畫（一)》。臺北：國史館。

1998 《臺灣光復後美援史料　第三冊 技術協助計畫》。臺北：國史館）。

程玉鳳、程玉凰（編）

1988 《資源委員會技術人員赴美實習史料－民國三十一年會派（上冊)》。臺北：國史館。

陳鳴鐘、陳興唐（主編）

1989 《臺灣光復和光復後五年省情（下)》。南京：南京出版社。

劉鳳翰、王正華、程玉鳳（訪問）

1994 《國史館口述歷史叢書(3)　韋永寧先生訪談錄》。臺北：國史館。

薛月順（編）

1992 《資源委員會檔案史料彙編——光復初期臺灣經濟建設（上）》。臺北：國史館。

1993 《資源委員會檔案史料彙編——光復初期臺灣經濟建設（中）》。臺北：國史館。

1996 《臺灣省政府檔案史料彙編——臺灣省行政長官公署時期》。臺北：國史館。

（六）回憶錄及口述訪談

〈李後鑛先生訪談記錄〉（2006 年 11 月 6 日）

〈王偉輝先生訪談記錄〉（2007 年 5 月 1 日）

〈劉敏誠先生訪談記錄〉，中央研究院近代史研究所李國鼎先生資料庫。

王先登

1994 《五十二年的歷程——獻身於我國防及造船工業》。出版地不詳：王先登自行出版。

全國政協文史資料研究委員會工商經濟組

1988 《回憶國民黨政府資源委員會》。北京：中國文史出版社。

楊基銓

1996 《楊基銓回憶錄》。臺北：前衛出版社。

趙耀東（口述）、張守真（編）

2001 《中鋼推手趙耀東先生口述歷史》。高雄：高雄市文獻委員會。

李國鼎（口述）、劉素芬（編著）

2005 《李國鼎：我的臺灣經驗》。臺北：遠流出版社。

（七）期刊論文

水野順子

　　1983　〈韓国における造船産業の急速な発展〉《アジア経済》24
　　　　　　（12）：56-75。

中國工程師學會總會

　　1967　〈一年來工程建設概況〉，《工程》40（5）：33。

中國工程師學會臺灣分會

　　1948　〈臺灣機械造船有限公司事業消息〉，《臺灣工程界》2（2）：
　　　　　　15。

中國造船工程學會

　　1965　〈一年來的工程建設概況（造船工程）〉《工程》38（5）：
　　　　　　35-37。

王奐若

　　1987　〈海軍機械學校建校四十週年憶往〉《海軍學術月刊》21
　　　　　　（5）：76-81。

祖父江利衛

　　1998　〈需要サイドからみた韓國造船業の國際船舶市場への參
　　　　　　入要因〉《アジア経済》39（2）：18-50。

林本原

　　2005　〈國輪國造：戰後臺灣造船業的發展（1945-1978）〉。臺
　　　　　　北：國立政治大學歷史學研究所未發表之碩士論文。

吳大惠

　　1968　〈臺船廿年〉《臺船季刊》1（1）：19-35。

吳文星

　　2005　〈戰後初年在臺日本人留用政策初探〉，《臺灣師大歷史學
　　　　　　報》（第33期）：269-285。

吳剛毅

　　1969　〈P/D 作業漫談〉，《臺船季刊》1（5）：114-116。

吳聰敏

　　1995　〈1945-1949 年國民政府對臺灣的經濟政策〉，《經濟論文
　　　　　叢刊》25（4）：521-554。

翁文灝

　　1947　〈臺灣的工礦現狀〉，《臺糖通訊》1（22）：1-5。

許毓良

　　2005　〈光復初期臺灣的造船業（1945-1955）──以臺船公司爲
　　　　　例的討論〉，《臺灣文獻》57（2）：192-233。

張兆喜

　　1981　〈造船補助政策之研究〉。臺北：私立中國文化大學海洋研
　　　　　究所航運組未發表之碩士論文。

張志禮

　　1966　〈一年來工程建設概況〉，《工程》39（6）：10-91。

陳學信

　　1968　〈船模試驗室籌建概要〉，收於《中國造船工程學會第十六
　　　　　屆年會會刊》。

湯熙勇

　　1991　〈臺灣光復初期的公教人員任用方法：留用臺籍、羅致外
　　　　　省籍及徵用日人（1945.10-1947.5）〉，《人文及社會科學期
　　　　　刊》4（1）：391-425。

臺灣機械造船股份有限公司

　　1948　〈資源委員會臺灣省政府臺灣機械造船股份有限公司概
　　　　　況〉，《臺灣銀行季刊》1（4）：156-158。

蕭明禮

2007 〈日本統治時期における台湾工業化と造船業の発展―基隆ドック会社から台湾ドック会社への転換と経営の考察〉,《社会システム研究》(第15号):67-85。

顧大凱

1975 〈臺灣之造船工業〉,《臺灣銀行季刊》26(1):91-111。

(八) 專書

小玉敏彥

1995 《韓國工業化と企業集團――韓國企業の社會的特質》。東京:株式會社學文社。

上村健堂(編)

1919 《臺灣事業界と中心人物》。臺北:新高堂書店。

太田猛(編)

1935 《臺灣大觀》。臺北:臺南新報社。

千草默先(編)

1928 《會社銀行商工業者名鑑》。臺北:高砂改進社。

1936 《會社銀行商工業者名鑑》。臺北:自行出版。

1937 《會社銀行商工業者名鑑》。臺北:自行出版。

1942 《會社銀行商工業者名鑑》。臺北:圖南協會。

大澤貞吉(編)

1957 《臺灣緣故者人名錄》。橫濱:愛光新聞社。

山下幸夫

1993 《海運・造船業と国際市場》。東京:日本經濟評論社。

小林英夫

1998 《日本企業のアジア展開―アジア通貨危機の歴史的背景》。東京:日本經濟評論社。

王洸

　　1977　《我的公教寫作生活》。臺北：自行出版，1977。

王偉輝

　　1992　《船舶結構設計》。基隆：海洋大學造船工程學系。

中村隆英

　　2005　《昭和經濟史》。東京：岩波書店。

中華民國工商協進會

　　1963　《中華民國工商人物志》。臺北：中華民國工商協進會。

中華民國民眾團體活動中心（編）

　　1961　《中華民國五十年來民眾團體》。臺北：中華民國民眾團體
　　　　　活動中心。

中華民國交通史編纂小組

　　1981　《中華民國交通史（上冊）》。臺北：華欣文化事業中心。

中華民國輪船商業同業公會全國聯合會日本航業考察團

　　1952　《日本航業政策報告書》。臺北：中華民國輪船商業同業公
　　　　　會全國聯合會。

中華徵信所（編）

　　1996　《臺灣地區政商名人錄》。臺北：中華徵信所。

中國驗船協會

　　1955　《中國驗船協會概要》。臺北：中國驗船協會。

文馨瑩

　　1990　《經濟奇蹟的背後——臺灣美援經驗的政經分析（1951-
　　　　　1965）》。臺北：自立晚報文化出版部。

內藤素生

　　1922　《南國之人士》，臺北：臺灣人物社。

石崎荣生

2000 〈韓國の重化學工業と「財閥」—朴正熙政權期の造船産業を事例として〉，東茂生編，《發展途上國の國家と經濟》（東京：アジア經濟研究所，2000）。

日本造船學會（編）

1977 《昭和造船史（第一卷）》。東京：原書房。

日本造船教材研究會（編）、李雅榮等（譯）

2001 《商船設計之基礎》。臺北：大中國圖書公司。

日本造船教材研究會（編）、李雅榮等（譯）

1998 《商船設計之基礎》。臺北：大中國圖書公司。

石井寬治

1991 《日本經濟史》。東京：東京大學出版會。

史振鼎（編）

1955 《臺灣省立海事專科學校概況》。基隆：臺灣省立海事專科學校。

矢內原忠雄（著）、林明德（譯）

2002 《日本帝國主義下的臺灣》。臺北：財團法人吳三連臺灣史料基金會。

伊曲北（編）

1955 《臺灣經濟輯要》。臺北：新生資料供應社。

羽生國彥

1937 《臺灣の交通を語る》。臺北：臺灣交通問題調查研究會。

交通銀行

1975 《臺灣的造船工業》。臺北：交通銀行。

李憲昶（著），須川英德、六反田豐（譯）

2004 《韓國經濟通史》。東京：法政大學出版局。

李國鼎、陳木在

1987　《我國經濟發展策略總論（上冊）》。臺北：聯經出版事業
　　　公司。

李邦傑（編）

　　　1972　《二十年來中日關係大事記》。臺北：中日關係研究會。

吳若予

　　　1992　《戰後臺灣公營事業之政經分析》。臺北：業強出版社。

林繼文

　　　1995　《日本據臺末期（1930-1945）戰爭動員體係之研究》臺
　　　　　　北：稻鄉出版社。

谷元二

　　　1940　《大眾人士錄》。東京：帝國秘密偵探社。

周茂柏

　　　1948　〈臺灣造船工業的前途〉，《臺灣工程界》2（8）：2-5。

岩崎潔治（編）

　　　1912　《臺灣實業家名鑑》。臺北：臺灣雜誌社。

胡興華

　　　1996　《臺灣早期漁業人物誌》。臺北：臺灣省政府漁業局。

　　　2002　《海洋臺灣》。臺北：行政院農業委員會漁業署。

徐柏園

　　　1967　《政府遷臺外匯貿易管理初稿》。臺北：國防研究院。

唐桐蓀

　　　1963　《百忍文存》。臺北：中華民國船長公會。

許雪姬（編）

　　　2004　《臺灣歷史辭典》。臺北：行政院文化建設委員會。

許雪姬

　　　2005　〈戰後臺灣民營鋼鐵業的發展與限制（1945-1960）〉，收於

陳永發編，《兩岸分途——冷戰初期的政經發展》。臺北：中央研究院近代史研究所。

章子惠（編）

　　1948　《臺灣時人誌》。臺北：國光出版社。

張群

　　1980　《我與日本七十年》。臺北：中日關係研究會。

陳政宏

　　2002　《造船風雲 88 年》。臺北：行政院文化建設委員會。

新高新報社（編）

　　1937　《臺灣紳士名鑑》。臺北：新高新報社。

國立故宮博物館編輯委員會

　　2000　《譚伯羽譚季甫先生昆仲捐贈文物目錄》（臺北：故宮博物院，2000）

國立海洋大學造船工程學系

　　1998　《國立海洋大學造船系四十週年系慶專刊》。基隆：國立海洋大學造船工程學系。

隅谷三喜男、劉進慶、涂照彥

　　1992　《臺灣の構造——典型 NIEC の光と影》。東京：東京大學出版會。

朝元照雄

　　1996　《現代臺灣經濟分析——開發經濟學からのアプローチ》。東京：勁草書房。

鈴木邦夫

　　2007　《滿州企業史研究》。東京：日本經濟評論社。

劉士永

　　1996　《光復初期臺灣經濟政策的檢討》。臺北：稻鄉出版社。

劉進慶（著）、李明峻（譯）

　　1995　《臺灣戰後經濟分析》。臺北：人間出版社。

劉鳳文、左洪疇

　　1984　《公營事業的發展》。臺北：聯經出版事業公司。

興南新聞社（編）

　　1943　《臺灣人士鑑》。臺北：興南新聞社。

蔣敬一

　　1958　〈臺灣之造船工業〉，收錄於《臺灣研究叢刊第66種 臺灣
　　　　　之工業論集卷二》臺北：臺灣銀行經濟研究室。

臺灣大學造船及海洋工程學系

　　1996　《臺大造船與海工－二十週年系慶紀念特刊》。臺北：臺灣
　　　　　大學造船及海洋工程學系。

臺灣省立海事專科學校

　　1959　《海專概況》。基隆：臺灣省立海事專科學校。

　　1962　《海專概況》。基隆：臺灣省立海事專科學校。

趙既昌

　　1985　《美援的運用》。臺北：聯經出版事業公司。

廖鴻綺

　　2005　《貿易與政治：臺日間的貿易外交（1950-1961）》。臺北：
　　　　　稻鄉出版社。

薛毅

　　2002　《國民政府資源委員會研究》。北京：社會科學文獻出版
　　　　　社。

瞿宛文

　　2002　《經濟成長的機制——以臺灣石化業與自行車業爲例》。臺
　　　　　北：臺灣社會研究雜誌社。

2003 《全球化下的臺灣經濟》。臺北：臺灣社會研究雜誌社。

鄭友揆、程麟蘇、張傳洪

1990 《舊中國的資源委員會——史實與評價》。上海：上海社會
科學出版社。

橋本壽朗

1984 《大恐慌期の日本資本主義》。東京：東京大學出版會。

戴寶村

2000 《近代臺灣海運發展——戎克船到長榮巨舶》。臺北：玉山
社。

魏兆歆

1985 《海洋論說集（四）》。臺北：黎明文化事業公司。

蘇雲峰（編）

2004 《清華大學師生名錄資料彙編》。臺北：中央研究院近代史
研究所。

鹽澤君夫、近藤哲生（著），黃紹恆（譯）

2001 《經濟史入門》。臺北：經濟新潮社。

臺灣史與海洋史 09

近代臺灣造船業的技術轉移與學習

作　　　　者	／	洪紹洋
策　　　　劃	／	財團法人曹永和文教基金會
執 行 編 輯	／	翁淑靜
校　　　　對	／	葉益青、魏秋綢、洪紹洋
封 面 設 計	／	翁翁
主　　　　編	／	周惠玲
內 文 排 版	／	中原造像股份有限公司

合 作 出 版　／財團法人曹永和文教基金會
　　　　　　　臺北市 106 羅斯福路三段 283 巷 19 弄 6 號 1 樓（02）2363-9720
　　　　　　　遠流出版事業股份有限公司
　　　　　　　臺北市 100 南昌路二段 81 號 6 樓

發 行 人　／王榮文
發 行 單 位　／遠流出版事業股份有限公司
地　　　址　／臺北市 100 南昌路 2 段 81 號 6 樓
電　　　話　／(02)2392-6899　傳真：(02)2392-6658　劃撥帳號：0189456-1
著作權顧問　／蕭雄淋律師
法 律 顧 問　／王秀哲律師

排 版 印 刷　／中原造像股份有限公司
一 版 一 刷　／2011 年 3 月 15 日
行政院新聞局局版臺業字第 1295 號

訂價：新台幣 350 元

YLib 遠流博識網
http：//www.ylib.com　E-mail：ylib@ ylib.com

國家圖書館出版品預行編目資料

近代臺灣造船業的技術轉移與學習／洪紹洋著 . --
一版 . -- 臺北市：遠流， 2011.03
面； 公分 . --（臺灣史與海洋史系列；9）

ISBN 978-957-32-6743-0（精裝）

1. 造船廠 2. 技術移轉 3. 產業發展 4. 臺灣

444.3   99026945